建筑工程常用规范条文速查与解析丛书

抗震设计

常用条文速查与解析

本书编委会　编写

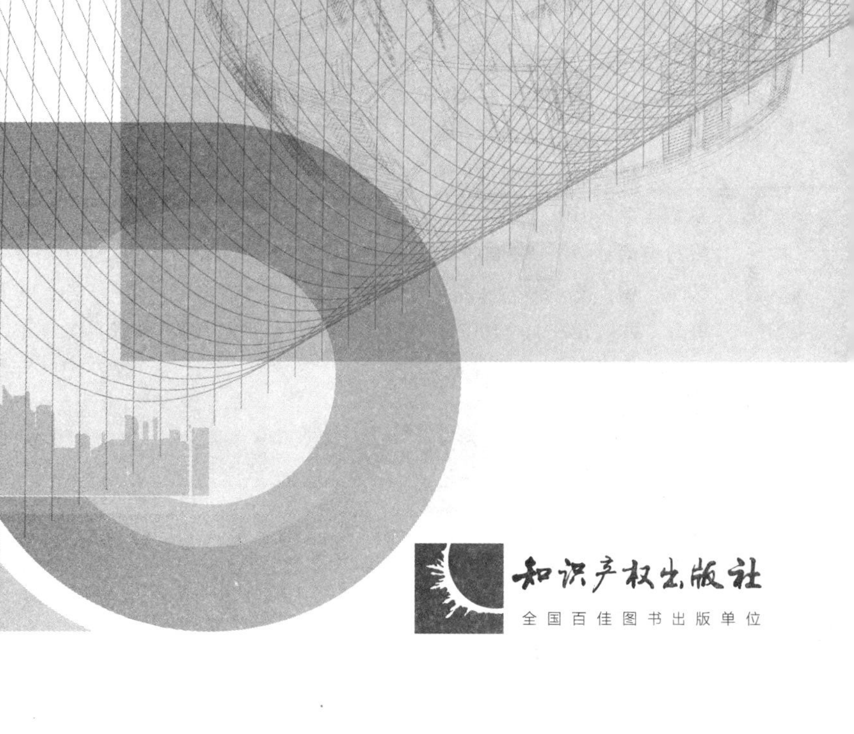

知识产权出版社
全国百佳图书出版单位

图书在版编目（CIP）数据

抗震设计常用条文速查与解析/《抗震设计常用条文速查与解析》编委会编写. —北京：知识产权出版社，2015.3

（建筑工程常用规范条文速查与解析丛书）

ISBN 978-7-5130-3074-8

Ⅰ.①抗…　Ⅱ.①抗…　Ⅲ.①建筑结构-防震设计-设计规范-中国　Ⅳ.①TU352.104-65

中国版本图书馆 CIP 数据核字（2014）第 232441 号

内容简介

本书依据《建筑抗震设计规范》GB 50011—2010、《建筑抗震鉴定标准》GB 50023—2009、《建筑工程抗震设防分类标准》GB 50223—2008、《混凝土结构设计规范》GB 50010—2010、《砌体结构设计规范》GB 50003—2011 等国家现行标准编写。本书共分为四章：烈度、场地和地基，混凝土结构抗震设计，砌体结构抗震设计，钢结构抗震设计。

本书可作为抗震工程设计、施工等方面人员的参考用书，也可供大专院校相关专业的学生、研究生和教师参考。

责任编辑：陆彩云　安耀东

抗震设计常用条文速查与解析

KANGZHEN SHEJI CHANGYONG TIAOWEN SUCHA YU JIEXI

本书编委会　编写

出版发行：知识产权出版社有限责任公司　　**网　　址**：http：//www.ipph.cn

http：//www.laichushu.com

电　　话：010-82004826

社　　址：北京市海淀区马甸南村1号　　**邮　　编**：100088

责编电话：010-82000860 转 8534　　**责编邮箱**：an569@qq.com

发行电话：010-82000860 转 8101/8029　　**发行传真**：010-82000893/82003279

印　　刷：北京富生印刷厂　　**经　　销**：各大网上书店、新华书店及相关专业书店

开　　本：787mm×1092mm　1/16　　**印　　张**：16.75

版　　次：2015年3月第1版　　**印　　次**：2015年3月第1次印刷

字　　数：325千字　　**定　　价**：45.00元

ISBN 978-7-5130-3074-8

本书编委会

主　编　任大海

参　编　（排名不分先后）

杜　明　谭丽娟　石敬炜　李　强

吉　斐　李　鑫　刘君齐　李春娜

张　军　赵　慧　陶红梅　夏　欣

刘海生　张　莹　高　超

前　言

地震灾害对人民人身和财产安全以及社会经济发展威胁极大，对社会生产力造成严重破坏，对新兴社会生产力发展形成制约，严重影响广大人民的生命权、财产权和安全权。面对地震灾害，目前最好的办法，就是科学地构建地震防御体系，尽可能减少地震给人类带来的损失。因此抗震是国家公共安全的重要组成部分，事关经济社会稳定和可持续发展大局，做好抗震工作是政府的一项重要职责。

近年来有大批的标准、规范进行了修订，为了建筑设计及相关工程技术人员能够全面系统地掌握最新的规范条文，深刻理解条文的准确内涵，我们策划了本书，以保证相关人员工作的顺利进行。本书根据《建筑抗震设计规范》GB 50011—2010、《建筑抗震鉴定标准》GB 50023—2009、《建筑工程抗震设防分类标准》GB 50223—2008、《混凝土结构设计规范》GB 50010—2010、《砌体结构设计规范》GB 50003—2011 等相关规范和标准编写而成的。

本书根据实际工作需要划分章节，对所涉及的条文进行了整理分类，方便读者快速查阅。本书对所列条文进行解释说明，力求有重点地、较完整地对常用条文进行解析。本书共分为四章：烈度、场地和地基，混凝土结构抗震设计，砌体结构抗震设计，钢结构抗震设计。本书可作为抗震工程设计、施工等方面人员的参考用书，也可供大专院校相关专业的学生、研究生和教师参考。

由于编者学识和经验有限，虽尽心尽力，但难免存在疏漏或不妥之处，望广大读者批评指正。

编者

2014 年 8 月

前　言

目　录

1 烈度、场地和地基

1.1 抗震设防烈度

《建筑工程抗震设防分类标准》GB 50223—2008

1.0.3 抗震设防区的所有建筑工程应确定其抗震设防类别。

新建、改建、扩建的建筑工程，其抗震设防类别不应低于本标准的规定。

【条文解析】

鉴于既有建筑工程的情况复杂，需要根据实际情况处理，故本标准的规定不包括既有建筑。本条主要明确以下两点：

1）所有建筑工程进行抗震设计时均应确定其设防分类；

2）本标准的规定是最低的要求。

3.0.1 建筑抗震设防类别划分，应根据下列因素的综合分析确定：

1 建筑破坏造成的人员伤亡、直接和间接经济损失及社会影响的大小。

2 城镇的大小、行业的特点、工矿企业的规模。

3 建筑使用功能失效后，对全局的影响范围大小、抗震救灾影响及恢复的难易程度。

4 建筑各区段的重要性有显著不同时，可按区段划分抗震设防类别。下部区段的类别不应低于上部区段。

5 不同行业的相同建筑，当所处地位及地震破坏所产生的后果和影响不同时，其抗震设防类别可不相同。

注：区段指由防震缝分开的结构单元、平面内使用功能不同的部分或上下使用功能不同的部分。

【条文解析】

建筑工程抗震设防类别划分的基本原则，是从抗震设防的角度进行分类。这里，主要指建筑遭受地震损坏对各方面影响后果的严重性。本条规定了判断后果所需考虑的因素，即对各方面影响的综合分析来划分。这些影响因素主要包括：

1）从性质看有人员伤亡、经济损失、社会影响等；

2）从范围看有国际、国内，或地区、行业、小区和单位；

3）从程度看有对生产、生活和救灾影响的大小，导致次生灾害的可能，恢复重建的快慢等。

在对具体的对象作实际的分析研究时，建筑工程自身抗震能力、各部分功能的差异及相同建筑在不同行业所处的地位等因素，对建筑损坏的后果有不可忽视的影响，在进行设防分类时应对以上因素做综合分析。

3.0.2 建筑工程应分为以下四个抗震设防类别：

1 特殊设防类：指使用上有特殊设施，涉及国家公共安全的重大建筑工程和地震时可能发生严重次生灾害等特别重大灾害后果，需要进行特殊设防的建筑。简称甲类。

2 重点设防类：指地震时使用功能不能中断或需尽快恢复的生命线相关建筑，以及地震时可能导致大量人员伤亡等重大灾害后果，需要提高设防标准的建筑。简称乙类。

3 标准设防类：指大量的除1、2、4以外按标准要求进行设防的建筑。简称丙类。

4 适度设防类：指使用上人员稀少且震损不致产生次生灾害，允许在一定条件下适度降低要求的建筑。简称丁类。

【条文解析】

本条明确在抗震设计中，将所有的建筑按本标准3.0.1条要求综合考虑分析后归纳为四类：需要特殊设防的、需要提高设防要求的、按标准要求设防的和允许适度设防的。

市政工程中，按《室外给水排水和燃气热力工程抗震设计规范》GB 50032—2003设计的给排水和热力工程，应在遭遇设防烈度地震影响下不需修理或经一般修理即可继续使用，其管网不致引发次生灾害，因此，绝大部分给排水、热力工程也可划为标准设防类。

3.0.3 各抗震设防类别建筑的抗震设防标准，应符合下列要求：

1 标准设防类，应按本地区抗震设防烈度确定其抗震措施和地震作用，达到在遭遇高于当地抗震设防烈度的预估罕遇地震影响时不致倒塌或发生危及生命安全的严重

破坏的抗震设防目标。

2 重点设防类，应按高于本地区抗震设防烈度一度的要求加强其抗震措施；但抗震设防烈度为9度时应按比9度更高的要求采取抗震措施；地基基础的抗震措施，应符合有关规定。同时，应按本地区抗震设防烈度确定其地震作用。

3 特殊设防类，应按高于本地区抗震设防烈度提高一度的要求加强其抗震措施；但抗震设防烈度为9度时应按比9度更高的要求采取抗震措施。同时，应按批准的地震安全性评价的结果且高于本地区抗震设防烈度的要求确定其地震作用。

4 适度设防类，允许比本地区抗震设防烈度的要求适当降低其抗震措施，但抗震设防烈度为6度时不应降低。一般情况下，仍应按本地区抗震设防烈度确定其地震作用。

注：对于划为重点设防类而规模很小的工业建筑，当改用抗震性能较好的材料且符合抗震设计规范对结构体系的要求时，允许按标准设防类设防。

【条文解析】

任何建筑的抗震设防标准均不得低于本条的要求。本条应注意以下两点：

1）从抗震概念设计的角度，文字表达上更突出各个设防类别在抗震措施上的区别。

2）作为重点设防类建筑的例外，考虑到小型的工业建筑，如变电站、空压站、水泵房等通常采用砌体结构，明确其设计改用抗震性能较好的材料且结构体系符合抗震设计规范的有关规定时，其抗震措施才允许按标准类的要求采用。

房屋建筑所处场地的地震安全性评价，通常包括给定年限内不同超越概率的地震动参数，应由具备资质的单位按相关规定执行。地震安全性评价的结果需要按规定的权限审批。

需要说明，本标准规定重点设防类提高抗震措施而不提高地震作用，提高抗震措施，着眼于把财力、物力用在增加结构薄弱部位的抗震能力上，是经济而有效的方法；只提高地震作用，则结构的各构件均全面增加材料，投资增加的效果不如前者。

《建筑抗震设计规范》GB 50011—2010

1.0.2 抗震设防烈度为6度及以上地区的建筑，必须进行抗震设计。

【条文解析】

本条要求处于抗震设防地区的所有新建建筑工程均必须进行抗震设计。

1.0.3 本规范适用于抗震设防烈度为6、7、8和9度地区建筑工程的抗震设计以及隔震、消能减震设计。建筑的抗震性能化设计，可采用本规范规定的基本方法。

抗震设防烈度大于9度地区的建筑及行业有特殊要求的工业建筑，其抗震设计应按有关专门规定执行。

注：本规范“6度、7度、8度、9度”即“抗震设防烈度为6度、7度、8度、9度”的简称。

【条文解析】

本条适用于6~9度一般的建筑工程。多年来，很多位于区划图6度的地区发生了较大的地震，6度地震区的建筑要适当考虑一些抗震要求，以减轻地震灾害。

工业建筑中，一些因生产工艺要求而造成的特殊问题的抗震设计，与一般的建筑工程不同，需由有关的专业标准予以规定。

1.0.4 抗震设防烈度必须按国家规定的权限审批、颁发的文件（图件）确定。

【条文解析】

作为抗震设防依据的文件和图件，如地震烈度区划图和地震动参数区划图，其审批权限，由国家有关主管部门依法规定。

3.1.1 抗震设防的所有建筑应按现行国家标准《建筑工程抗震设防分类标准》GB 50223—2008确定其抗震设防类别及其抗震设防标准。

【条文解析】

抗震设防是各类工程结构按照规定的可靠性要求和技术经济水平所确定的统一的抗震技术要求，是对房屋进行抗震设计和采取抗震构造措施来达到抗震效果的过程。

3.1.2 抗震设防烈度为6度时，除本规范有具体规定外，对乙、丙、丁类的建筑可不进行地震作用计算。

【条文解析】

鉴于6度设防的房屋建筑，其地震作用往往不属于结构设计的控制作用，为减少设计计算的工作量，6度设防时，除有明确规定的情况，其抗震设计可仅进行抗震措施的设计而不进行地震作用计算。

3.2.2 抗震设防烈度和设计基本地震加速度取值的对应关系，应符合表3.2.2的规定。设计基本地震加速度为0.15g和0.30g地区内的建筑，除本规范另有规定外，应分别按抗震设防烈度7度和8度的要求进行抗震设计。

表 3.2.2 抗震设防烈度和设计基本地震加速度值的对应关系

抗震设防烈度	6	7	8	9
设计基本地震加速度值	0.05g	0.10（0.15）g	0.20（0.30）g	0.40g

注：g 为重力加速度。

【条文解析】

一般情况下，建筑的抗震设防烈度应采用根据中国地震动参数区划图确定的地震基本烈度。

这里包括三个值，即抗震防烈度值、设计基本地震加速度值和《中国地震动参数区划图》的地震动峰值加速度值。

表 3.2.2 中所列的设计基本地震加速度的取值与《中国地震动参数区划图 A1》所规定的"地震动峰值加速度"相当，即在 0.10g 和 0.20g 之间有一个 0.15g 的区域，0.20g 和 0.40g 之间有一个 0.30g 的区域，在这两个区域内建筑的抗震设计要求，除另有具体规定外，分别同 7 度和 8 度，在表 3.2.2 中用括号内数值表示。表 3.2.2 中还引入了与 6 度相当的设计基本地震加速度值 0.05g。

1.2 地震作用和结构抗震验算

《建筑抗震设计规范》GB 50011—2010

4.2.4 验算天然地基地震作用下的竖向承载力时，按地震作用效应标准组合的基础底面平均压力和边缘最大压力应符合下列各式要求：

$$p \leqslant f_{aE} \quad (4.2.4-1)$$

$$p_{max} \leqslant 1.2 f_{aE} \quad (4.2.4-2)$$

式中：p——地震作用效应标准组合的基础底面平均压力；

p_{max}——地震作用效应标准组合的基础边缘的最大压力。

高宽比大于 4 的高层建筑，在地震作用下基础底面不宜出现脱离区（零应力区）；其他建筑，基础底面与地基土之间脱离区（零应力区）面积不应超过基础底面面积的 15%。

【条文解析】

地震区的建筑物，首先必须根据静力设计的要求确定基础尺寸，并对地基进行强度和沉降量的核算，然后根据需要进行进一步的地基抗震强度验算。

当需要进行地基抗震承载力验算时，应将建筑物上各类荷载效应和地震作用效应加以组合，并取基础底面的压力为直线分布（见图1.1）。具体验算要求见式（4.2.4-1）、(4.2.4-2)，主要是参考相关规范的规定提出的，压力的计算应采用地震作用效应标准组合，即各作用分项系数均取1.0的组合。

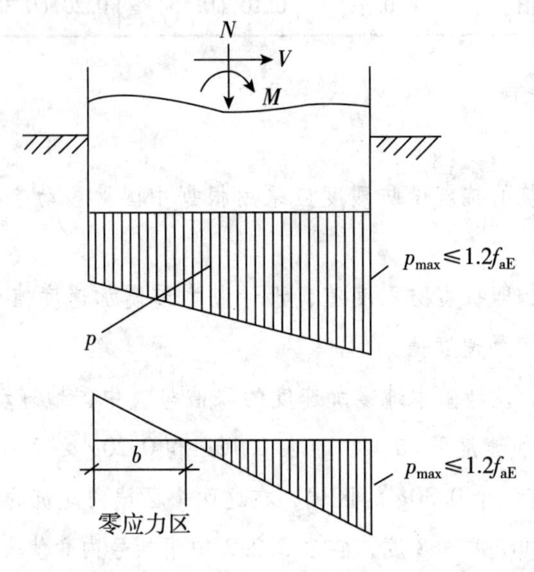

图1.1 基础底面压力分布图

5.1.1 各类建筑结构的地震作用，应符合下列规定：

1 一般情况下，应至少在建筑结构的两个主轴方向分别计算水平地震作用，各方向的水平地震作用应由该方向抗侧力构件承担。

2 有斜交抗侧力构件的结构，当相交角度大于15°时，应分别计算各抗侧力构件方向的水平地震作用。

3 质量和刚度分布明显不对称的结构，应计入双向水平地震作用下的扭转影响；其他情况，应允许采用调整地震作用效应的方法计入扭转影响。

4 8、9度时的大跨度和长悬臂结构及9度时的高层建筑，应计算竖向地震作用。

注：8、9度时采用隔震设计的建筑结构，应按有关规定计算竖向地震作用。

【条文解析】

地震释放的能量，以地震波的形式向四周扩散，地震波到达地面后引起地面运动，使地面原来处于静止的建筑物受到动力作用而产生强迫振动。在振动过程中作用在结构上的惯性力就是地震荷载。这样，地震荷载可以理解为一种能反映地震影响的等效荷载。抗震设计时，结构所承受的“地震力”实际上是由于地震地面运动引起的动态作用，包括地震加速度、速度和动位移的作用，按照国家标准《建筑结构设计术语和符号标准》GB/T 50083—1997的规定，属于间接作用，不可称为“地震荷载”，应称“地震作用”。

5.1.2 各类建筑结构的抗震计算，应采用下列方法：

1 高度不超过40m、以剪切变形为主且质量和刚度沿高度分布比较均匀的结构，以及近似于单质点体系的结构，可采用底部剪力法等简化方法。

2 除1款外的建筑结构，宜采用振型分解反应谱法。

3 特别不规则的建筑、甲类建筑和表5.1.2－1所列高度范围的高层建筑，应采用时程分析法进行多遇地震下的补充计算；当取三组加速度时程曲线输入时，计算结果宜取时程法的包络值和振型分解反应谱法的较大值；当取七组及七组以上的时程曲线时，计算结果可取时程法的平均值和振型分解反应谱法的较大值。

采用时程分析法时，应按建筑场地类别和设计地震分组选用实际强震记录和人工模拟的加速度时程曲线，其中实际强震记录的数量不应少于总数的2/3，多组时程曲线的平均地震影响系数曲线应与振型分解反应谱法所采用的地震影响系数曲线在统计意义上相符，其加速度时程的最大值可按表5.1.2－2采用。弹性时程分析时，每条时程曲线计算所得结构底部剪力不应小于振型分解反应谱法计算结果的65%，多条时程曲线计算所得结构底部剪力的平均值不应小于振型分解反应谱法计算结果的80%。

表5.1.2－1 采用时程分析的房屋高度范围

烈度、场地类别	房屋高度范围/m
8度Ⅰ、Ⅱ类场地和7度	>100
8度Ⅲ、Ⅳ类场地	>80
9度	>60

表5.1.2－2 时程分析所用地震加速度时程的最大值 cm/s^2

地震影响	6度	7度	8度	9度
多遇地震	18	35（55）	70（110）	140
罕遇地震	125	220（310）	400（510）	620

注：括号内数值分别用于设计基本地震加速度为0.15g和0.30g的地区。

4 计算罕遇地震下结构的变形，应按本规范第5.5节规定，采用简化的弹塑性分析方法或弹塑性时程分析法。

5 平面投影尺度很大的空间结构，应根据结构形式和支承条件，分别按单点一致、多点、多向单点或多向多点输入进行抗震计算。按多点输入计算时，应考虑地震行波效应和局部场地效应。6度和7度Ⅰ、Ⅱ类场地的支承结构、上部结构和基础的抗震验算可采用简化方法，根据结构跨度、长度不同，其短边构件可乘以附加地震作用效应系数 1.15～1.30；7 度Ⅲ、Ⅳ类场地和 8、9 度时，应采用时程分析方法进行抗震验算。

6 建筑结构的隔震和消能减震设计，应采用本规范第 12 章规定的计算方法。

7 地下建筑结构应采用本规范第 14 章规定的计算方法。

【条文解析】

不同的结构采用不同的分析方法在各国抗震规范中均有体现，底部剪力法和振型分解反应谱法仍是基本方法，时程分析法作为补充计算方法，对特别不规则（参照《建筑抗震设计规范》GB 50011—2010 表 3.4.3 的规定）、特别重要的和较高的高层建筑才要求采用。所谓“补充”，主要指对计算结果的底部剪力、楼层剪力和层间位移进行比较，当时程分析法大于振型分解反应谱法时，相关部位的构件内力和配筋作相应的调整。

进行时程分析时，鉴于不同地震波输入进行时程分析的结果不同，本条规定一般可以根据小样本容量下的计算结果来估计地震作用效应值。通过大量地震加速度记录输入不同结构类型进行时程分析结果的统计分析，若选用不少于 2 组实际记录和 1 组人工模拟的加速度时程曲线作为输入，计算的平均地震效应值不小于大样本容量平均值的保证率在 85% 以上，而且一般也不会偏大很多。当选用数量较多的地震波，如 5 组实际记录和 2 组人工模拟时程曲线，则保证率更高。所谓“在统计意义上相符”指的是，多组时程波的平均地震影响系数曲线与振型分解反应谱法所用的地震影响系数曲线相比，在对应于结构主要振型的周期点上相差不大于 20%。计算结果在结构主方向的平均底部剪力一般不会小于振型分解反应谱法计算结果的 80%，每条地震波输入的计算结果不会小于 65%。从工程角度考虑，这样可以保证时程分析结果满足最低安全要求。但计算结果也不能太大，每条地震波输入计算不大于 135%，平均不大于 120%。

正确选择输入的地震加速度时程曲线，要满足地震动三要素的要求，即频谱特性、有效峰值和持续时间均要符合规定。

频谱特性可用地震影响系数曲线表征，依据所处的场地类别和设计地震分组确定。

加速度的有效峰值按《建筑抗震设计规范》GB 50011—2010 表 5.1.2－2 中所列地震加速度最大值采用，即以地震影响系数最大值除以放大系数（约 2.25）得到。计算输入的加速度曲线的峰值，必要时可比上述有效峰值适当加大。当结构采用三维空间模型等需要双向（两个水平向）或三向（两个水平和一个竖向）地震波输入时，其加速度最大值通常按 1（水平 1）：0.85（水平 2）：0.65（竖向）的比例调整。人工模拟的加速度时程曲线，也应按上述要求生成。

输入的地震加速度时程曲线的有效持续时间，一般从首次达到该时程曲线最大峰值的10%那一点算起，到最后一点达到最大峰值的10%为止；不论是实际的强震记录还是人工模拟波形，有效持续时间一般为结构基本周期的（5～10）倍，即结构顶点的位移可按基本周期往复（5～10）次。

5.1.3　计算地震作用时，建筑的重力荷载代表值应取结构和构配件自重标准值和各可变荷载组合值之和。各可变荷载的组合值系数，应按表5.1.3采用。

表5.1.3　组合值系数

可变荷载种类		组合值系数
雪荷载		0.5
屋面积灰荷载		0.5
屋面活荷载		不计入
按实际情况计算的楼面活荷载		1.0
按等效均布荷载计算的楼面活荷载	藏书库、档案库	0.8
	其他民用建筑	0.5
起重机悬吊物重力	硬钩吊车	0.3
	软钩吊车	不计入

注：硬钩吊车的吊重较大时，组合值系数应按实际情况采用。

【条文解析】

建筑物的某质点重力荷载代表值 G_E 的确定，应根据结构计算简图中划定的计算范围，取计算范围内的结构和构件的永久荷载标准值和各可变荷载组合值之和。各可变荷载的组合值系数按表5.1.3采用。地震时，结构上的可变荷载往往达不到标准值水平，计算重力荷载代表值时可以将其折减。按现行国家标准《建筑结构可靠度设计统一标准》GB 50068—2001的原则规定，地震发生时恒荷载与其他重力荷载可能的耦合结果总称为“抗震设计的重力荷载代表值 G_E”，即永久荷载标准值与有关可变荷载组合值之和。

表中硬钩吊车的组合值系数，只适用于一般情况，吊重较大时需按实际情况取值。

5.1.4　建筑结构的地震影响系数应根据烈度、场地类别、设计地震分组和结构自振周期以及阻尼比确定。其水平地震影响系数最大值应按表5.1.4－1采用；特征周期

应根据场地类别和设计地震分组按表 5.1.4－2 采用，计算罕遇地震作用时，特征周期应增加 0.05s。

注：周期大于 6.0s 的建筑结构所采用的地震影响系数应专门研究。

表 5.1.4－1　水平地震影响系数最大值

地震影响	6 度	7 度	8 度	9 度
多遇地震	0.04	0.08（0.12）	0.16（0.24）	0.32
罕遇地震	0.28	0.50（0.72）	0.90（1.20）	1.40

注：括号中数值分别用于设计基本地震加速度为 0.15g 和 0.30g 的地区。

表 5.1.4－2　特征周期值　s

设计地震分组	场地类别				
	I_0	I_1	Ⅱ	Ⅲ	Ⅳ
第一组	0.20	0.25	0.35	0.45	0.65
第二组	0.25	0.30	0.40	0.55	0.75
第三组	0.30	0.35	0.45	0.65	0.90

【条文解析】

本条中，表 5.1.4－1 增加 6 度区罕遇地震的水平地震影响系数最大值。与第 4 章场地类别相对应，表 5.1.4－2 增加 I_0 类场地的特征周期，计算 6、7 度罕遇地震作用时，特征周期也增加了 0.05s。

5.1.6　结构的截面抗震验算，应符合下列规定：

1　6 度时的建筑（不规则建筑及建造于Ⅳ类场地上较高的高层建筑除外），以及生土房屋和木结构房屋等，应符合有关的抗震措施要求，但应允许不进行截面抗震验算。

2　6 度时不规则建筑、建造于Ⅳ类场地上较高的高层建筑，7 度和 7 度以上的建筑结构（生土房屋和木结构房屋等除外），应进行多遇地震作用下的截面抗震验算。

注：采用隔震设计的建筑结构，其抗震验算应符合有关规定。

【条文解析】

在强烈地震下，结构和构件并不存在最大承载力极限状态的可靠度。从根本上说，抗震验算应该是弹塑性变形能力极限状态的验算。研究表明，地震作用下结构和构件的变形和其最大承载能力有密切的联系，但因结构的不同而异。

1）当地震作用在结构设计中基本上不起控制作用时，例如6度区的大多数建筑，以及被地震经验所证明者，可不做抗震验算，只需满足有关抗震构造要求。但“较高的高层建筑”（以后各章同），诸如高于40m的钢筋混凝土框架、高于60m的其他钢筋混凝土民用房屋和类似的工业厂房，以及高层钢结构房屋，其基本周期可能大于Ⅳ类场地的特征周期 T_g，则6度的地震作用值可能相当于同一建筑在7度Ⅱ类场地下的取值，此时仍须进行抗震验算。本条规定了6度设防的不规则建筑应进行抗震验算的要求。

2）对于大部分结构，包括6度设防的上述较高的高层建筑和不规则建筑，可以将设防地震下的变形验算，转换为以多遇地震下按弹性分析获得的地震作用效应（内力）作为额定统计指标，进行承载力极限状态的验算，即只需满足第一阶段的设计要求，就可适当提高抗震承载力的可靠度，保持了规范的延续性。

3）我国历次大地震的经验表明，发生高于基本烈度的地震是可能的，设计时考虑“大震不倒”是必要的，规范要求对薄弱层进行罕遇地震下变形验算，即满足第二阶段设计的要求。

5.2.1 采用底部剪力法时，各楼层可仅取一个自由度，结构的水平地震作用标准值，应按下列公式确定（图5.2.1）：

$$F_{\mathrm{Ek}} = \alpha_1 G_{\mathrm{eq}} \quad (5.2.1-1)$$

$$F_i = \frac{G_i H_i}{\sum_{j=1}^{n} G_j H_j} F_{\mathrm{Ek}} (1 - \delta_n) \quad (i = 1, 2, \cdots n) \quad (5.2.1-2)$$

$$\Delta F_n = \delta_n F_{\mathrm{Ek}} \quad (5.2.1-3)$$

式中：F_{Ek}——结构总水平地震作用标准值；

α_1——相应于结构基本自振周期的水平地震影响系数值，应按本规范第5.1.4、第5.1.5条确定，多层砌体房屋、底部框架砌体房屋，宜取水平地震影响系数最大值；

G_{eq}——结构等效总重力荷载，单质点应取总重力荷载代表值，多质点可取总重力荷载代表值的85%；

F_i——质点 i 的水平地震作用标准值；

G_i、G_j——分别为集中于质点 i、j 的重力荷载代表值，应按本规范第5.1.3条确定；

H_i、H_j——分别为质点 i、j 的计算高度；

δ_n——顶部附加地震作用系数，多层钢筋混凝土和钢结构房屋可按表5.2.1

采用，其他房屋可采用0.0；

ΔF_n——顶部附加水平地震作用。

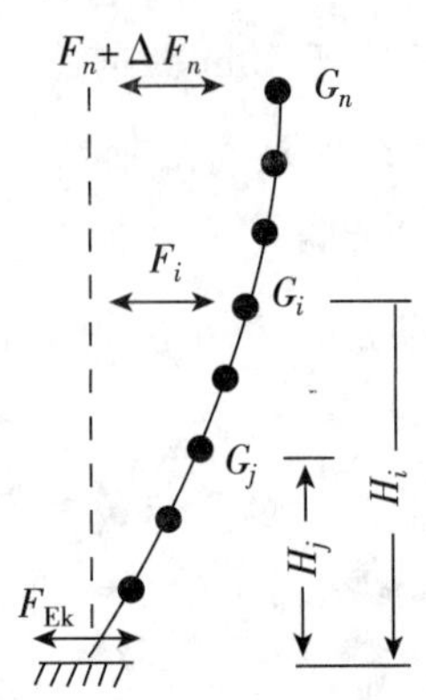

图 5.2.1　结构水平地震作用计算简图

表 5.2.1　顶部附加地震作用系数

T_g（s）	$T_1>1.4T_g$	$T_1\leqslant 1.4T_g$
$T_g\leqslant 0.35$	$0.08T_1+0.07$	0.0
$0.35<T_g\leqslant 0.55$	$0.08T_1+0.01$	
$T_g>0.55$	$0.08T_1-0.02$	

注：T_1 为结构基本自振周期。

【条文解析】

底部剪力法视多质点体系为等效单质点系。根据大量的计算分析，本条规定如下：

1）引入等效质量系数0.85，它反映了多质点系底部剪力值与对应单质点系（质量等于多质点系总质量，周期等于多质点系基本周期）剪力值的差异。

2）地震作用沿高度倒三角形分布，在周期较长时顶部误差可达25%，故引入依赖于结构周期和场地类别的顶点附加集中地震力予以调整。

5.2.2　采用振型分解反应谱法时，不进行扭转耦联计算的结构，应按下列规定计算其地震作用和作用效应：

1　结构 j 振型 i 质点的水平地震作用标准值，应按下列公式确定：

$$F_{ji}=\alpha_j\gamma_j X_{ji}G_i\quad(i=1,2,\cdots n,j=1,2,\cdots m)\qquad(5.2.2-1)$$

$$\gamma_i=\sum_{i=1}^{n}X_{ji}G_i/\sum_{i=1}^{n}X_{ji}^2G_i\qquad(5.2.2-2)$$

式中：F_{ji}——j 振型 i 质点的水平地震作用标准值；

α_j——相应于 j 振型自振周期的地震影响系数，应按本规范第5.1.4、第5.1.5条确定；

X_{ji}——j 振型 i 质点的水平相对位移；

γ_j——j 振型的参与系数。

2 水平地震作用效应（弯矩、剪力、轴向力和变形），当相邻振型的周期比小于0.85时，可按下式确定：

$$S_{\mathrm{Ek}} = \sqrt{\sum S_j^2} \tag{5.2.2-3}$$

式中：S_{Ek}——水平地震作用标准值的效应；

S_j——j 振型水平地震作用标准值的效应，可只取前2~3个振型，当基本自振周期大于1.5s或房屋高宽比大于5时，振型个数应适当增加。

【条文解析】

对于振型分解法，由于时程分析法亦可利用振型分解法进行计算，故加上“反应谱”以示区别。为使高柔建筑的分析精度有所改进，其组合的振型个数适当增加。振型个数一般可以取振型参与质量达到总质量90%所需的振型数。

5.2.3 水平地震作用下，建筑结构的扭转耦联地震效应应符合下列要求：

1 规则结构不进行扭转耦联计算时，平行于地震作用方向的两个边榀各构件，其地震作用效应应乘以增大系数。一般情况下，短边可按1.15采用，长边可按1.05采用；当扭转刚度较小时，周边各构件宜按不小于1.3采用。角部构件宜同时乘以两个方向各自的增大系数。

2 按扭转耦联振型分解法计算时，各楼层可取两个正交的水平位移和一个转角共三个自由度，并应按下列公式计算结构的地震作用和作用效应。确有依据时，尚可采用简化计算方法确定地震作用效应。

1）j 振型 i 层的水平地震作用标准值，应按下列公式确定：

$$F_{xji} = \alpha_j \gamma_{tj} X_{ji} G_i$$

$$F_{yji} = \alpha_j \gamma_{tj} Y_{ji} G_i \quad (i = 1,2,\cdots n; j = 1,2,\cdots m)$$

$$F_{tji} = \alpha_j \gamma_{tj} r_i^2 \varphi_{ji} G_i \tag{5.2.3-1}$$

式中：F_{xji}、F_{yji}、F_{tji}——分别为 j 振型 i 层的 x 方向、y 方向和转角方向的地震作用标准值；

X_{ji}、Y_{ji}——分别为 j 振型 i 层质心在 x、y 方向的水平相对位移；

φ_{ji}——j 振型 i 层的相对扭转角；

r_i——层转动半径，可取 i 层绕质心的转动惯量除以该层质量的商的正二次方根；

γ_{tj}——计入扭转的 j 振型的参与系数，可按下列公式确定：

当仅取 x 方向地震作用时

$$\gamma_{tj} = \sum_{i=1}^{n} X_{ji} G_i / \sum_{i=1}^{n} (X_{ji}^2 + Y_{ji}^2 + \varphi_{ji}^2 r_i^2) G_i \qquad (5.2.3-2)$$

当仅取 y 方向地震作用时

$$\gamma_{tj} = \sum_{i=1}^{n} Y_{ji} G_i / \sum_{i=1}^{n} (X_{ji}^2 + Y_{ji}^2 + \varphi_{ji}^2 r_i^2) G_i \qquad (5.2.3-3)$$

当取与 x 方向斜交的地震作用时

$$\gamma_{tj} = \gamma_{xj}\cos\theta + \gamma_{yj}\sin\theta \qquad (5.2.3-4)$$

式中：γ_{xj}、γ_{yj}——分别由式（5.2.3－2）、式（5.2.3－3）求得的参与系数；

θ——地震作用方向与 x 方向的夹角。

2）单向水平地震作用下的扭转耦联效应，可按下列公式确定：

$$S_{\mathrm{Ek}} = \sqrt{\sum_{j=1}^{m} \sum_{k=1}^{m} \rho_{jk} S_j S_k} \qquad (5.2.3-5)$$

$$\rho_{jk} = \frac{8\sqrt{\zeta_j \zeta_k}(\zeta_j + \lambda_{\mathrm{T}}\zeta_k)\lambda_{\mathrm{T}}^{1.5}}{(1-\lambda_{\mathrm{T}}^2)^2 + 4\zeta_j\zeta_k(1+\lambda_{\mathrm{T}}^2)\lambda_{\mathrm{T}} + 4(\zeta_j^2 + \zeta_k^2)\lambda_{\mathrm{T}}^2} \qquad (5.2.3-6)$$

式中：S_{Ek}——地震作用标准值的扭转效应；

S_j、S_k——分别为 j、k 振型地震作用标准值的效应，可取前 9～15 个振型；

ζ_j、ζ_k——分别为 j、k 振型的阻尼比；

ρ_{jk}——j 振型与 k 振型的耦联系数；

λ_{T}——k 振型与 j 振型的自振周期比。

3）双向水平地震作用下的扭转耦联效应，可按下列公式中的较大值确定：

$$S_{\mathrm{Ek}} = \sqrt{S_x^2 + (0.85 S_y)^2} \qquad (5.2.3-7)$$

$$S_{\mathrm{Ek}} = \sqrt{S_y^2 + (0.85 S_x)^2} \qquad (5.2.3-8)$$

式中，S_x、S_y 分别为 x 向、y 向单向水平地震作用按式（5.2.3－5）计算的扭转效应。

【条文解析】

地震扭转效应是一个极其复杂的问题，一般情况，宜采用较规则的结构体型，以避免扭转效应。体型复杂的建筑结构，即使楼层“计算刚心”和质心重合，往往仍然存在明显的扭转效应。因此，考虑结构扭转效应时，一般只能取各楼层质心为相对坐标原点，按多维振型分解法计算，其振型效应彼此耦连，用完全二次型方根法组合，可以由计算机运算。

5.2.4 采用底部剪力法时，突出屋面的屋顶间、女儿墙、烟囱等的地震作用效应，宜乘以增大系数3，此增大部分不应往下传递，但与该突出部分相连的构件应予计入；采用振型分解法时，突出屋面部分可作为一个质点；单层厂房突出屋面天窗架的地震作用效应的增大系数，应按本规范第9章的有关规定采用。

【条文解析】

突出屋面的小建筑，一般按其重力荷载小于标准层1/3控制。

对于顶层带有空旷大房间或轻钢结构的房屋，不宜视为突出屋面的小屋并采用底部剪力法乘以增大系数的办法计算地震作用效应，而应视为结构体系一部分，用振型分解法等计算。

5.2.5 抗震验算时，结构任一楼层的水平地震剪力应符合下式要求：

$$V_{\mathrm{EK}i} > \lambda \sum_{j=1}^{n} G_j \qquad (5.2.5)$$

式中：$V_{\mathrm{EK}i}$——第 i 层对应于水平地震作用标准值的楼层剪力；

λ——剪力系数，不应小于表5.2.5规定的楼层最小地震剪力系数值，对竖向不规则结构的薄弱层，尚应乘以1.15的增大系数；

G_j——第 j 层的重力荷载代表值。

表5.2.5 楼层最小地震剪力系数值

类 别	6度	7度	8度	9度
扭转效应明显或基本周期小于3.5s的结构	0.008	0.016（0.024）	0.032（0.048）	0.064
基本周期大于5.0s的结构	0.006	0.012（0.018）	0.024（0.036）	0.048

注：1 基本周期介于3.5s和5s之间的结构，按插入法取值；

2 括号内数值分别用于设计基本地震加速度为0.15g和0.30g的地区。

【条文解析】

表5.2.5表明，为了保证结构的抗震安全，有必要规定一个楼层的最小地震剪力。由于地震影响系数在长周期段下降较快，对于基本周期大于3.5s的结构，由此计算所得的水平地震作用下的结构效应可能太小。而对于长周期结构，地震动态作用中的地面运动速度和位移可能对结构的破坏具有更大影响，但是规范所采用的振型分解反应谱法尚无法对此作出估计。为了保证结构的抗震安全，有必要规定一个结构总水平地震剪力及各楼层水平地震剪力的最小值，规定了不同烈度下的剪力系数，当不满足时，需改变结构布置或调整结构总剪力和各楼层的水平地震剪力使之满足要求。例如，当

结构底部的总地震剪力略小于本条规定而中、上部楼层均满足最小值时，可采用下列方法调整：若结构基本周期位于设计反应谱的加速度控制段时，则各楼层均需乘以同样大小的增大系数；若结构基本周期位于反应谱的位移控制段时，则各楼层 i 均需按底部的剪力系数的差值 $\Delta\lambda_0$ 增加该层的地震剪力——$\Delta F_{\mathrm{E}ki}=\Delta\lambda_0 G_{\mathrm{E}i}$；若结构基本周期位于反应谱的速度控制段时，则增加值应大于 $\lambda_0 G_{\mathrm{E}i}$，顶部增加值可取动位移作用和加速度作用二者的平均值，中间各层的增加值可近似按线性分布。

需要注意：

1）当底部总剪力相差较多时，表明结构刚度不足或重量太大，结构的选型和总体布置需重新进行调整，而不能仅单纯地采用乘以增大系数方法处理。

2）只要底部总剪力不满足要求，则结构各楼层的剪力均需要调整，不能仅调整不满足的楼层。

3）满足最小地震剪力是结构后续抗震计算的前提，只有调整到符合最小剪力要求才能进行相应的地震倾覆力矩、构件内力、位移等等的计算分析；即意味着，当各层的地震剪力需要调整时，原先计算的倾覆力矩、内力和位移均需要相应调整。

4）采用时程分析法时，其计算的总剪力也需符合最小地震剪力的要求。

5）本条规定不考虑阻尼比的不同，是最低要求，各类结构，包括钢结构、隔震和消能减震结构均需一律遵守。

扭转效应明显与否一般可由考虑耦联的振型分解反应谱法分析结果判断，例如前三个振型中，两个水平方向的振型参与系数为同一个量级，即存在明显的扭转效应。对于扭转效应明显或基本周期小于3.5s的结构，剪力系数取 $0.2\alpha_{\max}$，保证足够的抗震安全度。对于存在竖向不规则的结构，突变部位的薄弱楼层，尚应按《建筑抗震设计规范》GB 50011—2010 第3.4.4条的规定，再乘以不小于1.15的系数。

5.2.6 结构的楼层水平地震剪力，应按下列原则分配：

1 现浇和装配整体式混凝土楼、屋盖等刚性楼、屋盖建筑，宜按抗侧力构件等效刚度的比例分配。

2 木楼盖、木屋盖等柔性楼、屋盖建筑，宜按抗侧力构件从属面积上重力荷载代表值的比例分配。

3 普通的预制装配式混凝土楼、屋盖等半刚性楼、屋盖的建筑，可取上述两种分配结果的平均值。

4 计入空间作用、楼盖变形、墙体弹塑性变形和扭转的影响时，可按本规范各有关规定对上述分配结果作适当调整。

【条文解析】

水平地震作用在结构楼层中产生的层间剪力，由楼层内各抗侧力构件共同承担，抗震设计时要解决各抗侧力之间剪力的分配问题。本条为解决各抗侧力之间剪力的分配问题提供了原则依据。

5.2.7 结构抗震计算，一般情况下可不计入地基与结构相互作用的影响；8度和9度时建造于Ⅲ、Ⅳ类场地，采用箱基、刚性较好的筏基和桩箱联合基础的钢筋混凝土高层建筑，当结构基本自振周期处于特征周期的1.2倍至5倍范围时，若计入地基与结构动力相互作用的影响，对刚性地基假定计算的水平地震剪力可按下列规定折减，其层间变形可按折减后的楼层剪力计算。

1 高宽比小于3的结构，各楼层水平地震剪力的折减系数，可按下式计算：

$$\psi = \left(\frac{T_1}{T_1 + \Delta T}\right)^{0.9} \tag{5.2.7}$$

式中：ψ——计入地基与结构动力相互作用后的地震剪力折减系数；

T_1——按刚性地基假定确定的结构基本自振周期（s）；

ΔT——计入地基与结构动力相互作用的附加周期（s），可按表5.2.7采用。

表5.2.7 附加周期 s

烈 度	场地类别	
	Ⅲ类	Ⅳ类
8	0.08	0.20
9	0.10	0.25

2 高宽比不小于3的结构，底部的地震剪力按第1款规定折减，顶部不折减，中间各层按线性插入值折减。

3 折减后各楼层的水平地震剪力，应符合本规范第5.2.5条的规定。

【条文解析】

由于地基和结构动力相互作用的影响，按刚性地基分析的水平地震作用在一定范围内有明显的折减。考虑到我国的地震作用取值与国外相比还较小，故仅在必要时才利用这一折减。研究表明，水平地震作用的折减系数主要与场地条件、结构自振周期、上部结构和地基的阻尼特性等因素有关，柔性地基上的建筑结构的折减系数随结构周期的增大而减小，结构越刚，水平地震作用的折减量越大。

5.3.1 9度时的高层建筑，其竖向地震作用标准值应按下列公式确定（图5.3.1）；楼层的竖向地震作用效应可按各构件承受的重力荷载代表值的比例分配，并宜乘以增大系数1.5。

$$F_{\mathrm{Evk}} = \alpha_{\mathrm{vmax}} G_{\mathrm{eq}} \tag{5.3.1-1}$$

$$F_{\mathrm{v}i} = \frac{G_i H_i}{\sum G_j H_j} F_{\mathrm{Evk}} \tag{5.3.1-2}$$

式中：F_{Evk}——结构竖向地震作用标准值；

$F_{\mathrm{v}i}$——质点 i 的竖向地震作用标准值；

α_{vmax}——竖向地震影响系数的最大值，可取水平地震影响系数最大值的65%；

G_{eq}——结构等效总重力荷载，可取其重力荷载代表值的75%。

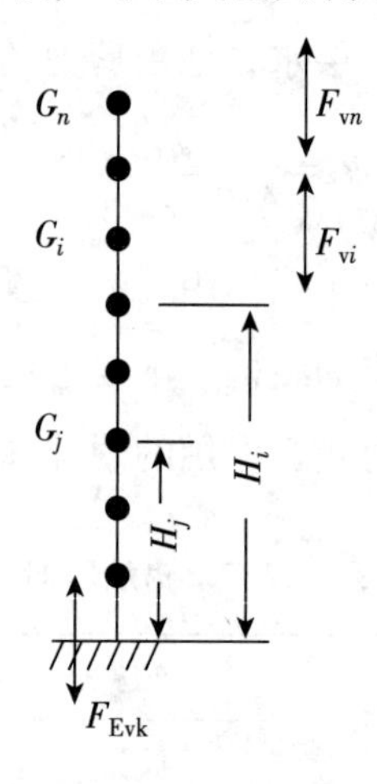

图5.3.1　结构竖向地震作用计算简图

【条文解析】

根据大量强震记录统计分析，竖向地震反应谱曲线的变化规律与水平地震反应谱曲线的变化规律基本相同，竖向地震动加速度峰值约为水平地震动加速度峰值的1/2～2/3，因此，可近似取竖向地震影响系数最大值为水平地震影响系数最大值的65%。此外，高层建筑及高耸结构的竖向振型规律与水平地震作用的底部剪力法要求的振型特点基本一致，且高层建筑及高耸结构竖向基本周期较短，一般为0.1～0.2s，处于竖向地震影响系数曲线的水平段，因此，竖向地震影响系数可取最大值。

5.3.2 跨度、长度小于本规范第5.1.2条第5款规定且规则的平板型网架屋盖和跨度大于24m的屋架、屋盖横梁及托架的竖向地震作用标准值，宜取其重力荷载代表值和竖向地震作用系数的乘积；竖向地震作用系数可按表5.3.2采用。

表 5.3.2 竖向地震作用系数

结构类型	烈度	场地类别		
		Ⅰ	Ⅱ	Ⅲ、Ⅳ
平板型网架、钢屋架	8	可不计算（0.10）	0.08（0.12）	0.10（0.15）
	9	0.15	0.15	0.20
钢筋混凝土屋架	8	0.10（0.15）	0.13（0.19）	0.13（0.19）
	9	0.20	0.25	0.25

注：括号中数值用于设计基本地震加速度为 0.30g 的地区。

【条文解析】

根据跨度小于 120m 或长度小于 300m 的平板钢网架屋盖、跨度大于 24m 屋架及悬臂长度小于 40m 的长悬臂结构按振型分解反应谱法分析得到的竖向地震作用表明，竖向地震作用的内力与重力作用下的内力的比值一般比较稳定。因此，《建筑抗震设计规范》GB 50011—2010 规定，对这些大跨度结构的竖向地震作用标准值可采用静力法计算。

用反应谱法、时程分析法等进行结构竖向地震反应的计算分析，根据跨度在 24 ~ 60m 的平板型网架和 18m 以上的标准屋架以及大跨度结构的分析结果表明，竖向地震作用的内力和重力荷载下的内力之比值一般比较稳定，彼此相差一般不太大，此比值随烈度和场地条件而异，且当结构周期大于特征周期时，随跨度的增大，比值反而有所下降。由于在目前常用的跨度范围内，这个下降还不很大，为了简化，可略去跨度的影响。

5.4.1 结构构件的地震作用效应和其他荷载效应的基本组合，应按下式计算：

$$S = \gamma_G S_{GE} + \gamma_{Eh} S_{Ehk} + \gamma_{Gv} S_{Evk} + \psi_w \gamma_w S_{wk} \tag{5.4.1}$$

式中： S——**结构构件内力组合的设计值，包括组合的弯矩、轴向力和剪力设计值等；**

γ_G——**重力荷载分项系数，一般情况应采用 1.2，当重力荷载效应对构件承载能力有利时，不应大于 1.0；**

γ_{Eh}、γ_{Gv}——**分别为水平、竖向地震作用分项系数，应按表 5.4.1 采用；**

γ_w——**风荷载分项系数，应采用 1.4；**

S_{GE}——**重力荷载代表值的效应，可按本规范第 5.1.3 条采用，但有吊车时，尚应包括悬吊物重力标准值的效应；**

S_{Ehk}——**水平地震作用标准值的效应，尚应乘以相应的增大系数或调整系数；**

S_{Evk}——**竖向地震作用标准值的效应，尚应乘以相应的增大系数或调整系数；**

S_{wk}——风荷载标准值的效应；

ψ_{w}——风荷载组合值系数，一般结构取0.0，风荷载起控制作用的建筑应采用0.20。

注：本规范一般略去表示水平方向的下标。

表5.4.1 地震作用分项系数

地震作用	γ_{Eh}	γ_{Ev}
仅计算水平地震作用	1.3	0.0
仅计算竖向地震作用	0.0	1.3
同时计算水平与竖向地震作用（水平地震为主）	1.3	0.5
同时计算水平与竖向地震作用（竖向地震为主）	0.5	1.3

【条文解析】

在设防烈度的地震作用下，结构构件承载力按《建筑结构可靠度设计统一标准》GB 50068—2001计算的可靠指标β是负值，难于按《建筑结构可靠度设计统一标准》GB 50068—2001的要求进行设计表达式的分析。因此，在第一阶段的抗震设计时取相当于众值烈度下的弹性地震作用作为额定设计指标，使此时的设计表达式可按《建筑结构可靠度设计统一标准》GB 50068—2001的要求导出。

1）地震作用分项系数的确定

在众值烈度下的地震作用，应视为可变作用而不是偶然作用。这样，根据《建筑结构可靠度设计统一标准》GB 50068—2001中确定直接作用（荷载）分项系数的方法，通过综合比较，对水平地震作用，确定$\gamma_{Eh}=1.3$，至于竖向地震作用分项系数，则参照水平地震作用，也取$\gamma_{Ev}=1.3$。当竖向与水平地震作用同时考虑时，根据加速度峰值记录和反应谱的分析，二者的组合比为1∶0.4，故$\gamma_{Eh}=1.3$，$\gamma_{Ev}=0.4\times1.3\approx0.5$。

考虑到大跨、大悬臂结构的竖向地震作用效应比较显著，本条中表5.4.1中新增了同时计算水平与竖向地震作用（竖向地震为主）的组合。

此外，按照《建筑结构可靠度设计统一标准》GB 50068—2001的规定，当重力荷载对结构构件承载力有利时，取$\gamma_{G}=1.0$。

2）抗震验算中作用组合值系数的确定

本条在计算地震作用时，已经考虑了地震作用与各种重力荷载（恒荷载与活荷载、雪荷载等）的组合问题，在《建筑抗震设计规范》GB 50011—2010第5.1.3条中规定了一组组合值系数，形成了抗震设计的重力荷载代表值，本条在验算和计算地震作用时（除吊车悬吊重力外）对重力荷载均采用相同的组合值系数的规定，可简化计算，并避免有两种不同的组合值系数。因此，本条中仅出现风荷载的组合值系数，并按《建筑结构可靠度设计统一标准》GB 50068—2001 的方法，将取值予以转换得到。这里，所谓风荷载起控制作用，指风荷载和地震作用产生的总剪力和倾覆力矩相当的情况。

3）地震作用标准值的效应

规范的作用效应组合是建立在弹性分析叠加原理基础上的，考虑到抗震计算模型的简化和塑性内力分布与弹性内力分布的差异等因素，本条中还规定，对地震作用效应，当本规范各章有规定时尚应乘以相应的效应调整系数 η，如突出屋面小建筑、天窗架、高低跨厂房交接处的柱子、框架柱，底层框架－抗震墙结构的柱子、梁端和抗震墙底部加强部位的剪力等的增大系数。

4）关于重要性系数

根据地震作用的特点，抗震设计的现状，以及抗震设防分类与《建筑结构可靠度设计统一标准》GB 50068—2001 中安全等级的差异，重要性系数对抗震设计的实际意义不大，对建筑重要性的处理仍采用抗震措施的改变来实现，不考虑此项系数。

5.4.2　结构构件的截面抗震验算，应采用下列设计表达式：

$$S \leqslant R/\gamma_{RE} \tag{5.4.2}$$

式中：γ_{RE}——承载力抗震调整系数，除另有规定外，应按表 5.4.2 采用；

R——结构构件承载力设计值。

表 5.4.2　承载力抗震调整系数

材料	结构构件	受力状态	γ_{RE}
钢	柱，梁，支撑，节点板件，螺栓，焊缝	强度	0.75
	柱，支撑	稳定	0.80
砌体	两端均有构造柱、芯柱的抗震墙	受剪	0.9
	其他抗震墙	受剪	1.0
混凝土	梁	受弯	0.75
	轴压比小于 0.15 的柱	偏压	0.75
	轴压比不小于 0.15 的柱	偏压	0.80
	抗震墙	偏压	0.85
	各类构件	受剪、偏拉	0.85

【条文解析】

结构在设防烈度下的抗震验算根本上应该是弹塑性变形验算，但为减少验算工作量并符合设计习惯，对大部分结构，将变形验算转换为众值烈度地震作用下构件承载力验算的形式来表现。按照《建筑结构可靠度设计统一标准》GB 50068—2001 的原则，在众值烈度下有基本相同的可靠指标，但随着对材料的发展，研究发现，钢结构构件的可靠指标比混凝土结构构件明显偏低，故应予以适当提高，使之与砌体、混凝土构件有相近的可靠指标；而且随着非抗震设计材料指标的提高，各类材料结构的抗震可靠性也略有提高。基于此前提，在确定地震作用分项系数取 1.3 的同时，则可得到与抗力标准值 R_k 相应的最优抗力分项系数，并进一步转换为抗震的抗力函数（即抗震承载力设计值 R_{dE}），使抗力分项系数取 1.0 或不出现。砌体结构的截面抗震验算，就是这样处理的。

现阶段大部分结构构件截面抗震验算时，采用了各有关规范的承载力设计值 R_d，因此，抗震设计的抗力分项系数，就相应地变为非抗震设计的构件承载力设计值的抗震调整系数 γ_{RE}，即 $\gamma_{RE}=R_d/R_{dE}$ 或 $R_{dE}=R_d/\gamma_{RE}$。还需注意，地震作用下结构的弹塑性变形直接依赖于结构实际的屈服强度（承载力），本节的承载力是设计值，不可误作为标准值来进行本章第五节要求的弹塑性变形验算。

本条配合钢结构构件、连接的内力调整系数的变化，调整了其承载力抗震调整系数的取值。

5.4.3 当仅计算竖向地震作用时，各类结构构件承载力抗震调整系数均应采用 1.00。

【条文解析】

承载力抗震调整系数 γ_{RE} 一般均应小于等于 1，这主要是因为考虑到如下两个因素：

1）动力荷载下材料强度比静力荷载下要高。

2）地震作用是持续时间很短的间接作用，结构的抗震设计的可靠度可以低于非抗震设计可靠度；另外，结构在设防烈度下的抗震验算根本上应该是弹塑性变形验算，承载力抗震调整系数 γ_{RE} 的不同反应了不同受力状态下构件的延性是不同的，体现了强柱弱梁、强剪弱弯、更强节点的设计原则。

本条规定主要是从经济和安全两个角度综合考虑得出的结果。

5.5.2 结构在罕遇地震作用下薄弱层的弹塑性变形验算，应符合下列要求：

1 下列结构应进行弹塑性变形验算：

1）8 度Ⅲ、Ⅳ类场地和 9 度时，高大的单层钢筋混凝土柱厂房的横向排架；

2）7～9 度时楼层屈服强度系数小于 0.5 的钢筋混凝土框架结构和框排架结构；

3）高度大于150m的结构；

4）甲类建筑和9度时乙类建筑中的钢筋混凝土结构和钢结构；

5）采用隔震和消能减震设计的结构。

2 下列结构宜进行弹塑性变形验算：

1）本规范表5.1.2－1所列高度范围且属于本规范表3.4.3－2所列竖向不规则类型的高层建筑结构；

2）7度Ⅲ、Ⅳ类场地和8度时乙类建筑中的钢筋混凝土结构和钢结构；

3）板柱－抗震墙结构和底部框架砌体房屋；

4）高度不大于150m的其他高层钢结构；

5）不规则的地下建筑结构及地下空间综合体。

注：楼层屈服强度系数为按钢筋混凝土构件实际配筋和材料强度标准值计算的楼层受剪承载力和按罕遇地震作用标准值计算的楼层弹性地震剪力的比值；对排架柱，指按实际配筋面积、材料强度标准值和轴向力计算的正截面受弯承载力与按罕遇地震作用标准值计算的弹性地震弯矩的比值。

【条文解析】

如果建筑结构中存在薄弱层或薄弱部位，在强烈地震作用下，由于结构薄弱部位将进入弹塑性状态，并通过发展弹塑性变形和累积耗能来消耗地震输入能量，从而导致结构构件严重破坏甚至引起结构倒塌；属于乙类建筑的生命线工程中的关键部位在强烈地震作用下一旦遭受破坏将带来严重后果，或产生次生灾害或对救灾、恢复重建及生产、生活造成很大影响。除了高大的单层工业厂房的横向排架、楼层屈服强度系数小于0.5的框架结构、底部框架砖房等之外，板柱－抗震墙及结构体系不规则的某些高层建筑结构和乙类建筑也要求进行罕遇地震作用下的抗震变形验算。采用隔震和消能减震技术的建筑结构，对隔震和消能减震部件应有位移限制要求，在罕遇地震作用下隔震和消能减震部件应能起到降低地震效应和保护主体结构的作用，因此要求进行抗震变形验算。

考虑到弹塑性变形计算的复杂性，对不同的建筑结构提出不同的要求。随着弹塑性分析模型和软件的发展和改进，本条进一步增加了弹塑性变形验算的范围。

5.5.3 结构在罕遇地震作用下薄弱层（部位）弹塑性变形计算，可采用下列方法：

1 不超过12层且层刚度无突变的钢筋混凝土框架和框排架结构、单层钢筋混凝土柱厂房可采用本规范第5.5.4条的简化计算法。

2 除1款以外的建筑结构，可采用静力弹塑性分析方法或弹塑性时程分析法等。

3 规则结构可采用弯剪层模型或平面杆系模型，属于本规范第3.4节规定的不规则结构应采用空间结构模型。

【条文解析】

对建筑结构在罕遇地震作用下薄弱层（部位）弹塑性变形计算，12层以下且层刚度无突变的框架结构及单层钢筋混凝土柱厂房可采用规范的简化方法计算；较为精确的结构弹塑性分析方法，可以是三维的静力弹塑性（如push－over方法）或弹塑性时程分析方法；有时尚可采用塑性内力重分布的分析方法等。

《高层建筑混凝土结构技术规程》JGJ 3—2010

4.3.1 各抗震设防类别高层建筑的地震作用，应符合下列规定：

1 甲类建筑：应按批准的地震安全性评价结果且高于本地区抗震设防烈度的要求确定；

2 乙、丙类建筑：应按本地区抗震设防烈度计算。

【条文解析】

本条是高层建筑混凝土结构考虑地震作用时的设防标准，与现行国家标准《建筑工程抗震设防分类标准》GB 50223—2008的规定一致。对甲类建筑的地震作用，明确规定如果地震安全性评价结构低于本地区的抗震设防烈度，计算地震作用时应按高于本地区设防烈度的要求进行。对乙、丙类建筑，规定应按本地区抗震设防烈度计算。

4.3.2 高层建筑结构的地震作用计算应符合下列规定：

1 一般情况下，应至少在结构两个主轴方向分别计算水平地震作用；有斜交抗侧力构件的结构，当相交角度大于15°时，应分别计算各抗侧力构件方向的水平地震作用。

2 质量与刚度分布明显不对称的结构，应计算双向水平地震作用下的扭转影响；其他情况，应计算单向水平地震作用下的扭转影响。

3 高层建筑中的大跨度、长悬臂结构，7度（$0.15g$）、8度抗震设计时应计入竖向地震作用。

4 9度抗震设计时应计算竖向地震作用。

【条文解析】

某一方向水平地震作用主要由该方向抗侧力构件承担，如该构件带有翼缘，尚应包括翼缘作用。有斜交抗侧力构件的结构，当交角大于15°时，应考虑斜交构件方向的地震作用计算。对质量和刚度明显不均匀、不对称的结构应考虑双向地震作用下的扭转影响。

大跨度指跨度大于24m的楼盖结构、跨度大于8m的转换结构、悬挑长度大于2m的悬挑结构。大跨度、长悬臂结构应验算其自身及其支承部位结构的竖向地震效应。

4.3.4 高层建筑结构应根据不同情况，分别采用下列地震作用计算方法：

1 高层建筑结构宜采用振型分解反应谱法；对质量和刚度不对称、不均匀的结构以及高度超过100m的高层建筑结构应采用考虑扭转耦联振动影响的振型分解反应谱法。

2 高度不超过40m、以剪切变形为主且质量和刚度沿高度分布比较均匀的高层建筑结构，可采用底部剪力法。

3 7~9度抗震设防的高层建筑，下列情况应采用弹性时程分析法进行多遇地震下的补充计算：

1）甲类高层建筑结构；

2）表4.3.4所列的乙、丙类高层建筑结构；

3）不满足本规程第3.5.2~3.5.6条规定的高层建筑结构；

4）本规程第10章规定的复杂高层建筑结构。

表4.3.4 采用时程分析法的高层建筑结构

设防烈度、场地类别	建筑高度范围
8度Ⅰ、Ⅱ类场地和7度	>100m
8度Ⅲ、Ⅳ类场地	>80m
9度	>60m

注：场地类别应按现行国家标准《建筑抗震设计规范》GB 50011—2010的规定采用。

【条文解析】

不同的结构采用不同的分析方法在各国抗震规范中均有体现，振型分解反应谱法和底部剪力法仍是基本方法。对高层建筑结构主要采用振型分解反应谱法（包括不考虑扭转耦联和考虑扭转耦联两种方式），底部剪力法的应用范围较小。弹性时程分析法作为补充计算方法，在高层建筑结构分析中已得到比较普遍的应用。

本条第3款对于需要采用弹性时程分析法进行补充计算的高层建筑结构作了具体规定，这些结构高度较高或刚度、承载力和质量沿竖向分布不规则或属于特别重要的甲类建筑。所谓“补充”，主要指对计算的底部剪力、楼层剪力和层间位移进行比较，当时程法分析结果大于振型分解反应谱法分析结果时，相关部位的构件内力和配筋作相应的调整。

质量沿竖向分布不均匀的结构一般指楼层质量大于相邻下部楼层质量1.5倍的情况。

4.3.5 进行结构时程分析时，应符合下列要求：

1 应按建筑场地类别和设计地震分组选取实际地震记录和人工模拟的加速度时程曲线，其中实际地震记录的数量不应少于总数量的2/3，多组时程曲线的平均地震影响系数曲线应与振型分解反应谱法所采用的地震影响系数曲线在统计意义上相符；弹性时程分析时，每条时程曲线计算所得结构底部剪力不应小于振型分解反应谱法计算结果的65%，多条时程曲线计算所得结构底部剪力的平均值不应小于振型分解反应谱法计算结果的80%。

2 地震波的持续时间不宜小于建筑结构基本自振周期的5倍和15s，地震波的时间间距可取0.01s或0.02s。

3 输入地震加速度的最大值可按表4.3.5采用。

表4.3.5 时程分析时输入地震加速度的最大值 cm/s^2

地震影响	6度	7度	8度	9度
多遇地震	18	35（55）	70（110）	140
设防地震	50	100（150）	200（300）	400
罕遇地震	125	220（310）	400（510）	620

注：7、8度时括号内数值分别用于设计基本地震加速度为0.15g和0.30g的地区，此处g为重力加速度。

4 当取三组时程曲线进行计算时，结构地震作用效应宜取时程法计算结果的包络值与振型分解反应谱法计算结果的较大值；当取七组及七组以上时程曲线进行计算时，结构地震作用效应可取时程法计算结果的平均值与振型分解反应谱法计算结果的较大值。

【条文解析】

进行时程分析时，鉴于不同地震波输入进行时程分析的结果不同，本条规定一般可以根据小样本容量下的计算结果来估计地震效应值。通过大量地震加速度记录输入不同结构类型进行时程分析结果的统计分析，若选用不少于2组实际记录和1组人工模拟的加速度时程曲线作为输入，计算的平均地震效应值不小于大样本容量平均值的保证率在85%以上，而且一般也不会偏大很多。当适用数量较多的地震波，如5组实际记录和2组人工模拟时程曲线，则保证率更高。所谓“在统计意义上相符”是指，多组时程波的平均地震影响系数曲线与振型分解反应谱法所用的地震影响系数曲线相比，在对应于结构主要振型的周期点上相差不大于20%。计算结果的平均底部剪力一般不会小于振型分解反应谱法计算结果的80%，每条地震波输入的计算结果不会小于65%；从工程应用角度考虑，可以保证时程分析结果满足最低安全要求。但时程法计算结果也不必过大，每条地震波输入的计算结果不大于135%，多条地震波输入的计算结果平均值不大于120%，以体现安全性和经济性的平衡。

正确选择输入的地震加速度时程曲线，要满足地震动三要素的要求，即频谱特性、有效峰值和持续时间均要符合规定。频谱特性可用地震影响系数曲线表征，依据所处的场地类别和设计地震分组确定；加速度的有效峰值按表4.3.5采用，即以地震影响系数最大值除以放大系数（约2.25）得到；输入地震加速度时程曲线的有效持续时间，一般从首次达到该时程曲线最大峰值的10%那一点算起，到最后一点达到最大峰值的10%为止，约为结构基本周期的5～10倍。

4.3.7 建筑结构的地震影响系数应根据烈度、场地类别、设计地震分组和结构自振周期及阻尼比确定。其水平地震影响系数最大值 α_{max} 应按表4.3.7－1采用；特征周期应根据场地类别和设计地震分组按表4.3.7－2采用，计算罕遇地震作用时，特征周期应增加0.05s。

注：周期大于6.0s的高层建筑结构所采用的地震影响系数应作专门研究。

表4.3.7－1 水平地震影响系数最大值 α_{max}

地震影响	6度	7度	8度	9度
多遇地震	0.04	0.08（0.12）	0.16（0.24）	0.32
设防地震	0.12	0.23（0.34）	0.45（0.68）	0.90
罕遇地震	0.28	0.50（0.72）	0.90（1.20）	1.40

注：7、8度时括号中数值分别用于设计基本地震加速度为0.15g和0.30g的地区。

表4.3.7－2 特征周期值 T_g s

设计地震分组＼场地类别	I_0	I_1	Ⅱ	Ⅲ	Ⅳ
第一组	0.20	0.25	0.35	0.45	0.65
第二组	0.25	0.30	0.40	0.55	0.75
第三组	0.30	0.35	0.45	0.65	0.90

【条文解析】

本条规定了水平地震影响系数最大值和场地特征周期取值。现阶段仍采用抗震设防烈度所对应的水平地震影响系数最大值 α_{max}，多遇地震烈度（小震）和预估罕遇地震烈度（大震）分别对应于50年设计基准期内超越概率为63%和2%～3%的地震烈度。

根据土层等效剪切波速和场地覆盖层厚度将建筑的场地划分为Ⅰ、Ⅱ、Ⅲ、Ⅳ四类，其中Ⅰ类分为 I_0 和 I_1 两个亚类。

4.3.14 跨度大于24m的楼盖结构、跨度大于12m的转换结构和连体结构、悬挑长度大于5m的悬挑结构，结构竖向地震作用效应标准值宜采用时程分析方法或振型分解反应谱方法进行计算。时程分析计算时输入的地震加速度最大值可按规定的水平输入最大值的65%采用，反应谱分析时结构竖向地震影响系数最大值可按水平地震影响系数最大值的65%采用，但设计地震分组可按第一组采用。

【条文解析】

主要考虑目前高层建筑中较多采用大跨度和长悬挑结构，需要采用时程分析演绎法中反应谱方法进行竖向地震的分析，给出了反应谱和时程分析计算时需要的数据。反应谱采用水平反应谱的65%，包括最大值和形状参数，但认为竖向反应谱的特征周期与水平反应谱相比，尤其在远震中跨时，明显小于水平反应谱，故本条规定：设计特征周期均按第一组采用。对处于发震断裂10km以内的场地，其最大值可能接近于水平谱，特征周期小于水平谱。

4.3.15 高层建筑中，大跨度结构、悬挑结构、转换结构、连体结构的连接体的竖向地震作用标准值，不宜小于结构或构件承受的重力荷载代表值与表4.3.15所规定的竖向地震作用系数的乘积。

表4.3.15 竖向地震作用系数

设防烈度	7度	8度		9度
设计基本地震加速度	0.15g	0.20g	0.30g	0.40g
竖向地震作用系数	0.08	0.10	0.15	0.20

注：g 为重力加速度。

【条文解析】

高层建筑中的大跨度、悬挑、转换、连体结构的竖向地震作用大小与其所处的位置以及支承结构的刚度都有一定关系，因此对于跨度较大、所处位置较高的情况，建议进行竖向地震作用计算，并且计算结果不宜小于本条规定。

为了简化计算，跨度或悬挑长度可直接按本条规定的地震作用系数乘以相应的重力荷载代表值作为竖向地震作用标准值。

4.3.16 计算各振型地震影响系数所采用的结构自振周期应考虑非承重墙体的刚度影响予以折减。

【条文解析】

高层建筑结构整体计算分析时，只考虑了主要结构构件（梁、柱、剪力墙和筒体等）的刚度，没有考虑非承重结构构件的刚度，因而计算的自振周期较实际的偏长，按这一周期计算的地震力偏小。为此，本条规定应考虑非承重墙体的刚度影响，对计算的自振周期予以折减。

4.3.17 当非承重墙体为砌体墙时，高层建筑结构的计算自振周期折减系数可按下列规定取值：

1 框架结构可取0.6~0.7；

2 框架-剪力墙结构可取0.7~0.8；

3 框架-核心筒结构可取0.8~0.9；

4 剪力墙结构可取0.8~1.0。

对于其他结构体系或采用其他非承重墙体时，可根据工程情况确定周期折减系数。

【条文解析】

本条规定应考虑非承重墙体的刚度影响，对计算的结构自振周期予以折减，并按折减后的周期值确定水平地震影响系数。如果在结构分析模型中，已经考虑了非承重墙体的刚度影响，则可不进行周期折减。

周期折减系数的取值，与结构中非承重墙体的材料性质、多寡、构造方式等有关，应由设计人员根据实际情况确定，本条给出的参考值，主要是砖或空心砖砌体填充墙结构的经验总结，不是强制的。

《混凝土小型空心砌块建筑技术规程》JGJ/T 14—2011

7.2.1 计算地震作用时，建筑的重力荷载代表值应取结构和构件自重标准值和各可变荷载组合值之和。各可变荷载的组合值系数，应按表7.2.1采用。

表 7.2.1 组合值系数

可变荷载种类		组合值系数
雪荷载		0.5
屋面积灰荷载		0.5
屋面活荷载		不计入
按实际情况计算的楼面活荷载		1.0
按等效均布荷载计算的楼面活荷载	藏书库、档案库	0.8
	其他民用建筑	0.5

【条文解析】

根据《建筑结构可靠度设计统一标准》GB 50068—2001 的规定，发生地震时荷载与其他重力荷载的可能组合结果称为抗震设计重力荷载代表值 G_E，即永久荷载标准值与有关的可变荷载组合值之和。组合值系采用《建筑抗震设计规范》GB 50011—2010 规定的数值。

7.2.5　一般情况下，小砌块砌体房屋应至少在建筑结构的两个主轴方向分别计算水平地震作用并进行抗震验算，各方向的水平地震作用应由该方向抗侧力构件承担。

7.2.6　质量和刚度分布明显不对称的小砌块砌体房屋，应计入双向水平地震作用下的扭转影响。

【条文解析】

地震作用于房屋是任意方向的，但均可按力分解为两个主轴方向，抗震验算时分别沿房屋的两个主轴方向作用。当房屋的质量和刚度有明显不均匀时，或采用了不对称结构时，应考虑地震作用导致的扭转影响，进行扭转验算。

《高层民用建筑钢结构技术规程》JGJ 99—1998

4.3.2　第一阶段设计时，其地震作用应符合下列要求：

1　通常情况下，应在结构的两个主轴方向分别计入水平地震作用，各方向的水平地震作用应全部由该方向的抗侧力构件承担；

2　当有斜交抗侧力构件时，宜分别计入各抗侧力构件方向的水平地震作用；

3　质量和刚度明显不均匀、不对称的结构，应计入水平地震作用的扭转影响；

4 按9度抗震设防的高层建筑钢结构，或者按8度和9度抗震设防的大跨度和长悬臂构件，应计入竖向地震作用。

【条文解析】

本条各项要求基本上是按照现行国家标准《建筑抗震设计规范》GB 50011所提出的要求制定的，有两点要说明：

1）在需要考虑水平地震作用扭转影响的结构中，应考虑结构偏心引起的扭转效应，而不考虑扭转地震作用。

2）对于平面很不规则的结构，一般仍规定仅按一个方向的水平地震作用计算，包括考虑最不利的水平地震作用方向，而对不规则性带来的影响，则由充分考虑扭转来计及，这样处理使计算较简便，且较符合我国目前的情况。

《建筑抗震加固技术规程》JGJ 116—2009

3.0.3 现有建筑抗震加固设计时，地震作用和结构抗震验算应符合下列规定：

1 当抗震设防烈度为6度时（建造于Ⅳ类场地的较高的高层建筑除外），以及木结构和土石墙房屋，可不进行截面抗震验算，但应符合相应的构造要求。

2 加固后结构的分析和构件承载力计算，应符合下列要求：

1）结构的计算简图，应根据加固后的荷载、地震作用和实际受力状况确定；当加固后结构刚度和重力荷载代表值的变化分别不超过原来的10%和5%时，应允许不计入地震作用变化的影响；在条状突出的山嘴、高耸孤立的山丘、非岩石的陡坡、河崖坡和边坡边缘等不利地段，水平地震作用应按现行国家标准《建筑抗震设计规范》GB 50011的规定乘以增大系数1.1～1.6；

2）结构构件的计算截面面积，应采用实际有效的截面面积；

3）结构构件承载力验算时，应计入实际荷载偏心、结构构件变形等造成的附加内力，并应计入加固后的实际受力程度、新增部分的应变滞后和新旧部分协同工作的程度对承载力的影响。

3 当采用楼层综合抗震能力指数进行结构抗震验算时，体系影响系数和局部影响系数应根据房屋加固后的状态取值，加固后楼层综合抗震能力指数应大于1.0，并应防止出现新的综合抗震能力指数突变的楼层。采用设计规范方法验算时，也应防止加固后出现新的层间受剪承载力突变的楼层。

3.0.4 采用现行国家标准《建筑抗震设计规范》GB 50011的方法进行抗震验算时，宜计入加固后仍存在的构造影响，并应符合下列要求：

对于后续使用年限50年的结构，材料性能设计指标、地震作用、地震作用效应调整、结构构件承载力抗震调整系数均应按国家现行设计规范、规程的有关规定执行；对于后续使用年限少于50年的结构，即现行国家标准《建筑抗震鉴定标准》GB 50023—2008规定的A、B类建筑结构，其设计特征周期、原结构构件的材料性能设计指标、地震作用效应调整等应按现行国家标准《建筑抗震鉴定标准》GB 50023—2008的规定采用，结构构件的“承载力抗震调整系数”应采用下列“抗震加固的承载力调整系数”替代：

1　A类建筑，加固后的构件仍应依据其原有构件按现行国家标准《建筑抗震鉴定标准》GB 50023—2008规定的“抗震鉴定的承载力调整系数”值采用；新增钢筋混凝土构件、砌体墙体可仍按原有构件对待。

2　B类建筑，宜按现行国家标准《建筑抗震设计规范》GB 50011的“承载力抗震调整系数”值采用。

【条文解析】

现有建筑抗震加固的设计计算，与新建建筑的设计计算不完全相同，有自身的某些特点，主要内容是：

1）抗震加固设计，一般情况应在两个主轴方向分别进行抗震验算，在下列情况下，加固的抗震验算要求有所放宽；6度时（建造于Ⅳ类场地的较高的现有高层建筑除外），可不进行构件截面抗震验算；对局部抗震加固的结构，当加固后结构刚度不超过加固前的10%或者重力荷载的变化不超过5%时，可不再进行整个结构的抗震分析。

2）应采用符合加固后结构实际情况的计算简图与计算参数，包括实际截面构件尺寸、钢筋有效截面、实际荷载偏心和构件实际挠度产生的附加内力等，对新增构件的抗震承载力，需考虑应变滞后的二次受力影响。

3）A类结构的抗震验算，优先采用与抗震鉴定相同的简化方法，如要求楼层综合抗震能力指数大于1.0，但应按加固后的实际情况取相应的计算参数和构造影响系数。这些方法不仅便捷、有足够精度，而且能较好地解释现有建筑的震害。

《预应力混凝土结构抗震设计规程》JGJ 140—2004

3.1.5　预应力混凝土结构构件在地震作用效应和其他荷载效应的基本组合下，进行截面抗震验算时，应加入预应力作用效应项。当预应力作用效应对结构不利时，预应力分项系数应取1.2；有利时应取1.0。

承载力抗震调整系数 γ_{RE}，除另有规定外，应按表3.1.5取用。

表 3.1.5 承载力抗震调整系数

结构构件	受力状态	γ_{RE}
梁	受弯	0.75
轴压比小于 0.15 的柱	偏压	0.75
轴压比不小于 0.15 的柱	偏压	0.80
框架节点	受剪	0.85
各类构件	受剪、偏拉	0.85
局部受压部位	局部受压	1.00

【条文解析】

预应力混凝土结构构件的地震作用效应和其他荷载效应的基本组合主要按照现行国家标准《建筑抗震设计规范》GB 50011 的有关规定，并加入了预应力作用效应项，预应力作用效应也包括预加力产生的次弯矩、次剪力。当预应力作用效应对构件承载能力有利时，预应力分项系数应取 1.0，不利时应取 1.2。

预应力混凝土结构的承载能力抗震调整系数、层间位移角限值的选取，遵照现行国家标准《建筑抗震设计规范》GB 50011 的有关规定。

《底部框架－抗震墙砌体房屋抗震技术规程》JGJ 248—2012

4.1.8 底部框架－抗震墙砌体房屋的地震作用效应，应按下列规定调整：

1 对底层框架－抗震墙砌体房屋，当第二层与底层的侧向刚度比不小于 1.3 时，底层的纵向和横向地震剪力设计值均应乘以增大系数，其值可在 1.0～1.5 范围内选用，第二层与底层侧向刚度比大者应取大值；

注：层间侧向刚度可按本规程附录 A 的方法计算。

2 对底部两层框架－抗震墙砌体房屋，当第三层与第二层的侧向刚度比不小于 1.3 时，底层和第二层的纵向和横向地震剪力设计值均应乘以增大系数，其值可在 1.0～1.5 范围内选用，第三层与第二层侧向刚度比大者应取大值；

3 底层或底部两层纵向和横向地震剪力设计值，应全部由该方向的抗震墙承担，并按各墙体的侧向刚度比例分配。

【条文解析】

底部框架－抗震墙砌体房屋的地震反应，实际并未因底部的刚度小于过渡楼层而在底部出现增大的反应，但考虑到底部的严重破坏将危及整体房屋，为防止因底部严重破坏而导致房屋的整体垮塌、减少底部的薄弱程度，对底部的地震剪力设计值进行增大调整以增强底部的抗震承载能力。增大系数可按过渡楼层与其下相邻楼层的侧向刚度比值用线性插值法近似确定，侧向刚度比越大增加越多。

由于底部框架－抗震墙部分的承载能力、变形和耗能能力较上部砌体房屋部分要好一些，根据国内多家单位对这类房屋大量的抗震能力、结构均匀性与不同侧向刚度比相关性的工程实例分析结果，当过渡楼层与其下相邻楼层的侧向刚度比在1.0～1.3之间时，底部的地震剪力设计值可不作增大调整。

为了使底部第一道防线的抗震墙具有较好的承载能力，提出地震剪力设计值全部由抗震墙承担的要求。

4.1.9 底部框架－抗震墙砌体房屋中，底部框架的地震作用效应，宜按下列原则确定：

1 底部框架承担的地震剪力设计值，可按各抗侧力构件有效侧向刚度比例分配。有效侧向刚度的取值，框架不折减，混凝土抗震墙或配筋小砌块砌体抗震墙可乘以折减系数0.30，约束普通砖砌体或小砌块砌体抗震墙可乘以折减系数0.20。

2 当抗震墙之间楼盖长宽比大于2.5时，框架柱各轴线承担的地震剪力和轴向力，尚应计入楼盖平面内变形的影响。

【条文解析】

关于底部框架承担的地震剪力，考虑了抗震墙开裂后的弹塑性内力重分布，是为了提高底部第二道防线的抗震能力。

楼层水平地震作用在各抗侧力构件之间的分配受楼盖平面内变形的影响较大，当抗震墙之间楼盖长宽比较大时，需考虑楼盖变形对楼层水平地震作用分配的影响。

1.3 场地

《建筑抗震设计规范》GB 50011—2010

3.3.1 选择建筑场地时，应根据工程需要和地震活动情况、工程地质和地震地质的有关资料，对抗震有利、一般、不利和危险地段做出综合评价。对不利地段，应提出避开要求；当无法避开时应采取有效的措施。对危险地段，严禁建造甲、乙类的建筑，不应建造丙类的建筑。

【条文解析】

在抗震设计中，场地指具有相似的反应谱特征的房屋群体所在地，不仅仅是房屋基础下的地基土，其范围相当于厂区、居民点和自然村，在平坦地区面积一般不小于1.0km^2。

选择有利于抗震的建筑场地，是减轻场地引起的地震灾害的第一道工序，抗震设防区的建筑工程宜选择有利的地段，应避开不利的地段并不在危险的地段建设。严禁在危险地段建造甲、乙类建筑。还需要注意，按全文强制的《住宅设计规范》GB 50096，严禁在危险地段建造住宅，必须严格执行。

场地地段的划分，是在选择建筑场地的勘察阶段进行的，要根据地震活动情况和工程地质资料进行综合评价。

3.3.2 建筑场地为Ⅰ类时，对甲、乙类的建筑应允许仍按本地区抗震设防烈度的要求采取抗震构造措施；对丙类的建筑应允许按本地区抗震设防烈度降低一度的要求采取抗震构造措施，但抗震设防烈度为6度时仍应按本地区抗震设防烈度的要求采取抗震构造措施。

【条文解析】

抗震构造措施不同于抗震措施，抗震措施是指除地震作用计算和抗力计算以外的抗震设计内容，包括抗震构造措施；抗震构造措施是指根据抗震概念设计原则，一般不需计算而对结构和非结构各部分必须采取的各种细部要求。

对于Ⅰ类场地，仅降低抗震构造措施，不降低抗震措施中的其他要求，如按概念设计要求的内力调整措施。对于丁类建筑，其抗震措施已降低，不再重复降低。

3.3.3 建筑场地为Ⅲ、Ⅳ类时，对设计基本地震加速度为0.15g和0.30g的地区，除本规范另有规定外，宜分别按抗震设防烈度8度（0.20g）和9度（0.40g）时各抗震设防类别建筑的要求采取抗震构造措施。

【条文解析】

对Ⅲ、Ⅳ类场地，除各章有具体规定外，仅提高抗震构造措施，不提高抗震措施中的其他要求，如按概念设计要求的内力调整措施。

4.1.1 选择建筑场地时，应按表4.1.1划分对建筑抗震有利、一般、不利和危险的地段。

表 4.1.1　有利、一般、不利和危险地段的划分

地段类别	地质、地形、地貌
有利地段	稳定基岩，坚硬土，开阔、平坦、密实、均匀的中硬土等
一般地段	不属于有利、不利和危险的地段
不利地段	软弱土，液化土，条状突出的山嘴，高耸孤立的山丘，陡坡，陡坎，河岸和边坡的边缘，平面分布上成因、岩性、状态明显不均匀的土层（含故河道、疏松的断层破碎带、暗埋的塘浜沟谷和半填半挖地基），高含水量的可塑黄土，地表存在结构性裂缝等
危险地段	地震时可能发生滑坡、崩塌、地陷、地裂、泥石流等及发震断裂带上可能发生地表位错的部位

【条文解析】

对抗震有利的地段，一般是指地震时地面无残余变形的坚硬或开阔平坦密实均匀的中硬土范围或地区；一般地段是指不属于有利、不利和危险的地段，为可进行建设的场地；而不利地段，一般是指可能产生明显形变或地基失效的某一范围或地区；危险地段，一般是指可能发生严重的地面残余变形的某一范围或地区。

选择建筑场地时，应根据工程需要，掌握地震活动情况、工程地质和地震地质的有关资料，对地段做出综合评价，宜选择有利的地段，避开不利的地段，当无法避开时应采取适当有效的抗震措施；不应在危险地段建造甲、乙、丙类建筑。

本条中地形、地貌和岩土特性的影响是综合在一起加以评价的，这是因为由不同岩土构成的同样地形条件的地震影响是不同的。考虑到高含水量的可塑黄土在地震作用下会产生震陷，历次地震的震害也比较重，当地表存在结构性裂缝时对建筑物抗震也是不利的，因此将其列入不利地段。

4.1.2　建筑场地的类别划分，应以土层等效剪切波速和场地覆盖层厚度为准。

【条文解析】

一般认为，场地条件对建筑震害的影响因素包括：场地土的刚性（即土的坚硬和密实程度）和场地覆盖层厚度。

场地土的刚性一般用土的平均剪切波速表征，因为土的平均剪切波速是土的重要动力参数，是最能反映土的动力特性的。震害表明，土质越软，覆盖层厚度越厚，建筑震害越严重，反之越轻。因此，目前形成了以平均剪切波速和覆盖层厚度作为评定指标的双参数分类方法。

4.1.3 土层剪切波速的测量，应符合下列要求：

1 在场地初步勘察阶段，对大面积的同一地质单元，测试土层剪切波速的钻孔数量不宜少于3个。

2 在场地详细勘察阶段，对单幢建筑，测试土层剪切波速的钻孔数量不宜少于2个，测试数据变化较大时，可适量增加；对小区中处于同一地质单元内的密集建筑群，测试土层剪切波速的钻孔数量可适量减少，但每幢高层建筑和大跨空间结构的钻孔数量均不得少于1个。

3 对丁类建筑及丙类建筑中层数不超过10层、高度不超过24m的多层建筑，当无实测剪切波速时，可根据岩土名称和性状，按表4.1.3划分土的类型，再利用当地经验在表4.1.3的剪切波速范围内估算各土层的剪切波速。

表4.1.3 土的类型划分和剪切波速范围

土的类型	岩土名称和性状	土层剪切波速范围/（m/s）
岩石	坚硬、较硬且完整的岩石	$v_S > 800$
坚硬土或软质岩石	破碎和较破碎的岩石或软和较软的岩石，密实的碎石土	$800 \geqslant v_S > 500$
中硬土	中密、稍密的碎石土，密实、中密的砾、粗、中砂，$f_{ak} > 150$的黏性土和粉土，坚硬黄土	$500 \geqslant v_S > 250$
中软土	稍密的砾、粗、中砂，除松散外的细、粉砂，$f_{ak} \leqslant 150$的黏性土和粉土，$f_{ak} > 130$的填土，可塑新黄土	$250 \geqslant v_S > 150$
软弱土	淤泥和淤泥质土，松散的砂，新近沉积的黏性土和粉土，$f_{ak} \leqslant 130$的填土，流塑黄土	$v_S \leqslant 150$

注：f_{ak}为由载荷试验等方法得到的地基承载力特征值（kPa）；v_S为岩土剪切波速。

【条文解析】

土层剪切波速的测量采用更富有物理意义的等效剪切波速的公式计算，即：

$$v_{se} = d_0/t$$

式中，d_0为场地评定用的计算深度，取覆盖层厚度和20m两者中的较小值，t为剪切波在地表与计算深度之间传播的时间。

4.1.4 建筑场地覆盖层厚度的确定，应符合下列要求：

1 一般情况下，应按地面至剪切波速大于500m/s且其下卧各层岩土的剪切波速均不小于500m/s的土层顶面的距离确定。

2　当地面5m以下存在剪切波速大于其上部各土层剪切波速2.5倍的土层，且该层及其下卧各层岩土的剪切波速均不小于400m/s时，可按地面至该土层顶面的距离确定。

3　剪切波速大于500m/s的孤石、透镜体，应视同周围土层。

4　土层中的火山岩硬夹层，应视为刚体，其厚度应从覆盖土层中扣除。

【条文解析】

场地覆盖层厚度，原意是指从地表面至地下基岩面的距离。从理论上讲，当相邻的两土层中的下层剪切波速比上层剪切波速大很多时，下层可以看作基岩，下层顶面至地表的距离则看作覆盖层厚度。覆盖层厚度的大小直接影响场地的周期和加速度。一般要求其下部所有土层的波速均大于500m/s，但执行中常出现一见到大于500m/s的土层就确定覆盖厚度而忽略对以下各土层的要求，这种错误应予以避免。因此，当地面下某一下卧土层的剪切波速大于或等于400m/s且不小于相邻的上层土的剪切波速的2.5倍时，覆盖层厚度可按地面至该下卧层顶面的距离取值的规定。需要注意的是，只有当波速不小于400m/s且该土层以上的各土层的波速（不包括孤石和硬透镜体）都满足不大于该土层波速的40%时才可按该土层确定覆盖层厚度；而且这一规定只适用于当下卧层硬土层顶面的埋深大于5m时的情况。

4.1.5　土层的等效剪切波速，应按下列公式计算：

$$v_{se} = d_0/t \tag{4.1.5-1}$$

$$t = \sum_{i=1}^{n} (d_i/v_{si}) \tag{4.1.5-2}$$

式中：v_{se}——土层等效剪切波速（m/s）；

d_0——计算深度（m），取覆盖层厚度和20m两者的较小值；

t——剪切波在地面至计算深度之间的传播时间；

d_i——计算深度范围内第i土层的厚度（m）；

v_{si}——计算深度范围内第i土层的剪切波速（m/s）；

n——计算深度范围内土层的分层数。

【条文解析】

建筑场地一般由各种类型土层构成，不能用其中一种土的剪切波速来确定土的类型，不能简单地用几种土的剪切波速平均值来确定，而应按等效剪切波速来确定土的类型。

等效剪切波速是根据地震波通过计算深度范围内多层土层的时间等于该波通过计算深度范围内单一土层的时间条件确定的。

设场地计算深度范围内有n层性质不同的土层组成（见图1.2），地震波通过它们

的厚度分别为 d_1，d_2，…，d_n，并设计算深度为 $d_0=\sum_{i=1}^{n}d_i$，于是：

$$t=\sum_{i=1}^{n}\frac{d_i}{v_{si}}=\frac{d_0}{v_{se}}$$

经整理后即得等效剪切波速计算公式。

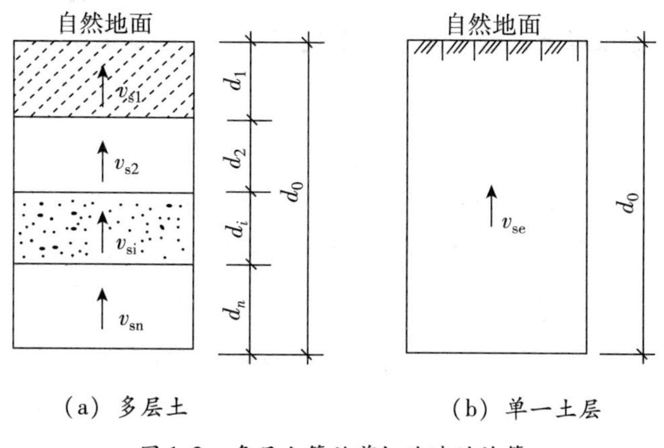

（a）多层土　　（b）单一土层

图 1.2　多层土等效剪切波速的计算

4.1.6　建筑的场地类别，应根据土层等效剪切波速和场地覆盖层厚度按表 4.1.6 划分为四类，其中Ⅰ类分为Ⅰ$_0$、Ⅰ$_1$ 两个亚类。当有可靠的剪切波速和覆盖层厚度且其值处于表 4.1.6 所列场地类别的分界线附近时，应允许按插值方法确定地震作用计算所用的特征周期。

表 4.1.6　各类建筑场地的覆盖层厚度

岩石的剪切波速或土的等效剪切波速/（m/s）	不同场地类别的覆盖层厚度/m				
	Ⅰ$_0$	Ⅰ$_1$	Ⅱ	Ⅲ	Ⅳ
$v_s>800$	0				
$800\geqslant v_s>500$		0			
$500\geqslant v_{se}>250$		<5	≥5		
$250\geqslant v_{se}>150$		<3	3～50	>50	
$v_{se}\leqslant 150$		<3	3～15	15～50	>80

注：表中 v_S 系岩石的剪切波速。

【条文解析】

本条中规定的场地分类方法主要适用于剪切波速随深度呈递增趋势的一般场地，对于有较厚软夹层的场地，由于其对短周期地震动具有抑制作用，可以根据分析结果适当调整场地类别和设计地震动参数。另外，本条中的新黄土是指 Q_3 以来的黄土。

4.1.8　当需要在条状突出的山嘴、高耸孤立的山丘、非岩石和强风化岩石的陡坡、河岸和边坡边缘等不利地段建造丙类及丙类以上建筑时，除保证其在地震作用下的稳定性外，尚应估计不利地段对设计地震动参数可能产生的放大作用，其水平地震影响系数最大值应乘以增大系数。其值应根据不利地段的具体情况确定，在1.1～1.6范围内采用。

【条文解析】

所谓局部突出地形主要是指山包、山梁和悬崖、陡坎等，情况比较复杂，对各种可能出现的情况的地震动参数的放大作用都作出具体的规定是很困难的。从宏观震害经验和地震反应分析结果所反映的总趋势，大致可以归纳为以下几点：

1）高突地形距离基准面的高度愈大，高处的反应愈强烈。

2）离陡坎和边坡顶部边缘的距离愈大，反应相对减小。

3）从岩土构成方面看，在同样地形条件下，土质结构的反应比岩质结构大。

4）高突地形顶面愈开阔，远离边缘的中心部位的反应是明显减小的。

5）边坡愈陡，其顶部的放大效应相应加大。

4.1.9　场地岩土工程勘察，应根据实际需要划分的对建筑有利、一般、不利和危险的地段，提供建筑的场地类别和岩土地震稳定性（含滑坡、崩塌、液化和震陷特性）评价，对需要采用时程分析法补充计算的建筑，尚应根据设计要求提供土层剖面、场地覆盖层厚度和有关的动力参数。

【条文解析】

勘察内容应根据实际的土层情况确定：有些地段，既不属于有利地段也不属于不利地段，而属于一般地段；不存在饱和砂土和饱和粉土时，不判别液化，若判别结果为不考虑液化，也不属于不利地段；无法避开的不利地段，要在详细查明地质、地貌、地形条件的基础上，提供岩土稳定性评价报告和相应的抗震措施。

场地地段的划分，是在选择建筑场地的勘察阶段进行的，要根据地震活动情况和工程地质资料进行综合评价。对软弱土、液化土等不利地段，要按规范的相关规定提出相应的措施。

场地类别划分，不要误为“场地土类别”划分，要依据场地覆盖层厚度和场地土层软硬程度这两个因素。其中，土层软硬程度一律采用“土层的等效剪切波速”值予以反映。

《建筑抗震鉴定标准》GB 50023—2009

4.1.1 6、7度时及建造于对抗震有利地段的建筑，可不进行场地对建筑影响的抗震鉴定。

注：1 对建造于危险地段的建筑，场地对建筑影响应按专门规定鉴定；

2 有利、不利等地段和场地类别，按现行国家标准《建筑抗震设计规范》GB 50011 划分。

4.1.2 对建造于危险地段的现有建筑，应结合规划更新（迁离）；暂时不能更新的，应进行专门研究，并采取应急的安全措施。

4.1.3 7~9度时，建筑场地为条状突出山嘴、高耸孤立山丘、非岩石和强风化岩石陡坡、河岸和边坡的边缘等不利地段，应对其地震稳定性、地基滑移及对建筑的可能危险进行评估；非岩石和强风化岩石陡坡的坡度及建筑场地与坡脚的高差均较大时，应估算局部地形导致其地震影响增大的后果。

4.1.4 建筑场地有液化侧向扩展且距常时水线100m范围内，应判明液化后土体流滑与开裂的危险。

【条文解析】

岩土失稳造成的灾害，如滑坡、崩塌、地裂、地陷等，其波及面广，对建筑物危害的严重性也往往较重。鉴定需更多地从场地的角度考虑，因此应慎重研究。

1.4 地基和基础

《建筑抗震设计规范》GB 50011—2010

4.2.1 下列建筑可不进行天然地基及基础的抗震承载力验算：

1 本规范规定可不进行上部结构抗震验算的建筑。

2 地基主要受力层范围内不存在软弱黏性土层的下列建筑：

1）一般的单层厂房和单层空旷房屋；

2）砌体房屋；

3）不超过8层且高度在24m以下的一般民用框架和框架-抗震墙房屋；

4）基础荷载与3）项相当的多层框架厂房和多层混凝土抗震墙房屋。

注：软弱黏性土层指7度、8度和9度时，地基承载力特征值分别小于80、100和120kPa的土层。

【条文解析】

在遭受破坏的建筑中，因地基失效导致的破坏较上部结构惯性力的破坏为少，这些地基主要由饱和松砂、软弱黏性土和成因岩性状态严重不均匀的土层组成。大量的一般天然地基都具有较好的抗震性能。因此，本条规定了天然地基及基础可以不验算的范围。

本条将可不进行天然地基和基础抗震验算的框架房屋的层数和高度作了更明确的规定。

限制使用黏土砖以来，有些地区改为建造多层的混凝土抗震墙房屋，当其基础荷载与一般民用框架相当时，由于其地基基础情况与砌体结构类同，故也可不进行抗震承载力验算。

4.2.2　天然地基基础抗震验算时，应采用地震作用效应标准组合，且地基抗震承载力应取地基承载力特征值乘以地基抗震承载力调整系数计算。

【条文解析】

在天然地基抗震验算中，对地基土承载力特征值调整系数的规定，主要参考国内外资料和相关规范的规定，考虑了地基土在有限次循环动力作用下强度一般较静强度提高和在地震作用下结构可靠度容许有一定程度降低这两个因素。

4.2.3　地基抗震承载力应按下式计算：

$$F_{aE} = \xi_a f_a \tag{4.2.3}$$

式中：F_{aE}——调整后的地基抗震承载力；

ξ_a——地基抗震承载力调整系数，应按表4.2.3采用；

f_a——深宽修正后的地基承载力特征值，应按现行国家标准《建筑地基基础设计规范》GB 50007采用。

表4.2.3　地基抗震承载力调整系数

岩土名称和性状	ξ_a
岩石，密实的碎石土，密实的砾、粗、中砂，$f_{ak}\geqslant300$的黏性土和粉土	1.5
中密、稍密的碎石土，中密和稍密的砾、粗、中砂，密实和中密的细、粉砂，$150\text{kPa}\leqslant f_{ak}<300\text{kPa}$的黏性土和粉土，坚硬黄土	1.3
稍密的细、粉砂，$100\text{kPa}\leqslant f_{ak}<150\text{kPa}$的黏性土和粉土，可塑黄土	1.1
淤泥，淤泥质土，松散的砂，杂填土，新近堆积黄土及流塑黄土	1.0

【条文解析】

本条规定了地基抗震承载力的计算方法。

4.3.2 地面下存在饱和砂土和饱和粉土时，除6度外，应进行液化判别；存在液化土层的地基，应根据建筑的抗震设防类别、地基的液化等级，结合具体情况采取相应的措施。

注：本条饱和土液化判别要求不含黄土、粉质黏土。

【条文解析】

本条较全面地规定了减少地基液化危害的对策：首先，液化判别的范围为，除6度设防外存在饱和砂土和饱和粉土的土层；其次，一旦属于液化土，应确定地基的液化等级；最后，根据液化等级和建筑抗震设防分类，选择合适的处理措施，包括地基处理和对上部结构采取加强整体性的相应措施等。

4.3.3 饱和的砂土或粉土（不含黄土），当符合下列条件之一时，可初步判别为不液化或可不考虑液化影响：

1 地质年代为第四纪晚更新世（Q_3）及其以前时，7、8度时可判为不液化。

2 粉土的黏粒（粒径小于0.005mm的颗粒）含量百分率，7度、8度和9度分别不小于10，13和16时，可判为不液化土。

注：用于液化判别的黏粒含量系采用六偏磷酸钠作分散剂测定，采用其他方法时应按有关规定换算。

3 浅埋天然地基的建筑，当上覆非液化土层厚度和地下水位深度符合下列条件之一时，可不考虑液化影响：

$$d_u > d_0 + d_b - 2 \quad (4.3.3-1)$$

$$d_w > d_0 + d_b - 3 \quad (4.3.3-2)$$

$$d_u + d_w > 1.5d_0 + 2d_b - 4.5 \quad (4.3.3-3)$$

式中：d_w——地下水位深度（m），宜按设计基准期内年平均最高水位采用，也可按近期内年最高水位采用；

d_u——上覆盖非液化土层厚度（m），计算时宜将淤泥和淤泥质土层扣除；

d_b——基础埋置深度（m），不超过2m时应采用2m；

d_0——液化土特征深度（m），可按表4.3.3采用。

表 4.3.3 液化土特征深度 m

饱和土类别	7 度	8 度	9 度
粉土	6	7	8
砂土	7	8	9

注：当区域的地下水位处于变动状态时，应按不利的情况考虑。

【条文解析】

场地土液化与许多因素有关，因此需要根据多项指标综合分析判断土是否会发生液化。但当某项指标达到一定数值时，不论其他因素情况如何，土都不会发生液化，或发生液化也不会造成房屋震害。这个数值被称为这个指标的界限值。因此，了解影响液化因素及其界限值是有实际意义的。

4.3.5 对存在液化砂土层、粉土层的地基，应探明各液化土层的深度和厚度，按下式计算每个钻孔的液化指数，并按表 4.3.5 综合划分地基的液化等级：

$$I_{lE} = \sum_{i=1}^{n}\left[1 - \frac{N_i}{N_{cri}}\right]d_i W_i \tag{4.3.5}$$

式中： I_{lE}——液化指数；

n——在判别深度范围内每一个钻孔标准贯入试验点的总数；

N_i、N_{cri}——分别为 i 点标准贯入锤击数的实测值和临界值，当实测值大于临界值时应取临界值；当只需要判别 15m 范围以内的液化时，15m 以下的实测值可按临界值采用；

d_i——i 点所代表的土层厚度（m），可采用与该标准贯入试验点相邻的上、下两标准贯入试验点深度差的一半，但上界不高于地下水位深度，下界不深于液化深度；

W_i——i 土层单位土层厚度的层位影响权函数值（单位为 m^{-1}）。当该层中点深度不大于 5m 时应采用 10，等于 20m 时应采用零值，5～20m 时应按线性内插法取值。

表 4.3.5 液化等级与液化指数的对应关系

液化等级	轻微	中等	严重
液化指数 I_{lE}	$0 < I_{lE} \leqslant 6$	$6 < I_{lE} \leqslant 18$	$I_{lE} > 18$

【条文解析】

本条提供了一个简化的预估液化危害的方法，可对场地的喷水冒砂程度、一般浅基础建筑的可能损坏，作粗略的预估，以便为采取工程措施提供依据。

4.3.6 **当液化砂土层、粉土层较平坦且均匀时，宜按表4.3.6选用地基抗液化措施；尚可计入上部结构重力荷载对液化危害的影响，根据液化震陷量的估计适当调整抗液化措施。**

不宜将未经处理的液化土层作为天然地基持力层。

表4.3.6 抗液化措施

建筑抗震设防类别	地基的液化等级		
	轻微	中等	严重
乙类	部分消除液化沉陷，或对基础和上部结构处理	全部消除液化沉陷，或部分消除液化沉陷且对基础和上部结构处理	全部消除液化沉陷
丙类	基础和上部结构处理，亦可不采取措施	基础和上部结构处理，或更高要求的措施	全部消除液化沉陷，或部分消除液化沉陷且对基础和上部结构处理
丁类	可不采取措施	可不采取措施	基础和上部结构处理，或其他经济的措施

注：甲类建筑的地基抗液化措施应进行专门研究，但不宜低于乙类的相应要求。

【条文解析】

抗液化措施是对液化地基的综合治理，要注意以下几点：

1）倾斜场地的土层液化往往带来大面积土体滑动，造成严重后果，而水平场地土层液化的后果一般只造成建筑的不均匀下沉和倾斜，本条的规定不适用于坡度大于10°的倾斜场地和液化土层严重不均的情况。

2）液化等级属于轻微者，除甲、乙类建筑由于其重要性需确保安全外，一般不作特殊处理，因为这类场地可能不发生喷水冒砂，即使发生也不致造成建筑的严重震害。

3）对于液化等级属于中等的场地，尽量多考虑采用较易实施的基础与上部结构处理的构造措施，不一定要加固处理液化土层。

4）在液化层深厚的情况下，消除部分液化沉陷的措施，即处理深度不一定达到液化下界而残留部分未经处理的液化层。

5）不宜将未加处理的液化土层作为天然地基的持力层。因为：理论分析与振动台试验均已证明液化的主要危害来自基础外侧，液化持力层范围内位于基础直下方的部位其实最难液化，由于最先液化区域对基础直下方未液化部分的影响，使之失去侧边土压力支持。在外侧易液化区的影响得到控制的情况下，轻微液化的土层是可以作为基础的持力层的。

6）液化的危害主要来自震陷，特别是不均匀震陷。震陷量主要决定于土层的液化程度和上部结构的荷载。由于液化指数不能反映上部结构的荷载影响，因此有趋势直接采用震陷量来评价液化的危害程度。

4.3.7 全部消除地基液化沉陷的措施，应符合下列要求：

1 采用桩基时，桩端伸入液化深度以下稳定土层中的长度（不包括桩尖部分），应按计算确定，且对碎石土，砾、粗、中砂，坚硬黏性土和密实粉土尚不应小于0.8m，对其他非岩石土尚不宜小于1.5m。

2 采用深基础时，基础底面应埋入液化深度以下的稳定土层中，其深度不应小于0.5m。

3 采用加密法（如振冲、振动加密、挤密碎石桩、强夯等）加固时，应处理至液化深度下界；振冲或挤密碎石桩加固后，桩间土的标准贯入锤击数不宜小于本规范第4.3.4条规定的液化判别标准贯入锤击数临界值。

4 用非液化土替换全部液化土层，或增加上覆非液化土层的厚度。

5 采用加密法或换土法处理时，在基础边缘以外的处理宽度，应超过基础底面下处理深度的1/2且不小于基础宽度的1/5。

【条文解析】

本条规定了全部消除地基液化沉陷的措施，这些措施都是在震害调查和分析判断的基础上提出来的。

4.3.8 部分消除地基液化沉陷的措施，应符合下列要求：

1 处理深度应使处理后的地基液化指数减少，其值不宜大于5；大面积筏基、箱基的中心区域，处理后的液化指数可比上述规定降低1；对独立基础和条形基础，尚不应小于基础底面下液化土特征深度和基础宽度的较大值。

注：中心区域指位于基础外边界以内沿长宽方向距外边界大于相应方向1/4长度的区域。

2 采用振冲或挤密碎石桩加固后，桩间土的标准贯入锤击数不宜小于按本规范第4.3.4条规定的液化判别标准贯入锤击数临界值。

3 基础边缘以外的处理宽度，应符合本规范第4.3.7条5款的要求。

4 采取减小液化震陷的其他方法，如增厚上覆非液化土层的厚度和改善周边的排水条件等。

【条文解析】

本条规定了部分消除地基液化沉陷的措施，这些措施都是在震害调查和分析判断的基础上提出来的。

采用振冲加固或挤密碎石桩加固后构成了复合地基。此时，如桩间土的实测标贯值仍低于规定的临界值，不能简单判为液化。许多文献或工程实践均已指出振冲桩或挤密碎石桩有挤密、排水和增大桩身刚度等多重作用，而实测的桩间土标贯值不能反映排水的作用。因此，要求加固后的桩间土的标贯值不宜小于临界标贯值是偏保守的。

4.3.9 减轻液化影响的基础和上部结构处理，可综合采用下列各项措施：

1 选择合适的基础埋置深度。

2 调整基础底面积，减少基础偏心。

3 加强基础的整体性和刚度，如采用箱基、筏基或钢筋混凝土交叉条形基础，加设基础圈梁等。

4 减轻荷载，增强上部结构的整体刚度和均匀对称性，合理设置沉降缝，避免采用对不均匀沉降敏感的结构形式等。

5 管道穿过建筑处应预留足够尺寸或采用柔性接头等。

【条文解析】

本条规定了减轻液化影响的基础和上部结构处理的措施，这些措施都是在震害调查和分析判断的基础上提出来的。

4.3.10 在故河道以及临近河岸、海岸和边坡等有液化侧向扩展或流滑可能的地段内不宜修建永久性建筑，否则应进行抗滑动验算、采取防土体滑动措施或结构抗裂措施。

【条文解析】

本条规定了有可能发生侧扩或流动时滑动土体的最危险范围并要求采取土体抗滑和结构抗裂措施。

《建筑抗震鉴定标准》GB 50023—2009

4.2.1 地基基础现状的鉴定，应着重调查上部结构的不均匀沉降裂缝和倾斜，基础有无腐蚀、酥碱、松散和剥落，上部结构的裂缝、倾斜以及有无发展趋势。

【条文解析】

本条列出了对地基基础现状进行抗震鉴定应重点检查的内容。对震损建筑，尚应检查因地震影响引起的损伤，如有无砂土液化现象、基础裂缝等。

4.2.2 符合下列情况之一的现有建筑，可不进行其地基基础的抗震鉴定：

1 丁类建筑。

2 地基主要受力层范围内不存在软弱土、饱和砂土和饱和粉土或严重不均匀土层的乙类、丙类建筑。

3 6度时的各类建筑。

4 7度时，地基基础现状无严重静载缺陷的乙类、丙类建筑。

【条文解析】

对工业与民用建筑，地震造成的地基震害，如液化、软土震陷、不均匀地基的差异沉降等，一般不会导致建筑的坍塌或丧失使用价值，加之地基基础鉴定和处理的难度大，因此，减少了地基基础抗震鉴定的范围。

4.2.5 地基基础的第一级鉴定应符合下列要求：

1 基础下主要受力层存在饱和砂土或饱和粉土时，对下列情况可不进行液化影响的判别：

1）对液化沉陷不敏感的丙类建筑；

2）符合现行国家标准《建筑抗震设计规范》GB 50011 液化初步判别要求的建筑。

2 基础下主要受力层存在软弱土时，对下列情况可不进行建筑在地震作用下沉陷的估算：

1）8、9度时，地基土静承载力特征值分别大于80kPa和100kPa；

2）8度时，基础底面以下的软弱土层厚度不大于5m。

3 采用桩基的建筑，对下列情况可不进行桩基的抗震验算：

1）现行国家标准《建筑抗震设计规范》GB 50011 规定可不进行桩基抗震验算的建筑；

2）位于斜坡但地震时土体稳定的建筑。

【条文解析】

地基基础的第一级鉴定包括：饱和砂土、饱和粉土的液化初判，软土震陷初判及可不进行桩基验算的规定。

4.2.6 地基基础的第二级鉴定应符合下列要求：

1 饱和土液化的第二级判别，应按现行国家标准《建筑抗震设计规范》GB 50011

的规定，采用标准贯入试验判别法。判别时，可计入地基附加应力对土体抗液化强度的影响。存在液化土时，应确定液化指数和液化等级，并提出相应的抗液化措施。

2 软弱土地基及8、9度时Ⅲ、Ⅳ类场地上的高层建筑和高耸结构，应进行地基和基础的抗震承载力验算。

【条文解析】

地基基础的第二级鉴定包括：饱和砂土、饱和粉土的液化再判，软土和高层建筑的天然地基、桩基承载力验算及不利地段上抗滑移验算的规定。

建筑物的存在加大了液化土的固结应力。研究表明，正应力增加可提高土的抗液化能力。当砂性土达到中密时，剪应力的加大亦使其抗液化能力提高。

《建筑抗震加固技术规程》JGJ 116—2009

4.0.2 抗震加固时，天然地基承载力可计入建筑长期压密的影响，并按现行国家标准《建筑抗震鉴定标准》GB 50023—2008规定的方法进行验算。其中，基础底面压力设计值应按加固后的情况计算，而地基土长期压密提高系数仍按加固前取值。

【条文解析】

抗震加固时，天然地基承载力的验算方法与《建筑抗震鉴定标准》GB 50023—2009的规定相同，与新建工程不同的是，可根据具体岩土形状、已经使用的年限和实际的基底压力的大小计入地基的长期压密提高效应，提高系数由1.05~1.20不等，有关的公式不再重复；其中，考虑地基的长期压密效应时，需要区分加固前、后基础底面的实际平均压力，只有加固前的压力才可计入长期压密效应。

4.0.3 当地基竖向承载力不满足要求时，可作下列处理：

1 当基础底面压力设计值超过地基承载力特征值在10%以内时，可采用提高上部结构抵抗不均匀沉降能力的措施。

2 当基础底面压力设计值超过地基承载力特征值10%及以上时或建筑已出现不容许的沉降和裂缝时，可采取放大基础底面积，加固地基或减少荷载的措施。

【条文解析】

本条规定地基竖向承载力不足时的加固和处理方法。

考虑到地基基础的加固难度较大，而且其损坏往往不能直接看到，只能通过观察上部结构的损坏并加以分析才能发现。因此，可以首先考虑通过加强上部结构的刚度和整体性，以弥补地基基础承载力的某些不足和缺陷。根据工程实践，将是否超过地基承载力特征值10%作为不同的地基处理方法的分界，尽可能减少现有地基的加固工作量。

需注意，对于天然地基基础，其承载力指计入地基长期压密效应后的承载力。当加固使基础增加的重力荷载占原有基础荷载的比例小于长期压密提高系数时，则不需要经过验算就可判断为不超过地基承载力。

加固原地地基，包括地基土的置换、挤密、固化和桩基托换等，其设计和施工方法，可按现行行业标准《既有建筑地基基础加固技术规范》JGJ 123 的规定执行。

4.0.4 当地基或桩基的水平承载力不满足要求时，可作下列处理：

1 基础顶面、侧面无刚性地坪时，可增设刚性地坪。

2 沿基础顶部增设基础梁，将水平荷载分散到相邻的基础上。

【条文解析】

本条规定地基、桩基水平承载力的加固和处理方法，主要针对设置柱间支撑的柱基、拱脚等需要进行抗震验算的情况。

4.0.5 液化地基的液化等级为严重时，对乙类和丙类设防的建筑，宜采取消除液化沉降或提高上部结构抵抗不均匀沉降能力的措施；液化地基的液化等级为中等时，对乙类设防的 B 类建筑，宜采取提高上部结构抵抗不均匀沉降能力的措施。

【条文解析】

现有地基基础抗震加固时，液化地基的抗液化措施，也要经过液化判别，根据地基的液化指数和液化等级以及抗震设防类别区别对待。通常选择抗液化处理的原则要求低于《建筑抗震设计规范》GB 50011 对新建工程的要求，对于 A 类建筑，仅对液化等级为严重的现有地基采取抗液化措施；对于乙类设防的 B 类建筑，液化等级为中等时也需采取抗液化措施，见表 1.1。

表 1.1 现有地基基础的抗液化措施

设防类别	轻微液化	中等液化	严重液化
乙类	可不采取措施	基础和上部结构处理或其他经济措施	宜全部消除液化沉陷
丙类	可不采取措施	可不采取措施	宜部分消除液化沉陷或基础和上部结构处理

4.0.7 对液化地基、软土地基或明显不均匀地基上的建筑，可采取下列提高上部结构抵抗不均匀沉降能力的措施：

1 提高建筑的整体性或合理调整荷载。

2 加强圈梁与墙体的连接。当可能产生差异沉降或基础埋深不同且未按 1/2 的比例过渡时，应局部加强圈梁。

3 用钢筋网砂浆面层等加固砌体墙体。

【条文解析】

本条规定了可用来抵抗结构不均匀沉降的一些构造措施。

1.5 桩基础

《建筑抗震设计规范》GB 50011—2010

4.4.1 承受竖向荷载为主的低承台桩基，当地面下无液化土层，且桩承台周围无淤泥、淤泥质土和地基承载力特征值不大于100kPa的填土时，下列建筑可不进行桩基抗震承载力验算：

1 7度和8度时的下列建筑：

1）一般的单层厂房和单层空旷房屋；

2）不超过8层且高度在24m以下的一般民用框架房屋；

3）基础荷载与2）项相当的多层框架厂房和多层混凝土抗震墙房屋。

2 本规范第4.2.1条之1、3款规定且采用桩基的建筑。

【条文解析】

根据建筑规模、功能特征、对差异变形的适应性、场地地基和建筑物体型的复杂性以及由于桩基问题可能造成建筑物破坏或影响正常使用的程度，应将桩基设计分为甲、乙、丙三个设计等级。桩基设计时，应根据表1.5－1确定设计等级。

表1.5－1 建筑桩基设计等级

设计等级	建筑类型
甲级	1）重要的建筑； 2）30层以上或高度超过100m的高层建筑； 3）体型复杂且层数相差超过10层的高低层（含纯地下室）连体建筑； 4）20层以上框架－核心筒结构及其他对差异沉降有特殊要求的建筑； 5）场地和地基条件复杂的7层以上的一般建筑及坡地、岸边建筑； 6）对相邻既有工程影响较大的建筑
乙级	除甲级、丙级以外的建筑
丙级	场地和地基条件简单、荷载分布均匀的7层及7层以下的一般建筑

根据桩基抗震性能一般比同类结构的天然地基要好的宏观经验，故本条未做修改。

本条进一步明确了适用范围。限制使用黏土砖以来，有些地区改为多层的混凝土抗震墙房屋，当其基础荷载与一般民用框架相当时，也可不进行桩基的抗震承载力验算。

4.4.2 非液化土中低承台桩基的抗震验算，应符合下列规定：

1 单桩的竖向和水平向抗震承载力特征值，可均比非抗震设计时提高25%。

2 当承台周围的回填土夯实至于密度不小于现行国家标准《建筑地基基础设计规范》GB 50007对填土的要求时，可由承台正面填土与桩共同承担水平地震作用；但不应计入承台底面与基土间的摩擦力。

【条文解析】

本条对非液化土中低承台桩基的抗震验算作出了相应的规定。

4.4.3 存在液化土层的低承台桩基抗震验算，应符合下列规定：

1 承台埋深较浅时，不宜计入承台周围土的抗力或刚性地坪对水平地震作用的分担作用。

2 当桩承台底面上、下分别有厚度不小于1.5m、1.0m的非液化土层或非软弱土层时，可按下列两种情况进行桩的抗震验算，并按不利情况设计：

1）桩承受全部地震作用，桩承载力按本规范第4.4.2条取用，液化土的桩周摩阻力及桩水平抗力均应乘以表4.4.3的折减系数。

2）地震作用按水平地震影响系数最大值的10%采用，桩承载力仍按本规范第4.4.2条1款取用，但应扣除液化土层的全部摩阻力及桩承台下2m深度范围内非液化土的桩周摩阻力。

表4.4.3 土层液化影响折减系数

实际标贯锤击数/临界标贯锤击数	深度 d_s/m	折减系数
≤0.6	$d_s \leqslant 10$	0
	$10 < d_s \leqslant 20$	1/3
>0.6~0.8	$d_s \leqslant 10$	1/3
	$10 < d_s \leqslant 20$	2/3
>0.8~1.0	$d_s \leqslant 10$	2/3
	$10 < d_s \leqslant 20$	1

3 打入式预制桩及其他挤土桩，当平均桩距为2.5~4倍桩径且桩数不少于5×5时，可计入打桩对土的加密作用及桩身对液化土变形限制的有利影响。当打桩后桩间

土的标准贯入锤击数值达到不液化的要求时，单桩承载力可不折减，但对桩尖持力层作强度校核时，桩群外侧的应力扩散角应取为零。打桩后桩间土的标准贯入锤击数宜由试验确定，也可按下式计算：

$$N_1 = N_p + 100\rho(1 - e^{-0.3N_p}) \tag{4.4.3}$$

式中：N_1——打桩后的标准贯入锤击数；

ρ——打入式预制桩的面积置换率；

N_p——打桩前的标准贯入锤击数。

【条文解析】

本条中规定的液化土中桩的抗震验算原则和方法主要考虑了以下情况：

1）不计承台旁的土抗力或地坪的分担作用是出于安全考虑，拟将此作为安全储备，主要是目前对液化土中桩的地震作用与土中液化进程的关系尚未弄清。

2）根据地震反应分析与振动台试验，地面加速度最大时刻出现在液化土的孔压比为小于1（常为0.5~0.6）时，此时土尚未充分液化，只是刚度比未液化时下降很多，因之对液化土的刚度作折减。折减系数的取值与构筑物抗震设计规范基本一致。

3）液化土中孔隙水压力的消散往往需要较长的时间。地震时土中孔压不会排泄消散，往往于震后才出现喷砂冒水，这一过程通常持续几小时甚至一二天，其间常有沿桩与基础四周排水现象，这说明此时桩身摩阻力已大减，从而出现竖向承载力不足和缓慢的沉降，因此应按静力荷载组合校核桩身的强度与承载力。

式（4.4.3）主要根据由工程实践中总结出来的打桩前后土性变化规律，并已在许多工程实例中得到验证。

4.4.4 处于液化土中的桩基承台周围，宜用密实干土填筑夯实，若用砂土或粉土则应使土层的标准贯入锤击数不小于本规范第4.3.4条规定的液化判别标准贯入锤击数临界值。

【条文解析】

处于液化土中的桩基承台在抗震中存在着很大的危险。本条对其抗震措施作出了规定。

4.4.5 液化土和震陷软土中桩的配筋范围，应自桩顶至液化深度以下符合全部消除液化沉陷所要求的深度，其纵向钢筋应与桩顶部相同，箍筋应加粗和加密。

【条文解析】

本条在保证桩基安全方面是相当关键的。目前除考虑桩土相互作用的地震反应分析可以较好地反映桩身受力情况外，还没有简便实用的计算方法保证桩在地震作用下的安全，因此必须采取有效的构造措施。本条的要点在于保证软土或液化土层附近桩身的抗弯和抗剪能力。

《建筑桩基技术规范》JGJ 94—2008

3.4.6 抗震设防区桩基的设计原则应符合下列规定：

1 桩进入液化土层以下稳定土层的长度（不包括桩尖部分）应按计算确定；对于碎石土，砾、粗、中砂，密实粉土，坚硬黏性土尚不应小于（2～3）d，对其他非岩石土尚不宜小于（4～5）d；

2 承台和地下室侧墙周围应采用灰土、级配砂石、压实性较好的素土回填，并分层夯实，也可采用素混凝土回填；

3 当承台周围为可液化土或地基承载力特征值小于 40kPa（或不排水抗剪强度小于 15kPa）的软土，且桩基水平承载力不满足计算要求时，可将承台外每侧 1/2 承台边长范围内的土进行加固；

4 对于存在液化扩展的地段，应验算桩基在土流动的侧向作用力下的稳定性。

【条文解析】

本条说明抗震设防区桩基的设计原则。桩基较其他基础形式具有较好的抗震性能，但设计中应把握以下三点：

1）基桩进入液化土层以下稳定土层的长度不应小于本条规定的最小值。

2）为确保承台和地下室外墙土抗力能分担水平地震作用，基槽回填质量必须确保。

3）当承台周围为软土和可液化土，且桩基水平承载力不满足要求时，可对外侧土体进行适当加固以提高水平抗力。

2 混凝土结构抗震设计

2.1 基本规定

《建筑抗震设计规范》GB 50011—2010

6.1.1 本章适用的现浇钢筋混凝土房屋的结构类型和最大高度应符合表6.1.1的要求。平面和竖向均不规则的结构，适用的最大高度宜适当降低。

注：本章“抗震墙”指结构抗侧力体系中的钢筋混凝土剪力墙，不包括只承担重力荷载的混凝土墙。

表6.1.1 现浇钢筋混凝土房屋适用的最大高度 m

结构类型		烈度				
		6	7	8（0.2g）	8（0.3g）	9
框架		60	50	40	35	24
框架－抗震墙		130	120	100	80	50
抗震墙		140	120	100	80	60
部分框支抗震墙		120	100	80	50	不应采用
筒体	框架－核心筒	150	130	100	90	70
	筒中筒	180	150	120	100	80
板柱－抗震墙		80	70	55	40	不应采用

注：1 房屋高度指室外地面到主要屋面板板顶的高度（不包括局部突出屋顶部分）；

2 框架－核心筒结构指周边稀柱框架与核心筒组成的结构；

3 部分框支抗震墙结构指首层或底部两层为框支层的结构，不包括仅个别框支墙的情况；

4 表中框架，不包括异形柱框架；

5 板柱－抗震墙结构指板柱、框架和抗震墙组成抗侧力体系的结构；

6 乙类建筑可按本地区抗震设防烈度确定其适用的最大高度；

7 超过表内高度的房屋，应进行专门研究和论证，采取有效的加强措施。

【条文解析】

为了使建筑达到既安全适用又经济合理的要求，现浇钢筋混凝土范围的高度不宜建得太高。对采用钢筋混凝土材料的高层建筑，从安全和经济诸方面综合考虑，其适用最大高度应有限制。房屋适用的最大高度与房屋结构类型、设防烈度、场地类别有关。当钢筋混凝土结构的房屋高度超过最大适用高度时，应通过专门研究，采取有效加强措施，如采用型钢混凝土构件、钢管混凝土构件等，并按建设部的有关规定进行专项审查。

6.1.2　钢筋混凝土房屋应根据设防类别、烈度、结构类型和房屋高度采用不同的抗震等级，并应符合相应的计算和构造措施要求。丙类建筑的抗震等级应按表6.1.2确定。

表6.1.2　现浇钢筋混凝土房屋的抗震等级

<table>
<tr><th colspan="3" rowspan="2">结构类型</th><th colspan="12">设防烈度</th></tr>
<tr><th colspan="2">6</th><th colspan="4">7</th><th colspan="4">8</th><th colspan="2">9</th></tr>
<tr><td rowspan="3">框架结构</td><td colspan="2">高度</td><td>≤24</td><td>>24</td><td colspan="2">≤24</td><td colspan="2">>24</td><td colspan="2">≤24</td><td colspan="2">>24</td><td colspan="2">≤24</td></tr>
<tr><td colspan="2">框架</td><td>四</td><td>三</td><td colspan="2">三</td><td colspan="2">二</td><td colspan="2">二</td><td colspan="2">一</td><td colspan="2">一</td></tr>
<tr><td colspan="2">大跨度框架</td><td colspan="2">三</td><td colspan="4">二</td><td colspan="4">一</td><td colspan="2">一</td></tr>
<tr><td rowspan="3">框架－抗震墙结构</td><td colspan="2">高度/m</td><td>≤60</td><td>>60</td><td>≤24</td><td colspan="2">25～60</td><td>>60</td><td>≤24</td><td colspan="2">25～60</td><td>>60</td><td>≤24</td><td>25～50</td></tr>
<tr><td colspan="2">框架</td><td>四</td><td>三</td><td>四</td><td colspan="2">三</td><td>二</td><td>三</td><td colspan="2">二</td><td>一</td><td>二</td><td>一</td></tr>
<tr><td colspan="2">抗震墙</td><td colspan="2">三</td><td>三</td><td colspan="3">二</td><td>二</td><td colspan="3">一</td><td colspan="2">一</td></tr>
<tr><td rowspan="2">抗震墙结构</td><td colspan="2">高度/m</td><td>≤80</td><td>>80</td><td>≤24</td><td colspan="2">25～80</td><td>>80</td><td>≤24</td><td colspan="2">25～80</td><td>>80</td><td>≤24</td><td>25～60</td></tr>
<tr><td colspan="2">抗震墙</td><td>四</td><td>三</td><td>四</td><td colspan="2">三</td><td>二</td><td>三</td><td colspan="2">二</td><td>一</td><td>二</td><td>一</td></tr>
<tr><td rowspan="4">部分框支抗震墙结构</td><td colspan="2">高度/m</td><td>≤80</td><td>>80</td><td>≤24</td><td colspan="2">25～80</td><td>>80</td><td>≤24</td><td colspan="2">25～80</td><td rowspan="4"></td><td colspan="2" rowspan="4"></td></tr>
<tr><td rowspan="2">抗震墙</td><td>一般部位</td><td>四</td><td>三</td><td>四</td><td colspan="2">三</td><td>二</td><td>三</td><td colspan="2">二</td></tr>
<tr><td>加强部位</td><td>三</td><td>二</td><td>三</td><td colspan="2">二</td><td>一</td><td>二</td><td colspan="2">一</td></tr>
<tr><td colspan="2">框支层框架</td><td colspan="2">二</td><td colspan="3">二</td><td>一</td><td colspan="3">一</td></tr>
<tr><td rowspan="2">框架－核心筒结构</td><td colspan="2">框架</td><td colspan="2">三</td><td colspan="4">二</td><td colspan="4">一</td><td colspan="2">一</td></tr>
<tr><td colspan="2">核心筒</td><td colspan="2">二</td><td colspan="4">二</td><td colspan="4">一</td><td colspan="2">一</td></tr>
<tr><td rowspan="2">筒中筒结构</td><td colspan="2">外筒</td><td colspan="2">三</td><td colspan="4">二</td><td colspan="4">一</td><td colspan="2">一</td></tr>
<tr><td colspan="2">内筒</td><td colspan="2">三</td><td colspan="4">二</td><td colspan="4">一</td><td colspan="2">一</td></tr>
</table>

续表

结构类型		设防烈度						
		6		7		8		9
板柱-抗震墙结构	高度/m	≤35	>35	≤35	>35	≤35	>35	
	框架、板柱的柱	三	二	二	二	一		
	抗震墙	二	二	二	一	二	一	

注：1 建筑场地为Ⅰ类时，除6度外应允许按表内降低1度所对应的抗震等级采取抗震构造措施，但相应的计算要求不应降低；

2 接近或等于高度分界时，应允许结合房屋不规则程度及场地、地基条件确定抗震等级；

3 大跨度框架指跨度不小于18m的框架；

4 高度不超过60m的框架-核心筒结构按框架-抗震墙的要求设计时，应按表中框架-抗震墙结构的规定确定其抗震等级。

【条文解析】

抗震等级是多、高层钢筋混凝土结构、构件确定抗震措施的标准；抗震措施包括内力调整和抗震构造措施。不同的地震烈度，房屋重要性不同，抗震要求不同；同样烈度下，不同结构体系，不同高度，抗震潜力不同，抗震要求也不同；同一结构体系中，主、次抗侧力构件以及同一结构形式在不同结构体系中所起作用不同，其抗震要求也有所不同。

我国《建筑抗震设计规范》GB 50011—2010和高层规程综合考虑建筑重要性类别、设防烈度、结构类型及房屋高度等因素，对钢筋混凝土结构划分了不同的抗震等级。

应当指出，抗震等级的划分，体现了对不同抗震设防类别、不同结构类型、不同烈度、同一烈度但不同高度的钢筋混凝土房屋结构延性要求的不同，以及同一种构件在不同结构类型中的延性要求的不同。划分房屋抗震等级的目的在于，对不同抗震等级的房屋采取不同的抗震措施，它包括除地震作用计算和抗力计算以外的抗震设计内容，如内力调整、轴压比确定及抗震构造措施等。因此，表6.1.2中的设防烈度应按《建筑工程抗震设防分类标准》GB 50223—2008中各抗震设防类别建筑的抗震设防标准中抗震措施的要求的设防烈度确定：

甲类建筑，应按高于本地区抗震设防烈度1度的要求加强其抗震措施，但抗震设防烈度为9度时，应按比9度更高的要求采取抗震措施。

乙类建筑，应按高于本地区抗震设防烈度1度的要求采取加强抗震措施，但抗震设防烈度为9度时，应按比9度更高的要求采取抗震措施。当乙类建筑为规模很小的工业建筑，当改用抗震性能较好的材料且符合抗震设计规范对结构体系的要求时，允许按丙类建筑采取抗震措施。

丙类建筑，应按本地区抗震设防烈度确定其抗震措施。

丁类建筑，允许比本地区抗震设防烈度的要求适当降低其抗震措施，但抗震设防烈度为6度时不应降低。

6.1.3 钢筋混凝土房屋抗震等级的确定，尚应符合下列要求：

1 设置少量抗震墙的框架结构，在规定的水平力作用下，底层框架部分所承担的地震倾覆力矩大于结构总地震倾覆力矩的50%时，其框架的抗震等级应按框架结构确定，抗震墙的抗震等级可与其框架的抗震等级相同。

注：底层指计算嵌固端所在的层。

2 裙房与主楼相连，除应按裙房本身确定抗震等级外，相关范围不应低于主楼的抗震等级；主楼结构在裙房顶板对应的相邻上下各一层应适当加强抗震构造措施。裙房与主楼分离时，应按裙房本身确定抗震等级。

3 当地下室顶板作为上部结构的嵌固部位时，地下一层的抗震等级应与上部结构相同，地下一层以下抗震构造措施的抗震等级可逐层降低一级，但不应低于四级。地下室中无上部结构的部分，抗震构造措施的抗震等级可根据具体情况采用三级或四级。

4 当甲乙类建筑按规定提高一度确定其抗震等级而房屋的高度超过本规范表6.1.2相应规定的上界时，应采取比一级更有效的抗震构造措施。

注：本章“一、二、三、四级”即“抗震等级为一、二、三、四级”的简称。

【条文解析】

本条是关于混凝土结构抗震等级的进一步补充规定。

6.1.4 钢筋混凝土房屋需要设置防震缝时，应符合下列规定：

1 防震缝宽度应分别符合下列要求：

1）框架结构（包括设置少量抗震墙的框架结构）房屋的防震缝宽度，当高度不超过15m时不应小于100mm；高度超过15m时，6度、7度、8度和9度分别每增加高度5m、4m、3m和2m，宜加宽20mm；

2）框架-抗震墙结构房屋的防震缝宽度不应小于本款1）项规定数值的70%，抗震墙结构房屋的防震缝宽度不应小于本款1）项规定数值的50%，且均不宜小于100mm；

3）防震缝两侧结构类型不同时，宜按需要较宽防震缝的结构类型和较低房屋高度确定缝宽。

2 8、9度框架结构房屋防震缝两侧结构层高相差较大时，防震缝两侧框架柱的箍筋应沿房屋全高加密，并可根据需要在缝两侧沿房屋全高各设置不少于两道垂直于防震缝的抗撞墙。抗撞墙的布置宜避免加大扭转效应，其长度可不大于1/2层高，抗震等级可同框架结构；框架构件的内力应按设置和不设置抗撞墙两种计算模型的不利情况取值。

【条文解析】

本条规定的防震缝宽度的最小值，在强烈地震作用下，由于地面运动变化、结构扭转、地震变形等复杂因素，相邻结构仍可能局部碰撞而损坏，但宽度过大，会给立面处理造成困难。

防震缝可以结合沉降缝要求贯通到地基，当无沉降问题时也可以从基础或地下室以上贯通。当有多层地下室，上部结构为带裙房的单塔或多塔结构时，可将裙房用防震缝自地下室以上分隔，地下室顶板应有良好的整体性和刚度，能将地震剪力分布到整个地下室结构。

8、9度框架结构房屋防震缝两侧层高相差较大时，可在防震缝两侧房屋的尽端沿全高设置垂直于防震缝的抗撞墙，通过抗撞墙的损坏减少防震缝两侧碰撞时框架的破坏。

6.1.5 框架结构和框架－抗震墙结构中，框架和抗震墙均应双向设置，柱中线与抗震墙中线、梁中线与柱中线之间偏心距大于柱宽的1/4时，应计入偏心的影响。

甲、乙类建筑以及高度大于24m的丙类建筑，不应采用单跨框架结构；高度不大于24m的丙类建筑不宜采用单跨框架结构。

【条文解析】

梁中线与柱中线之间、柱中线与抗震墙中线之间有较大偏心距时，在地震作用下可能导致核芯区受剪面积不足，对柱带来不利的扭转效应。当偏心距超过1/4柱宽时，需进行具体分析并采取有效措施，如采用水平加腋梁及加强柱的箍筋等。

框架结构中某个主轴方向均为单跨，也属于单跨框架结构；某个主轴方向有局部的单跨框架，可不作为单跨框架结构对待。一、二层的连廊采用单跨框架时，需要注意加强。框－墙结构中的框架，可以是单跨。

6.1.6 框架－抗震墙、板柱－抗震墙结构以及框支层中，抗震墙之间无大洞口的楼、屋盖的长宽比，不宜超过表6.1.6的规定；超过时，应计入楼盖平面内变形的影响。

表 6.1.6 抗震墙之间楼屋盖的长宽比

楼、屋盖类型		设防烈度			
		6	7	8	9
框架 - 抗震墙结构	现浇或叠合楼、屋盖	4	4	3	2
	装配整体式楼、屋盖	3	3	2	不宜采用
板柱 - 抗震墙结构的现浇楼、屋盖		3	3	2	—
框支层的现浇楼、屋盖		2.5	2.5	2	—

【条文解析】

钢筋混凝土高层建筑要考虑长宽比要求。所谓长宽比就是结构长度与宽度（窄边长）的比值。长宽比是对结构刚度、整体稳定、承载能力和经济合理性的宏观控制。

6.1.7 采用装配整体式楼、屋盖时，应采取措施保证楼、屋盖的整体性及其与抗震墙的可靠连接。装配整体式楼、屋盖采用配筋现浇面层加强时，其厚度不应小于50mm。

【条文解析】

预制板的连接不足时，地震中将造成严重的震害，需要特别加强。在混凝土结构中，本条仅适用于采用符合要求的装配整体式混凝土楼、屋盖。

6.1.8 框架 - 抗震墙结构和板柱 - 抗震墙结构中的抗震墙设置，宜符合下列要求：

1 抗震墙宜贯通房屋全高。

2 楼梯间宜设置抗震墙，但不宜造成较大的扭转效应。

3 抗震墙的两端（不包括洞口两侧）宜设置端柱或与另一方向的抗震墙相连。

4 房屋较长时，刚度较大的纵向抗震墙不宜设置在房屋的端开间。

5 抗震墙洞口宜上下对齐；洞边距端柱不宜小于300mm。

【条文解析】

在框架 - 抗震墙结构和板柱 - 抗震墙结构中，抗震墙是主要抗侧力构件，竖向布置应连续，防止刚度和承载力突变。

6.1.9 抗震墙结构和部分框支抗震墙结构中的抗震墙设置，应符合下列要求：

1 抗震墙的两端（不包括洞口两侧）宜设置端柱或与另一方向的抗震墙相连；框

支部分落地墙的两端（不包括洞口两侧）应设置端柱或与另一方向的抗震墙相连。

2 较长的抗震墙宜设置跨高比大于6的连梁形成洞口，将一道抗震墙分成长度较均匀的若干墙段，各墙段的高宽比不宜小于3。

3 墙肢的长度沿结构全高不宜有突变；抗震墙有较大洞口时，以及一、二级抗震墙的底部加强部位，洞口宜上下对齐。

4 矩形平面的部分框支抗震墙结构，其框支层的楼层侧向刚度不应小于相邻非框支层楼层侧向刚度的50%；框支层落地抗震墙间距不宜大于24m，框支层的平面布置宜对称，且宜设抗震筒体；底层框架部分承担的地震倾覆力矩，不应大于结构总地震倾覆力矩的50%。

【条文解析】

部分框支抗震墙属于抗震不利的结构体系，本条的抗震措施只限于框支层不超过两层的情况。本条明确部分框支抗震墙结构的底层框架应满足框架－抗震墙结构对框架部分承担地震倾覆力矩的限值——框支层不应设计为少墙框架体系（见图2.1）。

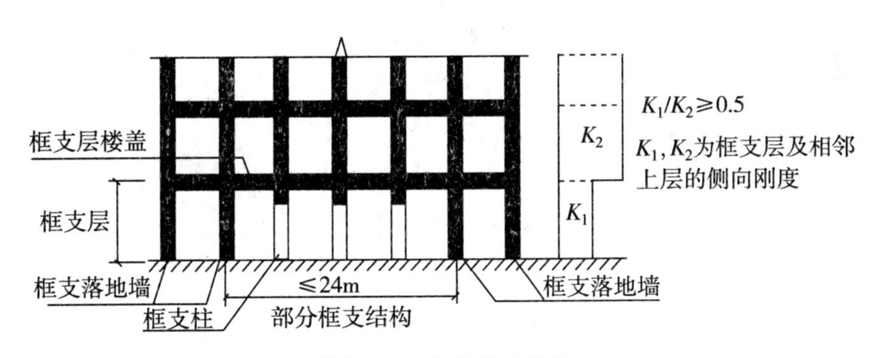

图2.1 框支结构示意图

为提高较长抗震墙的延性，分段后各墙段的总高度与墙宽之比，由不应小于2改为不宜小于3（见图2.2）。

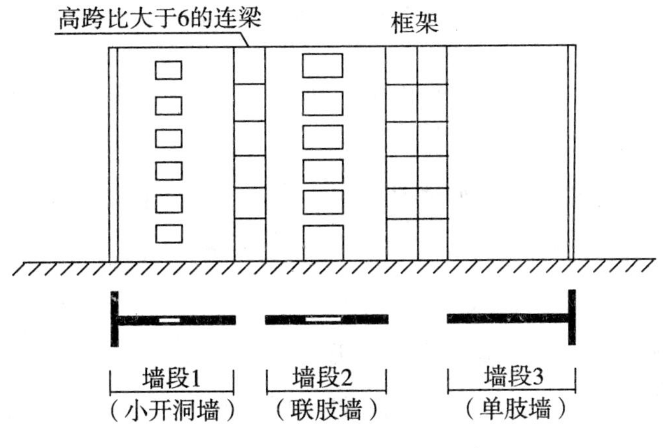

图2.2 较长抗震墙的组成示意图

6.1.10 抗震墙底部加强部位的范围，应符合下列规定：

1 底部加强部位的高度，应从地下室顶板算起。

2 部分框支抗震墙结构的抗震墙，其底部加强部位的高度，可取框支层加框支层以上两层的高度及落地抗震墙总高度的1/10二者的较大值。其他结构的抗震墙，房屋高度大于24m时，底部加强部位的高度可取底部两层和墙体总高度的1/10二者的较大值；房屋高度不大于24m时，底部加强部位可取底部一层。

3 当结构计算嵌固端位于地下一层的底板或以下时，底部加强部位尚宜向下延伸到计算嵌固端。

【条文解析】

延性抗震墙一般控制在其底部即计算嵌固端以上一定高度范围内屈服、出现塑性铰。设计时，将墙体底部可能出现塑性铰的高度范围，及其上部的一定范围作为底部加强部位（见图2.3），提高其受剪承载力，在此范围内采取增加边缘构件（暗柱、端柱、翼墙）箍筋和墙体横向钢筋等必要的抗震加强措施，避免脆性的剪切破坏。使其具有大的弹塑性变形能力，从而提高整个结构的抗地震倒塌能力。

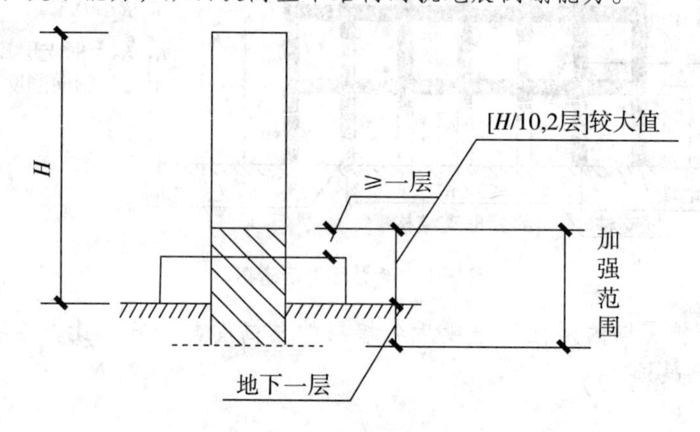

图2.3 抗震底部加强部位

此外，还补充了高度不超过24m的多层建筑的底部加强部位高度的规定。

6.1.11 框架单独柱基有下列情况之一时，宜沿两个主轴方向设置基础系梁：

1 一级框架和Ⅳ类场地的二级框架；

2 各柱基础底面在重力荷载代表值作用下的压应力差别较大；

3 基础埋置较深，或各基础埋置深度差别较大；

4 地基主要受力层范围内存在软弱黏性土层、液化土层或严重不均匀土层；

5 桩基承台之间。

【条文解析】

单独柱基一般用于地基条件好的多层框架，采用单独柱基时，应采取措施保证基础结构在地震作用下的整体工作。

一般情况下，系梁宜设置在基础顶部，当系梁的受弯承载力大于柱的受弯承载力时，地基和基础可不考虑地震作用。应避免系梁与基础之间形成短柱，当系梁距基础顶板较远，系梁与柱节点应按强柱弱梁设计。

一、二级框架结构的基础系梁除承受柱弯矩外，边跨系梁尚应同时考虑不小于系梁承受柱下端组合的剪力设计值产生的拉力或压力。

6.1.12 框架－抗震墙结构、板柱－抗震墙结构中的抗震墙基础和部分框支抗震墙结构的落地抗震墙基础，应有良好的整体性和抗转动的能力。

【条文解析】

当地基土较弱，基础刚度和整体性较差，在地震作用下抗震墙基础将产生较大的转动，从而降低了抗震墙的抗侧力刚度，对内力和位移都将产生不利影响。

6.1.14 地下室顶板作为上部结构的嵌固部位时，应符合下列要求：

1 地下室顶板应避免开设大洞口；地下室在地上结构相关范围的顶板应采用现浇梁板结构，相关范围以外的地下室顶板宜采用现浇梁板结构；其楼板厚度不宜小于180mm，混凝土强度等级不宜小于C30，应采用双层双向配筋，且每层每个方向的配筋率不宜小于0.25%。

2 结构地上一层的侧向刚度，不宜大于相关范围地下一层侧向刚度的0.5倍；地下室周边宜有与其顶板相连的抗震墙。

3 地下室顶板对应于地上框架柱的梁柱节点除应满足抗震计算要求外，尚应符合下列规定之一：

1）地下一层柱截面每侧纵向钢筋不应小于地上一层柱对应纵向钢筋的1.1倍，且地下一层柱上端和节点左右梁端实配的抗震受弯承载力之和应大于地上一层柱下端实配的抗震受弯承载力的1.3倍。

2）地下一层梁刚度较大时，柱截面每侧的纵向钢筋面积应大于地上一层对应柱每侧纵向钢筋面积的1.1倍；同时梁端顶面和底面的纵向钢筋面积均应比计算增大10%以上。

4 地下一层抗震墙墙肢端部边缘构件纵向钢筋的截面面积，不应少于地上一层对应墙肢端部边缘构件纵向钢筋的截面面积。

【条文解析】

为了能使地下室顶板作为上部结构的嵌固部位，本条规定了地下室顶板和地下一层的设计要求。

地下室顶板必须具有足够的平面内刚度，以有效传递地震基底剪力。地下室顶板的厚度不宜小于180mm，若柱网内设置多个次梁时，板厚可适当减小。这里所指地下室应为完整的地下室，在山（坡）地建筑中出现地下室各边填埋深度差异较大时，宜单独设置支挡结构。

框架柱嵌固端屈服时，或抗震墙墙肢的嵌固端屈服时，地下一层对应的框架柱或抗震墙墙肢不应屈服。据此规定了地下一层框架柱纵筋面积和墙肢端部纵筋面积的要求。

“相关范围”一般可从地上结构（主楼、有裙房时含裙房）周边外延不大于20m。

当框架柱嵌固在地下室顶板时，位于地下室顶板的梁柱节点应按首层柱的下端为“弱柱”设计，即地震时首层柱底屈服、出现塑性铰。

6.1.15　楼梯间应符合下列要求：

1　宜采用现浇钢筋混凝土楼梯。

2　对于框架结构，楼梯间的布置不应导致结构平面特别不规则；楼梯构件与主体结构整浇时，应计入楼梯构件对地震作用及其效应的影响，应进行楼梯构件的抗震承载力验算；宜采取构造措施，减少楼梯构件对主体结构刚度的影响。

3　楼梯间两侧填充墙与柱之间应加强拉结。

【条文解析】

发生强烈地震时，楼梯间是重要的紧急逃生竖向通道，楼梯间（包括楼梯板）的破坏会延误人员撤离及救援工作，从而造成严重伤亡。对于框架结构，楼梯构件与主体结构整浇时，梯板起到斜支撑的作用，对结构刚度、承载力、规则性的影响比较大，应参与抗震计算；当采取措施，如梯板滑动支撑于平台板，楼梯构件对结构刚度等的影响较小，是否参与整体抗震计算差别不大。对于楼梯间设置刚度足够大的抗震墙的结构，楼梯构件对结构刚度的影响较小，也可不参与整体抗震计算。

《混凝土结构设计规范》GB 50010—2010

11.1.3　房屋建筑混凝土结构构件的抗震设计，应根据设防类别、烈度、结构类型和房屋高度采用不同的抗震等级，并应符合相应的计算和构造措施要求。丙类建筑的抗震等级应按表11.1.3确定。

表 11.1.3 混凝土结构的抗震等级

<table>
<tr><th colspan="3" rowspan="2">结构类型</th><th colspan="10">设防烈度</th></tr>
<tr><th colspan="2">6</th><th colspan="3">7</th><th colspan="3">8</th><th colspan="2">9</th></tr>
<tr><td rowspan="3">框架结构</td><td colspan="2">高度/m</td><td>≤24</td><td>>24</td><td colspan="2">≤24</td><td>>24</td><td colspan="2">≤24</td><td>>24</td><td colspan="2">≤24</td></tr>
<tr><td colspan="2">普通框架</td><td>四</td><td>三</td><td colspan="2">三</td><td>二</td><td colspan="2">二</td><td>一</td><td colspan="2">一</td></tr>
<tr><td colspan="2">大跨度框架</td><td colspan="2">三</td><td colspan="3">二</td><td colspan="3">一</td><td colspan="2">一</td></tr>
<tr><td rowspan="3">框架-剪力墙结构</td><td colspan="2">高度/m</td><td>≤60</td><td>>60</td><td><24</td><td>>24且≤60</td><td>>60</td><td><24</td><td>>24且≤60</td><td>>60</td><td>≤24</td><td>>24且≤50</td></tr>
<tr><td colspan="2">框架</td><td>四</td><td>三</td><td>四</td><td>三</td><td>二</td><td>三</td><td>二</td><td>一</td><td>二</td><td>一</td></tr>
<tr><td colspan="2">剪力墙</td><td colspan="2">三</td><td>三</td><td colspan="2">二</td><td>二</td><td colspan="2">一</td><td colspan="2">一</td></tr>
<tr><td rowspan="2">剪力墙结构</td><td colspan="2">高度/m</td><td>≤80</td><td>>80</td><td>≤24</td><td>>24且≤80</td><td>>80</td><td>≤24</td><td>>24且≤80</td><td>>80</td><td>≤24</td><td>24~60</td></tr>
<tr><td colspan="2">剪力墙</td><td>四</td><td>三</td><td>四</td><td>三</td><td>二</td><td>三</td><td>二</td><td>一</td><td>二</td><td></td></tr>
<tr><td rowspan="4">部分框支剪力墙结构</td><td colspan="2">高度/m</td><td>≤80</td><td>>80</td><td>≤24</td><td>>24且≤80</td><td>>80</td><td>≤24</td><td>>24且≤80</td><td rowspan="4">一</td><td colspan="2">一</td></tr>
<tr><td rowspan="2">剪力墙</td><td>一般部位</td><td>四</td><td>三</td><td>四</td><td>三</td><td>二</td><td>三</td><td>二</td><td colspan="2" rowspan="3">一</td></tr>
<tr><td>加强部位</td><td>三</td><td>二</td><td>三</td><td>二</td><td>一</td><td>二</td><td>一</td></tr>
<tr><td colspan="2">框支层框架</td><td colspan="2">二</td><td colspan="2">二</td><td>一</td><td colspan="2">一</td></tr>
<tr><td rowspan="4">筒体结构</td><td rowspan="2">框架-核心筒</td><td>框架</td><td colspan="2">三</td><td colspan="3">二</td><td colspan="3">一</td><td colspan="2">一</td></tr>
<tr><td>核心筒</td><td colspan="2">二</td><td colspan="3">二</td><td colspan="3">一</td><td colspan="2">一</td></tr>
<tr><td rowspan="2">筒中筒</td><td>内筒</td><td colspan="2">三</td><td colspan="3">二</td><td colspan="3">一</td><td colspan="2">一</td></tr>
<tr><td>外筒</td><td colspan="2">三</td><td colspan="3">二</td><td colspan="3">一</td><td colspan="2">一</td></tr>
<tr><td rowspan="3">板柱-剪力墙结构</td><td colspan="2">高度/m</td><td>≤35</td><td>>35</td><td colspan="2">≤35</td><td>>35</td><td colspan="2">≤35</td><td>>35</td><td colspan="2" rowspan="3">一</td></tr>
<tr><td colspan="2">板柱及周边框架</td><td>三</td><td>二</td><td colspan="2">二</td><td>二</td><td colspan="3">一</td></tr>
<tr><td colspan="2">剪力墙</td><td>二</td><td>二</td><td colspan="2">二</td><td>一</td><td colspan="2">二</td><td>一</td></tr>
<tr><td>单层厂房结构</td><td colspan="2">铰接排架</td><td colspan="2">四</td><td colspan="3">三</td><td colspan="3">二</td><td colspan="2">一</td></tr>
</table>

注：1 建筑场地为Ⅰ类时，除6度设防烈度外应允许按表内降低一度所对应的抗震等级采取抗震构造措施，但相应的计算要求不应降低；

2 接近或等于高度分界时，应允许结合房屋不规则程度及场地、地基条件确定抗震等级；

3 大跨度框架指跨度不小于18m的框架；

4 表中框架结构不包括异形柱框架；

5 房屋高度不大于60m的框架－核心筒结构按框架－剪力墙结构的要求设计时，应按表中框架－剪力墙结构选用抗震等级。

【条文解析】

抗震措施是在按多遇地震作用进行构件截面承载力设计的基础上保证抗震结构在所在地可能出现的最强地震地面运动下具有足够的整体延性和塑性耗能能力，保持对重力荷载的承载能力，维持结构不发生严重损毁或倒塌的基本措施。其中主要包括两类措施。一类是宏观限制或控制条件和对重要构件在考虑多遇地震作用的组合内力设计值时进行调整增大；另一类则是保证各类构件基本延性和塑性耗能能力的各类抗震构造措施（其中也包括对柱和墙肢的轴压比上限控制条件）。由于对不同抗震条件下各类结构构件的抗震措施要求不同，故用“抗震等级”对其进行分级。抗震等级按抗震措施从强到弱分为一、二、三、四级。根据抗震等级不同，对不同类型结构中的各类构件提出了相应的抗震性能要求，其中主要是延性要求，同时也考虑了耗能能力的要求。一级抗震等级的要求最严，四级抗震等级的要求最轻。各抗震等级所提要求的差异主要体现在“强柱弱梁”措施中柱和剪力墙弯矩增大系数的取值和确定方法的不同，“强剪弱弯”措施中梁、柱、墙及节点中剪力增大措施的不同以及保证各类结构构件延性和塑性耗能能力构造措施的不同。本章有关条文中的抗震措施规定将全部按抗震等级给出。根据我国抗震设计经验，应按设防类别、建筑物所在地的设防烈度、结构类型、房屋高度以及场地类别的不同分别选取不同的抗震等级。在表11.1.3中给出了丙类建筑按设防烈度、结构类型和房屋高度制定的结构中不同部分应取用的抗震等级。

11.1.4 确定钢筋混凝土房屋结构构件的抗震等级时，尚应符合下列要求：

1 对框架－剪力墙结构，在规定的水平地震力作用下，框架底部所承担的倾覆力矩大于结构底部总倾覆力矩的50%时，其中框架的抗震等级应按框架结构确定。

2 与主楼相连的裙房，除应按裙房本身确定抗震等级外，相关范围不应低于主楼的抗震等级；主楼结构在裙房顶板对应的相邻上下各一层应适当加强抗震构造措施。裙房与主楼分离时，应按裙房本身确定抗震等级。

3 当地下室顶板作为上部结构的嵌固部位时，地下一层的抗震等级应与上部结构相同，地下一层以下抗震构造措施的抗震等级可逐层降低一级，但不应低于四级。地下室中无上部结构的部分，其抗震构造措施的抗震等级可根据具体情况采用三级或四级。

4 甲、乙类建筑按规定提高一度确定其抗震等级时，如其高度超过对应的房屋最大适用高度，则应采取比相应抗震等级更有效的抗震构造措施。

【条文解析】

本条给出了在选用抗震等级时，除表11.1.3外应满足的要求。其中第1款中的“结构底部的总倾覆力矩”一般是指在多遇地震作用下通过振型组合求得楼层地震剪力并换算出各楼层水平力后，用该水平力求得的底部总倾覆力矩。第2款中裙房与主楼相连时的“相关范围”，一般是指主楼周边外扩不少于三跨的裙房范围。该范围内结构的抗震等级不应低于按主楼结构确定的抗震等级，该范围以外裙房结构的抗震等级可按裙房自身结构确定。当主楼与裙房由防震缝分开时，主楼和裙房分别按自身结构确定其抗震等级。

11.1.5 剪力墙底部加强部位的范围，应符合下列规定：

1 底部加强部位的高度应从地下室顶板算起。

2 部分框支剪力墙结构的剪力墙，底部加强部位的高度可取框支层加框支层以上两层的高度和落地剪力墙总高度的1/10二者的较大值。其他结构的剪力墙，房屋高度大于24m时，底部加强部位的高度可取底部两层和墙肢总高度的1/10二者的较大值；房屋高度不大于24m时，底部加强部位可取底部一层。

3 当结构计算嵌固端位于地下一层的底板或以下时，按本条第1、2款确定的底部加强部位的范围尚宜向下延伸到计算嵌固端。

【条文解析】

按《混凝土结构设计规范》GB 50010—2010设置了约束边缘构件，并采取了相应构造措施的剪力墙和核心筒壁的墙肢底部，通常已具有较大的偏心受压强度储备，在罕遇水准地震地面运动下，该部位边缘构件纵筋进入屈服后变形状态的几率通常不会很大。但因墙肢底部对整体结构在罕遇地震地面运动下的抗倒塌安全性起关键作用，故设计中仍应预计到墙肢底部形成塑性铰的可能性，并对预计的塑性铰区采取保持延性和塑性耗能能力的抗震构造措施。所规定的采取抗震构造措施的范围即为“底部加强部位”，它相当于塑性铰区的高度再加一定的安全裕量。该底部加强部位高度是根据试验结果及工程经验确定的。其中，为了简化设计，只考虑了高度条件。并明确，当墙肢嵌固端设置在地下室顶板以下时，底部加强部位的高度仍从地下室顶板算起，但相应抗震构造措施应向下延伸到设定的嵌固端处。

11.1.6 考虑地震组合验算混凝土结构构件的承载力时，均应按承载力抗震调整系数γ_{RE}进行调整，承载力抗震调整系数γ_{RE}应按表11.1.6采用。

正截面抗震承载力应按本规范第6.2节的规定计算，但应在相关计算公式右端项除以相应的承载力抗震调整系数 γ_{RE}。

当仅计算竖向地震作用时，各类结构构件的承载力抗震调整系数 γ_{RE} 均应取为1.0。

表11.1.6　承载力抗震调整系数

结构构件类别	正截面承载力计算					斜截面承载力计算	受冲切承载力计算	局部受压承载力计算
	受弯构件	偏心受压柱		偏心受拉构件	剪力墙	各类构件及框架节点		
		轴压比小于0.15	轴压比不小于0.15					
γ_{RE}	0.75	0.75	0.8	0.85	0.85	0.85	0.85	1.0

注：预埋件锚筋截面计算的承载力抗震调整系数应取 γ_{RE} 为1.0。

【条文解析】

表11.1.6中各类构件的承载力抗震调整系数值是根据现行国家标准《建筑抗震设计规范》GB 50011—2010的规定给出的。该系数是在该规范采用的多遇地震作用取值和地震作用分项系数取值的前提下，为了使多遇地震作用组合下的各类构件承载力具有适宜的安全性水准而采取的对抗力项的必要调整措施。根据需要，补充了受冲切承载力计算的承载力抗震调整系数 γ_{RE}。

11.1.8　箍筋宜采用焊接封闭箍筋、连续螺旋箍筋或连续复合螺旋箍筋。当采用非焊接封闭箍筋时，其末端应做成135°弯钩，弯钩端头平直段长度不应小于箍筋直径的10倍；在纵向钢筋搭接长度范围内的箍筋间距不应大于搭接钢筋较小直径的5倍，且不宜大于100mm。

【条文解析】

箍筋对抗震设计的混凝土构件具有重要的约束作用，采用封闭箍筋、连续螺旋箍筋和连续复合矩形螺旋箍筋可以有效提高对构件混凝土和纵向钢筋的约束效果，改善构件的抗震延性。对于绑扎箍筋，试验研究和震害经验表明，对箍筋末端的构造要求是保证地震作用下箍筋对混凝土和纵向钢筋起到有效约束作用的必要条件。本条强调采用焊接封闭箍筋，主要是倡导和适应工厂化加工配送钢筋的需求。

11.1.9 考虑地震作用的预埋件，应满足以下规定：

1 直锚钢筋截面面积可按本规范第9章的有关规定计算并增大25%，且应适当增大锚板厚度。

2 锚筋的锚固长度应符合本规范第9.7节的有关规定并增加10%；当不能满足时，应采取有效措施。在靠近锚板处，宜设置一根直径不小于10mm的封闭箍筋。

3 预埋件不宜设置在塑性铰区；当不能避免时应采取有效措施。

【条文解析】

预埋件反复荷载作用试验表明，弯剪、拉剪、压剪情况下锚筋的受剪承载力降低的平均值在20%左右。对预埋件，规定取γ_{RE}等于1.0，故将考虑地震作用组合的预埋件的锚筋截面积偏保守地取为静力计算值的1.25倍，锚筋的锚固长度偏保守地取为静力值的1.10倍。构造上要求在靠近锚板的锚筋根部设置一根直径不小于10mm的封闭箍筋，以起到约束端部混凝土、保证受剪承载力的作用。

《高层建筑混凝土结构技术规程》JGJ 3—2010

3.2.2 各类结构用混凝土的强度等级均不应低于C20，并应符合下列规定：

1 抗震设计时，一级抗震等级框架梁、柱及其节点的混凝土强度等级不应低于C30；

2 筒体结构的混凝土强度等级不宜低于C30；

3 作为上部结构嵌固部位的地下室楼盖的混凝土强度等级不宜低于C30；

4 转换层楼板、转换梁、转换柱、箱形转换结构以及转换厚板的混凝土强度等级均不应低于C30；

5 预应力混凝土结构的混凝土强度等级不宜低于C40，不应低于C30；

6 型钢混凝土梁、柱的混凝土强度等级不宜低于C30；

7 现浇非预应力混凝土楼盖结构的混凝土强度等级不宜高于C40；

8 抗震设计时，框架柱的混凝土强度等级，9度时不宜高于C60，8度时不宜高于C70；剪力墙的混凝土强度等级不宜高于C60。

【条文解析】

本条针对高层混凝土结构的特点，提出了不同结构部位、不同结构构件的混凝土强度等级最低要求及抗震上限限值。

3.2.3 高层建筑混凝土结构的受力钢筋及其性能应符合现行国家标准《混凝土结构设计规范》GB 50010—2010的有关规定。按一、二、三级抗震等级设计的框架和斜撑构件，其纵向受力钢筋尚应符合下列规定：

1　钢筋的抗拉强度实测值与屈服强度实测值的比值不应小于1.25；

2　钢筋的屈服强度实测值与屈服强度标准值的比值不应大于1.30；

3　钢筋最大拉力下的总伸长率实测值不应小于9%。

【条文解析】

本条对高层混凝土结构的受力钢筋性能提出了具体要求。

3.3.1　钢筋混凝土高层建筑结构的最大适用高度应区分为A级和B级。A级高度钢筋混凝土乙类和丙类高层建筑的最大适用高度应符合表3.3.1－1的规定，B级高度钢筋混凝土乙类和丙类高层建筑的最大适用高度应符合表3.3.1－2的规定。

平面和竖向均不规则的高层建筑结构，其最大适用高度宜适当降低。

表3.3.1－1　A级高度钢筋混凝土高层建筑的最大适用高度　m

结构体系		非抗震设计	抗震设防烈度				
			6度	7度	8度		9度
					0.20g	0.30g	
框架结构		70	60	50	40	35	—
框架－剪力墙结构		150	130	120	100	80	50
剪力墙	全部落地剪力墙	150	140	120	100	80	60
	部分框支剪力墙	130	120	100	80	50	不应采用
筒体	框架－核心筒结构	160	150	130	100	90	70
	筒中筒结构	200	180	150	120	100	80
板柱－剪力墙结构		110	80	70	55	40	不应采用

注：1　表中框架不含异形柱框架。

2　部分框支剪力墙结构指地面以上有部分框支剪力墙的剪力墙结构。

3　甲类建筑，6、7、8度时宜按本地区抗震设防烈度提高1度后符合本表的要求，9度时应专门研究。

4　框架结构、板柱－剪力墙结构以及9度抗震设防的表列其他结构，当房屋高度超过本表数值时，结构设计应有可靠依据，并采取有效的加强措施。

表 3.3.1-2　B 级高度钢筋混凝土高层建筑的最大适用高度　m

结构体系		非抗震设计	抗震设防烈度			
			6 度	7 度	8 度	
					0.20g	0.30g
框架-剪力墙结构		170	160	140	120	100
剪力墙	全部落地剪力墙	180	170	150	130	110
	部分框支剪力墙	150	140	120	100	80
筒体	框架-核心筒结构	220	210	180	140	120
	筒中筒结构	300	280	230	170	150

注：1　部分框支剪力墙结构指地面以上有部分框支剪力墙的剪力墙结构。

2　甲类建筑，6、7 度时宜按本地区设防烈度提高 1 度后符合本表的要求，8 度时应专门研究。

3　当房屋高度超过表中数值时，结构设计应有可靠依据，并采取有效的加强措施。

【条文解析】

A 级高度钢筋混凝土高层建筑指符合表 3.3.1-1 最大适用高度的建筑，也是目前数量最多、应用最广泛的建筑。当框架-剪力墙、剪力墙及筒体结构的高度超出表 3.3.1-1 的最大适用高度时，列入 B 级高度高层建筑，但其房屋高度不应超过表 3.3.1-2 规定的最大适用高度，并应遵守本规程规定的更严格的计算和构造措施。为保证 B 级高度高层建筑的设计质量，抗震设计的 B 级高度的高层建筑，按有关规定应进行超限高层建筑的抗震设防专项审查审核。

对于房屋高度超过 A 级高度高层建筑最大适用高度的框架结构、板柱-剪力墙结构以及 9 度抗震设计的各类结构，因研究成果和工程经验尚显不足，在 B 级高度高层建筑中未予列入。

房屋高度超过表 3.3.1-2 规定的特殊工程，则应通过专门的审查、论证，补充更严格的计算分析，必要时进行相应的结构试验研究，采取专门的加强构造措施。

框架-核心筒结构中，除周边框架外，内部带有部分仅承受竖向荷载的柱与无梁楼板时，不属于本条所列的板柱-剪力墙结构。本规程最大适用高度表中，框架-剪力墙结构的高度均低于框架-核心筒结构的高度，其主要原因是，框架-核心筒结构的核心筒相对于框架-剪力墙结构的剪力墙较强，核心筒成为主要抗侧力构件，结构设计上也有更严格的要求。

对于部分框支剪力墙结构，本条表中规定的最大适用高度已经考虑框支层的不规则性而比全落地剪力墙结构降低，故对于“竖向和平面均不规则”，可指框支层以上的结构同时存在竖向和平面不规则的情况；仅有个别墙体不落地，只要框支部分的设计安全合理，其适用的最大高度可按一般剪力墙结构确定。

3.3.2 钢筋混凝土高层建筑结构的高宽比不宜超过表3.3.2的规定。

表3.3.2 钢筋混凝土高层建筑结构适用的最大高宽比

结构体系	非抗震设计	抗震设防烈度		
		6度、7度	8度	9度
框架结构	5	4	3	—
板柱-剪力墙结构	6	5	4	—
框架-剪力墙结构、剪力墙结构	7	6	5	4
框架-核心筒结构	8	7	6	4
筒中筒结构	8	8	7	5

【条文解析】

高层建筑的高宽比，是对结构刚度、整体稳定、承载能力和经济合理性的宏观控制；在结构设计满足本规程规定的承载力、稳定、抗倾覆、变形和舒适度等基本要求后，仅从结构安全角度讲高宽比限值不是必须满足的，主要影响结构设计的经济性。因此，本条不再区分A级高度和B级高度高层建筑的最大高宽比限值。

3.4.3 抗震设计的混凝土高层建筑，其平面布置宜符合下列规定：

1 平面宜简单、规则、对称，减少偏心；

2 平面长度不宜过长（图3.4.3），L/B宜符合表3.4.3的要求；

3 平面突出部分的长度l不宜过大、宽度b不宜过小（图3.4.3），l/B_{max}、l/b宜符合表3.4.3的要求；

4 建筑平面不宜采用角部重叠或细腰形平面布置。

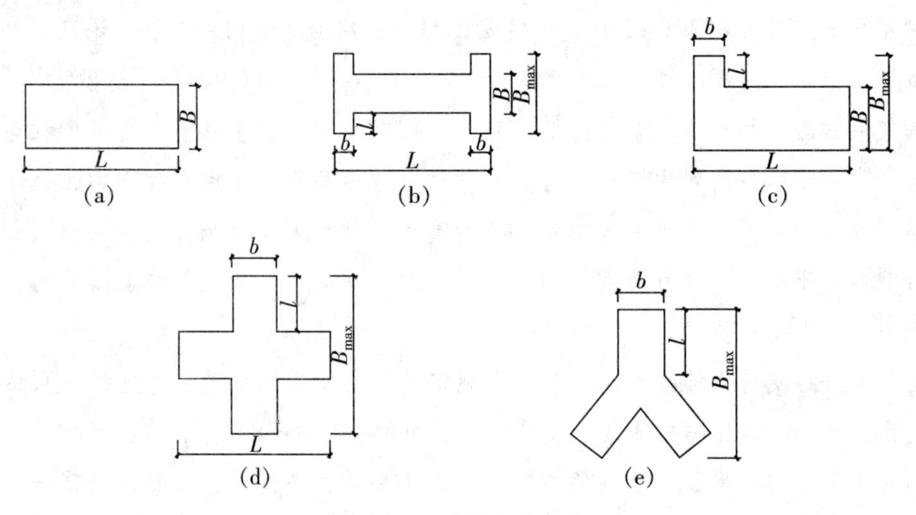

图3.4.3 建筑平面示意

表 3. 4. 3 平面尺寸及突出部位尺寸的比值限值

设防烈度	L/B	l/B_{max}	l/b
6、7 度	≤6. 0	≤0. 35	≤2. 0
8、9 度	≤5. 0	≤0. 30	≤1. 5

【条文解析】

平面过于狭长的建筑物在地震时由于两端地震波输入有位相差而容易产生不规则振动，产生较大的震害，表 3. 4. 3 给出了 L/B 的最大限值。在实际工程中，L/B 在 6、7 度抗震设计时最好不超过 4；在 8、9 度抗震设计时最好不超过 3。

平面有较长的外伸时，外伸段容易产生局部振动而引起凹角处应力集中和破坏，外伸部分 l/b 的限值在表 3. 4. 3 中已列出，但在实际工程设计中最好控制 l/b 不大于 1。

角部重叠和细腰形的平面图形，在中央部位形成狭窄部分，在地震中容易产生震害，尤其在凹角部位，因为应力集中容易使楼板开裂、破坏，不宜采用。如采用，这些部位应采取加大楼板厚度、增加板内配筋、设置集中配筋的边梁、配置 45°斜向钢筋等方法予以加强。

需要说明的是，表 3.4.3 中，三项尺寸的比例关系是独立的规定，一般不具有关联性。

3. 4. 10 设置防震缝时，应符合下列规定：

1 防震缝宽度应符合下列规定：

1）框架结构房屋，高度不超过 15m 时不应小于 100mm；超过 15m 时，6 度、7 度、8 度和 9 度分别每增加高度 5m、4m、3m 和 2m，宜加宽 20mm；

2）框架 - 剪力墙结构房屋不应小于本款 1）项规定数值的 70%，剪力墙结构房屋不应小于本款 1）项规定数值的 50%，且二者均不宜小于 100mm。

2 防震缝两侧结构体系不同时，防震缝宽度应按不利的结构类型确定；

3 防震缝两侧的房屋高度不同时，防震缝宽度可按较低的房屋高度确定；

4 8、9 度抗震设计的框架结构房屋，防震缝两侧结构层高相差较大时，防震缝两侧框架柱的箍筋应沿房屋全高加密，并可根据需要沿房屋全高在缝两侧各设置不少于两道垂直于防震缝的抗撞墙；

5 当相邻结构的基础存在较大沉降差时，宜增大防震缝的宽度；

6 防震缝宜沿房屋全高设置，地下室、基础可不设防震缝，但在与上部防震缝对应处应加强构造和连接；

7 结构单元之间或主楼与裙房之间不宜采用牛腿托梁的做法设置防震缝，否则应采取可靠措施。

【条文解析】

抗震设计时，建筑物各部分之间的关系应明确：如分开，则彻底分开；如相连，则连接牢固。不宜采用似分不分、似连不连的结构方案。为防止建筑物在地震中相碰，防震缝必须留有足够宽度。防震缝净宽度原则上应大于两侧结构允许的地震水平位移之和。

3.5.3 A级高度高层建筑的楼层抗侧力结构的层间受剪承载力不宜小于其相邻上一层受剪承载力的80%，不应小于其相邻上一层受剪承载力的65%；B级高度高层建筑的楼层抗侧力结构的层间受剪承载力不应小于其相邻上一层受剪承载力的75%。

注：楼层抗侧力结构的层间受剪承载力是指在所考虑的水平地震作用方向上，该层全部柱、剪力墙、斜撑的受剪承载力之和。

【条文解析】

楼层抗侧力结构的承载能力突变将导致薄弱层破坏，本规程针对高层建筑结构提出了限制条件，B级高度高层建筑的限制条件比现行国家标准《建筑抗震设计规范》GB 50011—2010的要求更加严格。

柱的受剪承载力可根据柱两端实配的受弯承载力按两端同时屈服的假定失效模式反算；剪力墙可根据实配钢筋按抗剪设计公式反算；斜撑的受剪承载力可计及轴力的贡献，应考虑受压屈服的影响。

3.5.5 抗震设计时，当结构上部楼层收进部位到室外地面的高度 H_1 与房屋高度 H 之比大于0.2时，上部楼层收进后的水平尺寸 B_1 不宜小于下部楼层水平尺寸 B 的75%（图3.5.5（a）、（b））；当上部结构楼层相对于下部楼层外挑时，上部楼层水平尺寸 B_1 不宜大于下部楼层的水平尺寸 B 的1.1倍，且水平外挑尺寸 a 不宜大于4m（图3.5.5（c）、（d））。

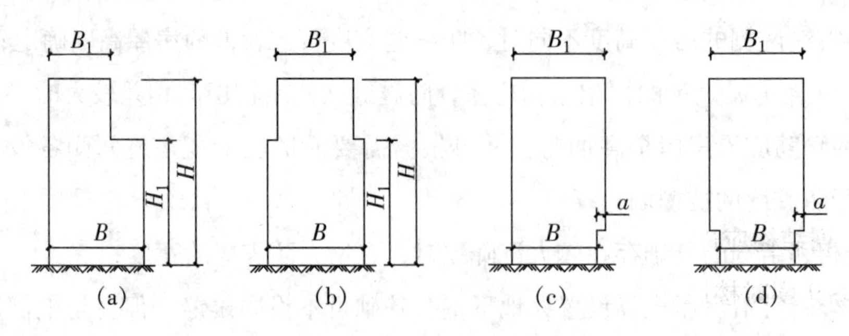

图3.5.5 结构竖向收进和外挑示意

【条文解析】

当结构上部楼层相对于下部楼层收进时，收进的部位越高、收进后的平面尺寸越小，结构的高振型反应越明显，因此对收进后的平面尺寸加以限制。当上部结构楼层相对于下部楼层外挑时，结构的扭转效应和竖向地震作用效应明显，对抗震不利，因此对其外挑尺寸加以限制，设计上应考虑竖向地震作用影响。

本条所说的悬挑结构，一般指悬挑结构中有竖向结构构件的情况。

3.6.2 房屋高度不超过50m时，8、9度抗震设计时宜采用现浇楼盖结构；6、7度抗震设计时可采用装配整体式楼盖，且应符合下列要求：

1 无现浇叠合层的预制板，板端搁置在梁上的长度不宜小于50mm。

2 预制板板端宜预留胡子筋，其长度不宜小于100mm。

3 预制空心板孔端应有堵头，堵头深度不宜小于60mm，并应采用强度等级不低于C20的混凝土浇灌密实。

4 楼盖的预制板板缝上缘宽度不宜小于40mm，板缝大于40mm时应在板缝内配置钢筋，并宜贯通整个结构单元。现浇板缝、板缝梁的混凝土强度等级宜高于预制板的混凝土强度等级。

5 楼盖每层宜设置钢筋混凝土现浇层。现浇层厚度不应小于50mm，并应双向配置直径不小于6mm、间距不大于200mm的钢筋网，钢筋应锚固在梁或剪力墙内。

【条文解析】

当抗震设防烈度为8、9度时，宜采用现浇楼板，以保证地震力的可靠传递。房屋高度小于50m且为非抗震设计和6、7度抗震设计时，可以采用加现浇钢筋混凝土面层的装配整体式楼板，并应满足相应的构造要求，以保证其整体工作。

提高装配式楼面的整体性，可以减少在地震中预制楼板坠落伤人的震害。加强填缝构造和现浇叠合层混凝土是增强装配式楼板整体性的有效措施。为保证板缝混凝土的浇筑质量，板缝宽度不应过小。在较宽的板缝中放入钢筋，形成板缝梁，能有效地形成现浇与装配结合的整体楼面，效果显著。

3.7.4 高层建筑结构在罕遇地震作用下的薄弱层弹塑性变形验算，应符合下列规定：

1 下列结构应进行弹塑性变形验算：

1）7~9度时楼层屈服强度系数小于0.5的框架结构；

2）甲类建筑和9度抗震设防的乙类建筑结构；

3）采用隔震和消能减震设计的建筑结构；

4）房屋高度大于150m的结构。

2　下列结构宜进行弹塑性变形验算：

1）本规程表4.3.4所列高度范围且不满足本规程第3.5.2~3.5.6条规定的竖向不规则高层建筑结构；

2）7度Ⅲ、Ⅳ类场地和8度抗震设防的乙类建筑结构；

3）板柱-剪力墙结构。

注：楼层屈服强度系数为按构件实际配筋和材料强度标准值计算的楼层受剪承载力与按罕遇地震作用计算的楼层弹性地震剪力的比值。

【条文解析】

结构如果存在薄弱层，在强烈地震作用下，结构薄弱部位将产生较大的弹塑性变形，会引起结构严重破坏甚至倒塌。本条对不同高层建筑结构的薄弱层弹塑性变形验算提出了不同要求，第1款所列的结构应进行弹塑性变形验算，第2款所列的结构必要时宜进行弹塑性变形验算，这主要考虑到高层建筑结构弹塑性变形计算的复杂性。

3.9.1　各抗震设防类别的高层建筑结构，其抗震措施应符合下列要求：

1　甲类、乙类建筑：应按本地区抗震设防烈度提高一度的要求加强其抗震措施，但抗震设防烈度为9度时应按比9度更高的要求采取抗震措施；当建筑场地为Ⅰ类时，应允许仍按本地区抗震设防烈度的要求采取抗震构造措施。

2　丙类建筑：应按本地区抗震设防烈度确定其抗震措施；当建筑场地为Ⅰ类时，除6度外，应允许按本地区抗震设防烈度降低一度的要求采取抗震构造措施。

【条文解析】

本条规定了各设防类别高层建筑结构采取抗震措施（包括抗震构造措施）时的设防标准，与现行国家标准《建筑工程抗震设防分类标准》GB 50223—2008的规定一致；Ⅰ类建筑场地上高层建筑抗震构造措施的放松要求与现行国家标准《建筑抗震设计规范》GB 50011—2010的规定一致。

3.9.3　抗震设计时，高层建筑钢筋混凝土结构构件应根据抗震设防分类、烈度、结构类型和房屋高度采用不同的抗震等级，并应符合相应的计算和构造措施要求。A级高度丙类建筑钢筋混凝土结构的抗震等级应按表3.9.3确定。当本地区的设防烈度为9度时，A级高度乙类建筑的抗震等级应按特一级采用，甲类建筑应采取更有效的抗震措施。

注：本规程“特一级和一、二、三、四级”即“抗震等级为特一级和一、二、三、四级”的简称。

表 3.9.3　A 级高度的高层建筑结构抗震等级

<table>
<tr><td colspan="3" rowspan="2">结构类型</td><td colspan="7">烈度</td></tr>
<tr><td colspan="2">6 度</td><td colspan="2">7 度</td><td colspan="2">8 度</td><td>9 度</td></tr>
<tr><td colspan="3">框架结构</td><td colspan="2">三</td><td colspan="2">二</td><td colspan="2">一</td><td>一</td></tr>
<tr><td rowspan="3">框架－剪力墙结构</td><td colspan="2">高度/m</td><td>≤60</td><td>>60</td><td>≤60</td><td>>60</td><td>≤60</td><td>>60</td><td>≤50</td></tr>
<tr><td colspan="2">框架</td><td>四</td><td>三</td><td>三</td><td>二</td><td>二</td><td>一</td><td>一</td></tr>
<tr><td colspan="2">剪力墙</td><td colspan="2">三</td><td colspan="2">二</td><td colspan="2">一</td><td>一</td></tr>
<tr><td rowspan="2">剪力墙</td><td colspan="2">高度/m</td><td>≤80</td><td>>80</td><td>≤80</td><td>>80</td><td>≤80</td><td>>80</td><td>≤60</td></tr>
<tr><td colspan="2">剪力墙</td><td>四</td><td>三</td><td>三</td><td>二</td><td>二</td><td>一</td><td>一</td></tr>
<tr><td rowspan="3">部分框支剪力墙结构</td><td colspan="2">非底部加强部位的剪力墙</td><td>四</td><td>三</td><td>三</td><td>二</td><td>二</td><td rowspan="3">一</td><td rowspan="3">一</td></tr>
<tr><td colspan="2">底部加强部位的剪力墙</td><td>三</td><td>二</td><td>二</td><td>一</td><td>一</td></tr>
<tr><td colspan="2">框支框架</td><td colspan="2">二</td><td>二</td><td>一</td><td>一</td></tr>
<tr><td rowspan="4">筒体结构</td><td rowspan="2">框架－核心筒</td><td>框架</td><td colspan="2">三</td><td colspan="2">二</td><td colspan="2">一</td><td>一</td></tr>
<tr><td>核心筒</td><td colspan="2">二</td><td colspan="2">二</td><td colspan="2">一</td><td>一</td></tr>
<tr><td rowspan="2">筒中筒</td><td>内筒</td><td colspan="2" rowspan="2">三</td><td colspan="2" rowspan="2">二</td><td colspan="2" rowspan="2">一</td><td rowspan="2">一</td></tr>
<tr><td>外筒</td></tr>
<tr><td rowspan="3">板柱－剪力墙结构</td><td colspan="2">高度</td><td>≤35</td><td>>35</td><td>≤35</td><td>>35</td><td>≤35</td><td>>35</td><td rowspan="3">一</td></tr>
<tr><td colspan="2">框架、板柱及柱上板带</td><td>三</td><td>二</td><td>二</td><td>二</td><td>一</td><td>一</td></tr>
<tr><td colspan="2">剪力墙</td><td>二</td><td>二</td><td>二</td><td>一</td><td>二</td><td>一</td></tr>
</table>

注：1　接近或等于高度分界时，应结合房屋不规则程度及场地、地基条件适当确定抗震等级。

2　底部带转换层的筒体结构，其转换框架的抗震等级应按表中部分框支剪力墙结构的规定采用。

3　当框架－核心筒结构的高度不超过 60m 时，其抗震等级应允许按框架－剪力墙结构采用。

【条文解析】

抗震设计的钢筋混凝土高层建筑结构，根据设防烈度、结构类型、房屋高度区分为不同的抗震等级，采用相应的计算和构造措施。抗震等级的高低，体现了对结构抗震性能要求的严格程度。比一级有更高要求时则提升至特一级，其计算和构造措施比一级更严格。本条中A级高度的高层建筑结构，应按表3.9.3确定其抗震等级；甲类建筑9度设防时，应采取比9度设防更有效的措施；乙类建筑9度设防时，抗震等级提升至特一级。

3.9.4 抗震设计时，B级高度丙类建筑钢筋混凝土结构的抗震等级应按表3.9.4确定。

表3.9.4 B级高度的高层建筑结构抗震等级

结构类型		烈度		
		6度	7度	8度
框架－剪力墙	框架	二	一	一
	剪力墙	二	一	特一
剪力墙	剪力墙	二	一	一
部分框支剪力墙	非底部加强部位的剪力墙	二	一	一
	底部加强部位的剪力墙	二	一	一
	框支框架	一	一	特一
框架－核心筒	框架	二	一	一
	筒体	二	一	特一
筒中筒	外筒	二	一	特一
	内筒	二	一	特一

注：底部带转换层的筒体结构，其转换框架和底部加强部位筒体的抗震等级应按表中部分框支剪力墙结构的规定采用。

【条文解析】

本条B级高度的高层建筑，其抗震等级有更严格的要求，应按表3.9.4采用。

3.9.5 抗震设计的高层建筑，当地下室顶层作为上部结构的嵌固端时，地下一层相关范围的抗震等级应按上部结构采用，地下一层以下抗震构造措施的抗震等级可逐层降低一级，但不应低于四级；地下室中超出上部主楼相关范围且无上部结构的部分，其抗震等级可根据具体情况采用三级或四级。

【条文解析】

按照本条的规定，原则上，除与上部结构直接相连的地下室一层结构的抗震等级应与上部结构相同外，其余地下室结构的抗震等级可比上部结构放松要求。由于整体性能和建筑功能的需要，高层建筑一般都有一层或多层地下室，且通过合理设计，容易满足上部结构嵌固于地下室顶板标高位置（±0.000）的条件，因此，一般地下室结构的抗震等级可按本条确定。

对于±0.000标高确实不能作为上部结构嵌固部位的情况，实际嵌固部位所在楼层以及其上部的地下室楼层（与地面以上结构对应的部位）的抗震等级，可取为与地上结构相同或根据地下部分结构的有利情况适当放松。

3.10.5 特一级剪力墙、筒体墙应符合下列规定：

1 底部加强部位的弯矩设计值应乘以1.1的增大系数，其他部位的弯矩设计值应乘以1.3的增大系数；底部加强部位的剪力设计值，应按考虑地震作用组合的剪力计算值的1.9倍采用，其他部位的剪力设计值，应按考虑地震作用组合的剪力计算值的1.4倍采用。

2 一般部位的水平和竖向分布钢筋最小配筋率应取为0.35%，底部加强部位的水平和竖向分布钢筋的最小配筋率应取为0.40%。

3 约束边缘构件纵向钢筋最小构造配筋率应取为1.4%，配箍特征值宜增大20%；构造边缘构件纵向钢筋的配筋率不应小于1.2%。

4 框支剪力墙结构的落地剪力墙底部加强部位边缘构件宜配置型钢，型钢宜向上、下各延伸一层。

5 连梁的要求同一级。

【条文解析】

本条第1款特一级剪力墙的弯矩设计值和剪力设计值均比一级的要求略有提高，适当增大剪力墙的受弯和受剪承载力；第2、3款对剪力墙边缘构件及分布钢筋的构造配筋要求适当提高；第5款明确特一级连梁的要求同一级。

3.11.2 结构抗震性能水准可按表3.11.2进行宏观判别。

表3.11.2 各性能水准结构预期的震后性能状况

结构抗震性能水准	宏观损坏程度	损坏部位			继续使用的可能性
		关键构件	普通竖向构件	耗能构件	
1	完好、无损坏	无损坏	无损坏	无损坏	不需修理即可继续使用

续表

结构抗震性能水准	宏观损坏程度	损坏部位			继续使用的可能性
		关键构件	普通竖向构件	耗能构件	
2	基本完好、轻微损坏	无损坏	无损坏	轻微损坏	稍加修理即可继续使用
3	轻度损坏	轻微损坏	轻微损坏	轻度损坏、部分中度损坏	一般修理后可继续使用
4	中度损坏	轻度损坏	部分构件中度损坏	中度损坏、部分比较严重损坏	修复或加固后可继续使用
5	比较严重损坏	中度损坏	部分构件比较严重损坏	比较严重损坏	需排险大修

注：“关键构件”是指该构件的失效可能引起结构的连续破坏或危及生命安全的严重破坏；“普通竖向构件”是指“关键构件”之外的竖向构件；“耗能构件”包括框架梁、剪力墙连梁及耗能支撑等。

【条文解析】

本条对五个性能水准结构地震后的预期性能状况，包括损坏情况及继续使用的可能性提出了要求，据此可对各性能水准结构的抗震性能进行宏观判断。

3.12.2 抗连续倒塌概念设计应符合下列规定：

1 应采取必要的结构连接措施，增强结构的整体性。

2 主体结构宜采用多跨规则的超静定结构。

3 结构构件应具有适宜的延性，避免剪切破坏、压溃破坏、锚固破坏、节点先于构件破坏。

4 结构构件应具有一定的反向承载能力。

5 周边及边跨框架的柱距不宜过大。

6 转换结构应具有整体多重传递重力荷载途径。

7 钢筋混凝土结构梁柱宜刚接，梁板顶、底钢筋在支座处宜按受拉要求连续贯通。

8 钢结构框架梁柱宜刚接。

9 独立基础之间宜采用拉梁连接。

【条文解析】

高层建筑结构应具有在偶然作用发生时适宜的抗连续倒塌能力，不允许采用摩擦连接传递重力荷载，应采用构件连接传递重力荷载；应具有适宜的多余约束性、整体连续性、稳固性和延性；水平构件应具有一定的反向承载能力，如连续梁边支座、非地震区简支梁支座顶面及连续梁、框架梁梁中支座底面应有一定数量的配筋及合适的锚固连接构造，防止偶然作用发生时，该构件产生过大破坏。

2.2 框架结构

《建筑抗震设计规范》GB 50011—2010

6.3.1 梁的截面尺寸，宜符合下列各项要求：

1 截面宽度不宜小于200mm；

2 截面高宽比不宜大于4；

3 净跨与截面高度之比不宜小于4。

6.3.2 梁宽大于柱宽的扁梁应符合下列要求：

1 采用扁梁的楼、屋盖应现浇，梁中线宜与柱中线重合，扁梁应双向布置。扁梁的截面尺寸应符合下列要求，并应满足现行有关规范对挠度和裂缝宽度的规定：

$$b_b \leq 2b_c \quad (6.3.2-1)$$

$$b_b \leq b_c + h_b \quad (6.3.2-2)$$

$$h_b \geq 16d \quad (6.3.2-3)$$

式中：b_c——柱截面宽度，圆形截面取柱直径的0.8倍；

b_b、h_b——分别为梁截面宽度和高度；

d——柱纵筋直径。

2 扁梁不宜用于一级框架结构。

【条文解析】

合理控制混凝土结构构件的尺寸，是《建筑抗震设计规范》GB 50011—2010第3.5.4条的基本要求之一。梁的截面尺寸，应从整个框架结构中梁、柱的相互关系，如在强柱弱梁基础上提高梁变形能力的要求等来处理。

为了避免或减小扭转的不利影响，宽扁梁框架的梁柱中线宜重合，并应采用整体现浇楼盖。为了使宽扁梁端部在柱外的纵向钢筋有足够的锚固，应在两个主轴方向都设置宽扁梁。

6.3.3 梁的钢筋配置，应符合下列各项要求：

1 **梁端计入受压钢筋的混凝土受压区高度和有效高度之比，一级不应大于**0.25，

二、三级不应大于0.35。

2 梁端截面的底面和顶面纵向钢筋配筋量的比值，除按计算确定外，一级不应小于0.5，二、三级不应小于0.3。

3 梁端箍筋加密区的长度、箍筋最大间距和最小直径应按表6.3.3采用，当梁端纵向受拉钢筋配筋率大于2%时，表中箍筋最小直径数值应增大2mm。

表6.3.3 梁端箍筋加密区的长度、箍筋的最大间距和最小直径

抗震等级	加密区长度（采用较大值）/mm	箍筋最大间距（采用最小值）/mm	箍筋最小直径/mm
一	$2h_b$，500	$h_b/4$，$6d$，100	10
二	$1.5h_b$，500	$h_b/4$，$8d$，100	8
三	$1.5h_b$，500	$h_b/4$，$8d$，150	8
四	$1.5h_b$，500	$h_b/4$，$8d$，150	6

注：1 d 为纵向钢筋直径，h_b 为梁截面高度；

2 箍筋直径大于12mm、数量不少于4肢且肢距不大于150mm时，一、二级的最大间距允许适当放宽，但不得大于150mm。

6.3.4 梁的钢筋配置，尚应符合下列规定：

1 梁端纵向受拉钢筋的配筋率不宜大于2.5%。沿梁全长顶面、底面的配筋，一、二级不应少于2ϕ14，且分别不应少于梁顶面、底面两端纵向配筋中较大截面面积的1/4；三、四级不应少于2ϕ12。

2 一、二、三级框架梁内贯通中柱的每根纵向钢筋直径，对框架结构不应大于矩形截面柱在该方向截面尺寸的1/20，或纵向钢筋所在位置圆形截面柱弦长的1/20；对其他结构类型的框架不宜大于矩形截面柱在该方向截面尺寸的1/20，或纵向钢筋所在位置圆形截面柱弦长的1/20。

3 梁端加密区的箍筋肢距，一级不宜大于200mm和20倍箍筋直径的较大值，二、三级不宜大于250mm和20倍箍筋直径的较大值，四级不宜大于300mm。

【条文解析】

梁的变形能力主要取决于梁端的塑性转动量，而梁的塑性转动量与截面混凝土相对受压区高度有关。当相对受压区高度为0.25~0.35范围时，梁的位移延性系数可到达3~4。计算梁端截面纵向受拉钢筋时，应采用与柱交界面的组合弯矩设计值，并应计入受压钢筋。计算梁端相对受压区高度时，宜按梁端截面实际受拉和受压钢筋面积进行计算。

梁端底面和顶面纵向钢筋的比值，同样对梁的变形能力有较大影响。梁端底面的

钢筋可增加负弯矩时的塑性转动能力，还能防止在地震中梁底出现正弯矩时过早屈服或破坏过重，从而影响承载力和变形能力的正常发挥。

根据试验和震害经验，梁端的破坏主要集中于（1.5～2.0）倍梁高的长度范围内；当箍筋间距小于$6d$～$8d$（d为纵向钢筋直径）时，混凝土压溃前受压钢筋一般不致压屈，延性较好。因此规定了箍筋加密区的最小长度，限制了箍筋最大肢距；当纵向受拉钢筋的配筋率超过2%时．箍筋的最小直径相应增大。

本条还提高了框架结构梁的纵向受力钢筋伸入节点的握裹要求。

6.3.5 柱的截面尺寸，宜符合下列各项要求：

1 截面的宽度和高度，四级或不超过2层时不宜小于300mm，一、二、三级且超过2层时不宜小于400mm；圆柱的直径，四级或不超过2层时不宜小于350mm，一、二、三级且超过2层时不宜小于450mm。

2 剪跨比宜大于2。

3 截面长边与短边的边长比不宜大于3。

【条文解析】

本条对一、二、三级且层数超过2层的房屋，增大了柱截面最小尺寸的要求，以有利于实现“强柱弱梁”。

6.3.6 柱轴压比不宜超过表6.3.6的规定；建造于Ⅳ类场地且较高的高层建筑，柱轴压比限值应适当减小。

表6.3.6 柱轴压比限值

结构类型	抗震等级			
	一	二	三	四
框架结构	0.65	0.75	0.85	0.90
框架-抗震墙、板柱-抗震墙、框架-核心筒，筒中筒	0.75	0.85	0.90	0.95
部分框支抗震墙	0.6	0.70	—	

注：1 轴压比指柱组合的轴压力设计值与柱的全截面面积和混凝土轴心抗压强度设计值乘积之比值；对本规范规定不进行地震作用计算的结构，可取无地震作用组合的轴力设计值计算；

2 表内限值适用于剪跨比大于2、混凝土强度等级不高于C60的柱；剪跨比不大干2的柱，轴压比限值应降低0.05；剪跨比小于1.5的柱，轴压比限值应专门研究并采取特殊构造措施；

3 沿柱全高采用井字复合箍且箍筋肢距不大于200mm、间距不大于100mm、直径不小于12mm，或沿柱全高采用复合螺旋箍、螺旋间距不大于100mm、箍筋肢距不大于200mm、直径不小于12mm，或沿柱全高采用连续复合矩形螺旋箍、螺旋净距不大于80mm、箍筋肢距不大于200mm、直径不小于10mm，轴压比限值均可增加0.10；上述三种箍筋的最小配箍特征值均应按增大的轴压比由本规范表6.3.9确定；

4 在柱的截面中部附加芯柱，其中另加的纵向钢筋的总面积不少于柱截面面积的0.8%，轴压比限值可增加0.05；此项措施与注3的措施共同采用时，轴压比限值可增加0.15，但箍筋的体积配箍率仍可按轴压比增加0.10的要求确定；

5 柱轴压比不应大于1.05。

【条文解析】

限制框架柱的轴压比主要是为了保证柱的塑性变形能力和保证框架的抗倒塌能力。抗震设计时，除了预计不可能进入屈服的柱外，通常希望框架柱最终为大偏心受压破坏。由于轴压比直接影响柱的截面设计，根据不同情况进行适当调整，同时控制轴压比最大值。

6.3.7 柱的钢筋配置，应符合下列各项要求：

1 柱纵向受力钢筋的最小总配筋率应按表6.3.7-1采用，同时每侧配筋率不应小于0.2%；对建造于Ⅳ类场地且较高的高层建筑，最小总配筋率应增加0.1%。

表6.3.7-1 柱截面纵向钢筋的最小总配筋率 %

类别	抗震等级			
	一	二	三	四
中柱和边柱	0.9（1.0）	0.7（0.8）	0.6（0.7）	0.5（0.6）
角柱、框支柱	1.1	0.9	0.8	0.7

注：1 表中括号内数值用于框架结构的柱；

2 钢筋强度标准值小于400MPa时，表中数值应增加0.1，钢筋强度标准值为400MPa时，表中数值应增加0.05；

3 混凝土强度等级高于C60时，上述数值应相应增加0.1。

2 柱箍筋在规定的范围内应加密，加密区的箍筋间距和直径，应符合下列要求：

1）一般情况下，箍筋的最大间距和最小直径，应按表6.3.7-2采用。

表6.3.7－2　柱箍筋加密区的箍筋最大间距和最小直径

抗震等级	箍筋最大间距（采用较小值）/mm	箍筋最小直径/mm
一	$6d$，100	10
二	$8d$，100	8
三	$8d$，150（柱根100）	8
四	$8d$，150（柱根100）	6（柱根8）

注：1　d为柱纵筋最小直径；

2　柱根指底层柱下端箍筋加密区。

2）一级框架柱的箍筋直径大于12mm且箍筋肢距不大于150mm及二级框架柱的箍筋直径不小于10mm且箍筋肢距不大于200mm时，除底层柱下端外，最大间距应允许采用150mm；三级框架柱的截面尺寸不大于400mm时，箍筋最小直径应允许采用6mm；四级框架柱剪跨比不大于2时，箍筋直径不应小于8mm。

3）框支柱和剪跨比不大于2的框架柱，箍筋间距不应大于100mm。

6.3.8　柱的纵向钢筋配置，尚应符合下列规定：

1　柱的纵向钢筋宜对称配置。

2　截面边长大于400mm的柱，纵向钢筋间距不宜大于200mm。

3　柱总配筋率不应大于5%；剪跨比不大于2的一级框架的柱，每侧纵向钢筋配筋率不宜大于1.2%。

4　边柱、角柱及抗震墙端柱在小偏心受拉时，柱内纵筋总截面面积应比计算值增加25%。

5　柱纵向钢筋的绑扎接头应避开柱端的箍筋加密区。

【条文解析】

随着高强钢筋和高强混凝土的使用，最小纵向钢筋的配筋率要求将随混凝土强度和钢筋的强度而有所变化，但表中的数据是最低的要求，必须满足。

当框架柱在地震作用组合下处于小偏心受拉状态时，柱的纵筋总截面面积应比计算值增加25%，是为了避免柱的受拉纵筋屈服后再受压时，由于包兴格效应导致纵筋压屈。

6.3.9　柱的箍筋配置，尚应符合下列要求：

1　柱的箍筋加密范围，应按下列规定采用：

1）柱端，取截面高度（圆柱直径）、柱净高的1/6和500mm三者的最大值；

2）底层柱的下端不小于柱净高的1/3；

3）刚性地面上下各500mm；

4）剪跨比不大于2的柱、因设置填充墙等形成的柱净高与柱截面高度之比不大于4的柱、框支柱、一级和二级框架的角柱，取全高。

2　柱箍筋加密区的箍筋肢距，一级不宜大于200mm，二、三级不宜大于250mm，四级不宜大于300mm。至少每隔一根纵向钢筋宜在两个方向有箍筋或拉筋约束；采用拉筋复合箍时，拉筋宜紧靠纵向钢筋并钩住箍筋。

3　柱箍筋加密区的体积配箍率，应按下列规定采用：

1）柱箍筋加密区的体积配箍率应符合下式要求：

$$\rho_v \geqslant \lambda_v f_c / f_{yv} \tag{6.3.9}$$

式中：ρ_v——柱箍筋加密区的体积配箍率，一级不应小于0.8%，二级不应小于0.6%，三、四级不应小于0.4%；计算复合螺旋箍的体积配箍率时，其非螺旋箍的箍筋体积应乘以折减系数0.80；

f_c——混凝土轴心抗压强度设计值，强度等级低于C35时，应按C35计算；

f_{yv}——箍筋或拉筋抗拉强度设计值；

λ_v——最小配箍特征值，宜按表6.3.9采用。

表6.3.9　柱箍筋加密区的箍筋最小配箍特征值

抗震等级	箍筋形式	柱轴压比								
		≤0.3	0.4	0.5	0.6	0.7	0.8	0.9	1.0	1.05
一	普通箍、复合箍	0.10	0.11	0.13	0.15	0.17	0.20	0.23	—	—
	螺旋箍、复合或连续复合矩形螺旋箍	0.08	0.09	0.11	0.13	0.15	0.18	0.21	—	—
二	普通箍、复合箍	0.08	0.09	0.11	0.13	0.15	0.17	0.19	0.22	0.24
	螺旋箍、复合或连续复合矩形螺旋箍	0.06	0.07	0.09	0.11	0.13	0.15	0.17	0.20	0.22
三、四	普通箍、复合箍	0.06	0.07	0.09	0.11	0.13	0.15	0.17	0.20	0.22
	螺旋箍、复合或连续复合矩形螺旋箍	0.05	0.06	0.07	0.09	0.11	0.13	0.15	0.18	0.20

注：普通箍指单个矩形箍和单个圆形箍，复合箍指由矩形、多边形、圆形箍或拉筋组成的箍筋；复合螺旋箍指由螺旋箍与矩形、多边形、圆形箍或拉筋组成的箍筋；连续复合矩形螺旋箍指用一根通长钢筋加工而成的箍筋。

2）框支柱宜采用复合螺旋箍或井字复合箍，其最小配箍特征值应比表6.3.9内数值增加0.02，且体积配箍率不应小于1.5%。

3）剪跨比不大于2的柱宜采用复合螺旋箍或井字复合箍，其体积配箍率不应小于1.2%，9度一级时不应小于1.5%。

4 柱箍筋非加密区的箍筋配置，应符合下列要求：

1）柱箍筋非加密区的体积配箍率不宜小于加密区的50%。

2）箍筋间距，一、二级框架柱不应大于10倍纵向钢筋直径，三、四级框架柱不应大于15倍纵向钢筋直径。

【条文解析】

框架柱的弹塑性变形能力，主要与柱的轴压比和箍筋对混凝土的约束程度有关。为了具有大体上相同的变形能力，轴压比大的柱，要求的箍筋约束程度高。箍筋对混凝土的约束程度，主要与箍筋形式、体积配箍率、箍筋抗拉强度以及混凝土轴心抗压强度等因素有关，而体积配箍率、箍筋强度及混凝土强度三者又可以用配箍特征值表示，配箍特征值相同时，螺旋箍、复合螺旋箍及连续复合螺旋箍的约束程度，比普通箍和复合箍对混凝土的约束更好。因此，本条规定，轴压比大的柱，其配箍特征值大于轴压比低的柱；轴压比相同的柱，采用普通箍或复合箍时的配箍特征值，大于采用螺旋箍、复合螺旋箍或连续复合螺旋箍时的配箍特征值。

6.3.10 框架节点核芯区箍筋的最大间距和最小直径宜按本规范第6.3.7条采用；一、二、三级框架节点核芯区配箍特征值分别不宜小于0.12、0.10和0.08，且体积配箍率分别不宜小于0.6%、0.5%和0.4%。柱剪跨比不大于2的框架节点核芯区，体积配箍率不宜小于核芯区上、下柱端的较大体积配箍率。

【条文解析】

为使框架的梁柱纵向钢筋有可靠的锚固条件，框架梁柱节点核芯区的混凝土要具有良好的约束。考虑到核芯区内箍筋的作用与柱端有所不同，其构造要求与柱端有所区别。

《混凝土结构设计规范》GB 50010—2010

11.2.3 按一、二、三级抗震等级设计的框架和斜撑构件，其纵向受力普通钢筋应符合下列要求：

1 钢筋的抗拉强度实测值与屈服强度实测值的比值不应小于1.25；

2 钢筋的屈服强度实测值与屈服强度标准值的比值不应大于1.30；

3　钢筋最大拉力下的总伸长率实测值不应小于9%。

【条文解析】

对按一、二、三级抗震等级设计的各类框架构件（包括斜撑构件），要求纵向受力钢筋检验所得的抗拉强度实测值（即实测最大强度值）与受拉屈服强度的比值（强屈比）不小于1.25，目的是使结构某部位出现较大塑性变形或塑性铰后，钢筋在大变形条件下具有必要的强度潜力，保证构件的基本抗震承载力；要求钢筋受拉屈服强度实测值与钢筋的受拉强度标准值的比值（屈强比）不应大于1.3，主要是为了保证“强柱弱梁”“强剪弱弯”设计要求的效果不致因钢筋屈服强度离散性过大而受到干扰；钢筋最大力下的总伸长率不应小于9%，主要为了保证在抗震大变形条件下，钢筋具有足够的塑性变形能力。

11.3.1　承载力计算中，计入纵向受压钢筋的梁端混凝土受压区高度应符合下列要求：

一级抗震等级

$$x \leqslant 0.25h_0 \tag{11.3.1-1}$$

二、三级抗震等级

$$x \leqslant 0.35h_0 \tag{11.3.1-2}$$

式中：x——混凝土受压区高度；

h_0——截面有效高度。

【条文解析】

试验资料表明低周反复荷载作用不致降低框架梁的受弯承载力，其正截面受弯承载力可按静力公式计算，但在其受弯计算公式右边应除以相应的承载力抗震调整系数。

由于梁端区域能通过采取相对简单的抗震构造措施而具有相对较高的延性，故常通过“强柱弱梁”措施引导框架中的塑性铰首先在梁端形成。

设计框架梁时，控制梁端截面混凝土受压区高度（主要是控制负弯矩下截面下部的混凝土受压区高度）的目的是控制梁端塑性铰区具有较大的塑性转动能力，以保证框架梁端截面具有足够的曲率延性。根据国内的试验结果和参考国外经验，当相对受压区高度控制在0.25～0.35时，梁的位移延性可达到4.0～3.0。

在确定混凝土受压区高度时，可把截面内的受压钢筋计算在内。

11.3.5　框架梁截面尺寸宜符合下列要求：

1　截面宽度不宜小于200mm；

2　截面高度与宽度的比值不宜大于4；

3　净跨与截面高度的比值不宜小于4。

【条文解析】

为了保证框架梁对框架节点的约束作用，以及减小框架梁塑性铰区段在反复受力下侧屈的风险，框架梁的截面宽度和梁的宽高比不宜过小。

考虑到净跨与梁高的比值小于4的梁，作用剪力与作用弯矩的比值偏高，适应较大塑性变形的能力较差，因此，对框架梁的跨高比作了限制。

11.3.6　框架梁的钢筋配置应符合下列规定：

1　纵向受拉钢筋的配筋率不应小于表11.3.6-1规定的数值；

表11.3.6-1　框架梁纵向受拉钢筋的最小配筋百分率　%

抗震等级	梁中位置	
	支座	跨中
一级	0.40和80f_t/f_y中的较大值	0.30和65f_t/f_y中的较大值
二级	0.30和65f_t/f_y中的较大值	0.25和55f_t/f_y中的较大值
三、四级	0.25和55f_t/f_y中的较大值	0.20和45f_t/f_y中的较大值

2　框架梁梁端截面的底部和顶部纵向受力钢筋截面面积的比值，除按计算确定外，一级抗震等级不应小于0.5；二、三级抗震等级不应小于0.3；

3　梁端箍筋的加密区长度、箍筋最大间距和箍筋最小直径，应按表11.3.6-2采用；当梁端纵向受拉钢筋配筋率大于2%时，表中箍筋最小直径应增大2mm。

表11.3.6-2　框架梁梁端箍筋加密区的构造要求

抗震等级	加密区长度/mm	箍筋最大间距/mm	最小直径/mm
一级	2倍梁高和500中的较大值	纵向钢筋直径的6倍，梁高的1/4和100中的最小值	10
二级	1.5倍梁高和500中的较大值	纵向钢筋直径的8倍，梁高的1/4和100中的最小值	8
三级		纵向钢筋直径的8倍，梁高的1/4和150中的最小值	8
四级		纵向钢筋直径的8倍，梁高的1/4和150中的最小值	6

注：箍筋直径大于12m、数量不少于4肢且肢距小于150mm时，一、二级的最大间距应允许适当放宽，但不得大于150mm。

【条文解析】

《混凝土结构设计规范》GB 50010—2010 在非抗震和抗震框架梁纵向受拉钢筋最小配筋率的取值上统一取用双控方案，即一方面规定具体数值，另一方面使用与混凝土抗拉强度设计值和钢筋抗拉强度设计值相关的特征值参数进行控制。本条规定的数值是在非抗震受弯构件规定数值的基础上，并按纵向受拉钢筋在梁中的不同位置和不同抗震等级分别给出了最小配筋率的相应控制值。这些取值高于非抗震受弯构件的取值。

本条还给出了梁端箍筋加密区内底部纵向钢筋和顶部纵向钢筋的面积比最小取值。通过这一规定对底部纵向钢筋的最低用量进行控制，一方面是考虑到地震作用的随机性，在按计算梁端不出现正弯矩或出现较小正弯矩的情况下，有可能在较强地震下出现偏大的正弯矩。该正弯矩有可能明显大于考虑常遇地震作用的梁端组合正弯矩。若梁端下部纵向钢筋配置过少，将可能发生下部钢筋的过早屈服甚至拉断。另一方面，提高梁端底部纵向钢筋的数量，也有助于改善梁端塑性铰区在负弯矩作用下的延性性能。

框架梁的抗震设计除应满足计算要求外，梁端塑性铰区箍筋的构造要求极其重要，它是保证该塑性铰区延性能力的基本构造措施。本条对梁端箍筋加密区长度、箍筋最大间距和箍筋最小直径的要求作了规定，其目的是从构造上对框架梁塑性铰区的受压混凝土提供约束，并约束纵向受压钢筋，防止它在保护层混凝土剥落后过早压屈及其后受压区混凝土的随即压溃，以保证梁端具有足够的塑性铰转动能力。

11.3.7 梁端纵向受拉钢筋的配筋率不宜大于 2.5%。沿梁全长顶面和底面至少应各配置两根通长的纵向钢筋，对一、二级抗震等级，钢筋直径不应小于 14mm，且分别不应少于梁两端顶面和底面纵向受力钢筋中较大截面面积的 1/4；对三、四级抗震等级，钢筋直径不应小于 12mm。

11.3.8 梁箍筋加密区长度内的箍筋肢距：一级抗震等级，不宜大于 200mm 和 20 倍箍筋直径的较大值；二、三级抗震等级，不宜大于 250mm 和 20 倍箍筋直径的较大值；各抗震等级下，均不宜大于 300mm。

11.3.9 梁端设置的第一个箍筋距框架节点边缘不应大于 50mm。非加密区的箍筋间距不宜大于加密区箍筋间距的 2 倍。沿梁全长箍筋的配筋率 ρ_{sv} 应符合下列规定：

一级抗震等级

$$\rho_{sv} \geqslant 0.30\frac{f_t}{f_{yv}} \tag{11.3.9-1}$$

二级抗震等级

$$\rho_{sv} \geqslant 0.28\frac{f_t}{f_{yv}} \tag{11.3.9-2}$$

三、四级抗震等级

$$\rho_{sv} \geq 0.26 \frac{f_t}{f_{yv}} \quad (11.3.9-3)$$

【条文解析】

沿梁全长配置一定数量的通长钢筋，是考虑到框架梁在地震作用过程中反弯点位置可能出现的移动。这里“通长”的含义是保证梁各个部位都配置有这部分钢筋，并不意味着不允许这部分钢筋在适当部位设置接头。

考虑到梁端箍筋过密，难以施工，对梁箍筋加密区长度内的箍筋肢距规定作了适当放松，且考虑了箍筋直径与肢距的合理搭配。

沿梁全长箍筋的配筋率 ρ_{sv} 是在非抗震设计要求的基础上适当增大后给出的。

11.4.2 一、二、三、四级抗震等级框架结构的底层，柱下端截面组合的弯矩设计值，应分别乘以增大系数 1.7、1.5、1.3 和 1.2。底层柱纵向钢筋应按柱上、下端的不利情况配置。

注：底层指无地下室的基础以上或地下室以上的首层。

【条文解析】

为了减小框架结构底层柱下端截面、框支柱顶层柱上端和底层柱下端截面出现塑性铰的可能性，对此部位柱的弯矩设计值采用直接乘以增强系数的方法，以增大其正截面受弯承载力。

11.4.4 一、二级抗震等级的框支柱，由地震作用引起的附加轴向力应分别乘以增大系数 1.5、1.2；计算轴压比时，可不考虑增大系数。

【条文解析】

对一、二级抗震等级的框支柱，规定由地震作用引起的附加轴力应乘以增大系数，以使框支柱的轴向承载能力适应因地震作用而可能出现的较大轴力作用情况。

为避免推迟框支层的框架柱上、下端和框架结构的底层柱根部出现塑性铰，因此，对此类结构，本条规定应提高其弯矩设计值，以加强柱根的实际受压承载力，减少柱根的破坏程度。

11.4.11 框架柱的截面尺寸宜符合下列要求：

1 矩形截面柱，抗震等级为四级或层数不超过 2 层时，其最小截面尺寸不宜小于 300mm，一、二、三级抗震等级且层数超过 2 层时不宜小于 400mm；圆柱的截面直径，抗震等级为四级或层数不超过 2 层时不宜小于 350mm，一、二、三级抗震等级且层数超过2层时不宜小于450mm；

2 柱的剪跨比宜大于2；

3 柱截面长边与短边的边长比不宜大于3。

【条文解析】

框架柱出现拉力时，斜截面为了使地震作用能从梁有效地传递到柱，柱的截面最小宽度和高度宜大于梁的截面宽度。柱的剪跨比宜大于2，否则框架柱成为短柱。短柱易发生剪切破坏，对抗震不利。柱截面高度与宽度之比小于3时，在非线性地震反应中，框架柱有侧向失稳的危险。

11.4.12 框架柱和框支柱的钢筋配置，应符合下列要求：

1 框架柱和框支柱中全部纵向受力钢筋的配筋百分率不应小于表11.4.12-1规定的数值，同时，每一侧的配筋百分率不应小于0.2；对Ⅳ类场地上较高的高层建筑，最小配筋百分率应增加0.1；

表11.4.12-1 柱全部纵向受力钢筋最小配筋百分率 %

柱类型	抗震等级			
	一级	二级	三级	四级
中柱、边柱	0.9（1.0）	0.7（0.8）	0.6（0.7）	0.5（0.6）
角柱、框支柱	1.1	0.9	0.8	0.7

注：1 表中括号内数值用于框架结构的柱；

2 采用335MPa级、400MPa级纵向受力钢筋时，应分别按表中数值增加0.1和0.05采用；

3 当混凝土强度等级为C60及以上时，应按表中数值加0.1采用。

2 框架柱和框支柱上、下两端箍筋应加密，加密区的箍筋最大间距和箍筋最小直径应符合表11.4.12-2的规定；

表11.4.12-2 柱端箍筋加密区的构造要求

抗震等级	箍筋最大间距/mm	箍筋最小直径/mm
一级	纵向钢筋直径的6倍和100中的较小值	10
二级	纵向钢筋直径的8倍和100中的较小值	8
三级	纵向钢筋直径的8倍和150（柱根100）中的较小值	8
四级	纵向钢筋直径的8倍和150（柱根100）中的较小值	6（柱根8）

注：柱根系指底层柱下端的箍筋加密区范围。

3 框支柱和剪跨比不大于2的框架柱应在柱全高范围内加密箍筋，且箍筋间距应符合本条第2款一级抗震等级的要求；

4 一级抗震等级框架柱的箍筋直径大于12mm且箍筋肢距小于150mm及二级抗震等级框架柱的直径不小于10mm且箍筋肢距不大于200mm时，除底层柱下端外，箍筋间距应允许采用150mm；四级抗震等级框架柱剪跨比不大于2时，箍筋直径不应小于8mm。

【条文解析】

框架柱纵向钢筋最小配筋率是抗震设计中的一项较重要的构造措施。其主要作用是：考虑到实际地震作用在大小及作用方式上的随机性，经计算确定的配筋数量仍可能在结构中造成某些估计不到的薄弱构件或薄弱截面；通过纵向钢筋最小配筋率规定可以对这些薄弱部位进行补救，以提高结构整体地震反应能力的可靠性；与非抗震情况相同，纵向钢筋最小配筋率同样可以保证柱截面开裂后抗弯刚度不致削弱过多；另外，最小配筋率还可以使设防烈度不高地区一部分框架柱的抗弯能力在“强柱弱梁”措施基础上有进一步提高，这也相当于对“强柱弱梁”措施的某种补充。

为了提高柱端塑性铰区的延性，对混凝土提供约束，防止纵向钢筋压屈和保证受剪承载力，本条根据工程经验对柱上、下端箍筋加密区的箍筋最大间距、箍筋最小直径做出了局部调整，以利于保证混凝土的施工质量。

11.4.13 框架边柱、角柱在地震组合下小偏心受拉时，柱内纵向受力钢筋总截面面积应比计算值增加25%。

框架柱、框支柱中全部纵向受力钢筋配筋率不应大于5%。柱的纵向钢筋宜对称配置。截面尺寸大于400mm的柱，纵向钢筋的间距不宜大于200mm。当按一级抗震等级设计，且柱的剪跨比不大于2时，柱每侧纵向钢筋的配筋率不宜大于1.2%。

【条文解析】

当框架柱在地震作用组合下处于小偏心受拉状态时，柱的纵筋总截面面积应比计算值增加25%，是为了避免柱的受拉纵筋屈服后再受压时，由于包兴格效应导致纵筋压屈。

为了避免纵筋配置过多，施工不便，对框架柱的全部纵向受力钢筋配筋率作了限制。

柱净高与截面高度的比值为3~4的短柱试验表明，此类框架柱易发生粘结型剪切破坏和对角斜拉型剪切破坏。为减少这种破坏，这类柱纵向钢筋配筋率不宜过大。为此，对一级抗震等级且剪跨比不大于2的框架柱，规定每侧纵向受拉钢筋配筋率不宜大于1.2%，并应沿柱全长采用复合箍筋。对其他抗震等级虽未作此规定，但也宜适当控制。

11.4.14 框架柱的箍筋加密区长度，应取柱截面长边尺寸（或圆形截面直径）、柱净高的 1/6 和 500mm 中的最大值；一、二级抗震等级的角柱应沿柱全高加密箍筋。底层柱根箍筋加密区长度应取不小于该层柱净高的 1/3；当有刚性地面时，除柱端箍筋加密区外尚应在刚性地面上、下各 500mm 的高度范围内加密箍筋。

【条文解析】

框架柱端箍筋加密区长度的规定是根据试验结果及震害经验作出的。该长度相当于柱端潜在塑性铰区的范围再加一定的安全裕量。

11.4.15 柱箍筋加密区内的箍筋肢距：一级抗震等级不宜大于200mm；二、三级抗震等级不宜大于 250mm 和 20 倍箍筋直径中的较大值；四级抗震等级不宜大于 300mm。每隔一根纵向钢筋宜在两个方向有箍筋或拉筋约束；当采用拉筋且箍筋与纵向钢筋有绑扎时，拉筋宜紧靠纵向钢筋并勾住箍筋。

【条文解析】

对箍筋肢距作出的限制是为了保证塑性铰区内箍筋对混凝土和受压纵筋的有效约束。

11.4.16 一、二、三、四级抗震等级的各类结构的框架柱、框支柱，其轴压比不宜大于表 11.4.16 规定的限值。对Ⅳ类场地上较高的高层建筑，柱轴压比限值应适当减小。

表 11.4.16 柱轴压比限值

结构体系	抗震等级			
	一级	二级	三级	四级
框架结构	0.65	0.75	0.85	0.90
框架－剪力墙结构、筒体结构	0.75	0.85	0.90	0.95
部分框支剪力墙结构	0.60	0.70	—	

注：1 轴压比指柱地震作用组合的轴向压力设计值与柱的全截面面积和混凝土轴心抗压强度设计值乘积之比值。

2 当混凝土强度等级为 C65、C70 时，轴压比限值宜按表中数值减小 0.05；混凝土强度等级为 C75、C80 时，轴压比限值宜按表中数值减小 0.10。

3 表内限值适用于剪跨比大于 2、混凝土强度等级不高于 C60 的柱；剪跨比不大于 2 的柱轴压比限值应降低 0.05；剪跨比小于 1.5 的柱，轴压比限值应专门研究并采取特殊构造措施。

4 沿柱全高采用井字复合箍，且箍筋间距不大于100mm、肢距不大于200mm、直径不小于12mm，或沿柱全高采用复合螺旋箍，且螺距不大于100mm、肢距不大于200mm、直径不小于12mm，或沿柱全高采用连续复合矩形螺旋箍，且螺旋净距不大于80mm、肢距不大于200mm、直径不小于10mm时，轴压比限值均可按表中数值增加0.10。

5 当柱截面中部设置由附加纵向钢筋形成的芯柱，且附加纵向钢筋的总截面面积不少于柱截面面积的0.8%时，轴压比限值可按表中数值增加0.05；此项措施与注4的措施同时采用时，轴压比限值可按表中数值增加0.15，但箍筋的配箍特征值 λ_v 仍应按轴压比增加0.10的要求确定。

6 调整后的柱轴压比限值不应大于1.05。

【条文解析】

试验研究表明，受压构件的位移延性随轴压比增加而减小，因此对设计轴压比上限进行控制就成为保证框架柱和框支柱具有必要延性的重要措施之一。为满足不同结构类型框架柱、框支柱在地震作用组合下的位移延性要求，本条规定了不同结构体系中框架柱设计轴压比的上限值。

11.4.18 在箍筋加密区外，箍筋的体积配筋率不宜小于加密区配筋率的一半；对一、二级抗震等级，箍筋间距不应大于$10d$；对三、四级抗震等级，箍筋间距不应大于$15d$，此处，d为纵向钢筋直径。

【条文解析】

本条规定了考虑地震作用框架柱箍筋非加密区的箍筋配置要求。

11.6.1 一、二、三级抗震等级的框架应进行节点核心区抗震受剪承载力验算；四级抗震等级的框架节点可不进行计算，但应符合抗震构造措施的要求。框支层中间层节点的抗震受剪承载力验算方法及抗震构造措施与框架中间层节点相同。

【条文解析】

根据近几年进行的框架结构的非线性动力反应分析结果以及对框架结构的震害调查表明，对于三级抗震等级的框架节点，仅满足抗震构造措施的要求略显不足。因此，本条规定了对三级抗震等级框架节点受剪承载力的验算要求，同时要求满足相应抗震构造措施。

11.6.7 框架梁和框架柱的纵向受力钢筋在框架节点区的锚固和搭接应符合下列要求：

1 框架中间层中间节点处，框架梁的上部纵向钢筋应贯穿中间节点。贯穿中柱的每根梁纵向钢筋直径，对于9度设防烈度的各类框架和一级抗震等级的框架结构，当柱为矩形截面时，不宜大于柱在该方向截面尺寸的1/25，当柱为圆形截面时，不宜大于纵向钢筋所在位置柱截面弦长的1/25；对一、二、三级抗震等级，当柱为矩形截面时，不宜大于柱在该方向截面尺寸的1/20，对圆柱截面，不宜大于纵向钢筋所在位置柱截面弦长的1/20。

2　对于框架中间层中间节点、中间层端节点、顶层中间节点以及顶层端节点，梁、柱纵向钢筋在节点部位的锚固和搭接，应符合图11.6.7的相关构造规定。图中 l_{lE} 按本规范第11.1.7条规定取用，l_{abE} 按下式取用：

$$l_{abE} = \zeta_{aE} l_{ab} \tag{11.6.7-1}$$

式中：ζ_{aE}——纵向受拉钢筋锚固长度修正系数，按第11.1.7条规定取用。

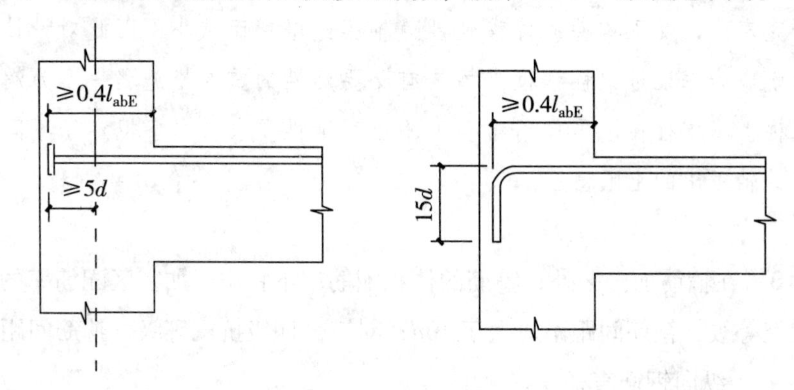

(a) 中间层端节点梁筋加锚头（锚板）锚固　(b) 中间层端间节点梁筋90°弯折锚固

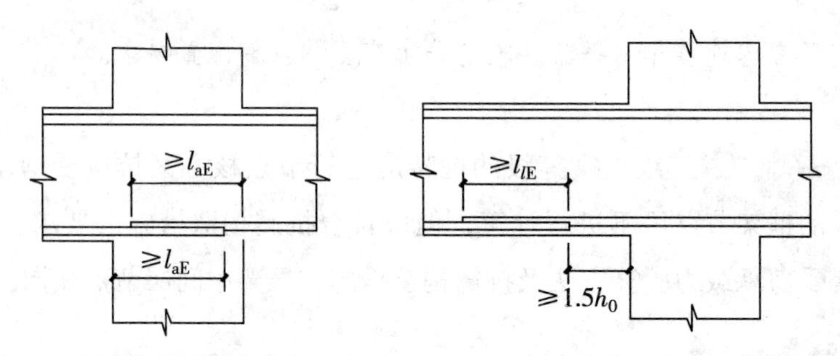

(c) 中间层中间节点梁筋在节点内直锚固　(d) 中间层中间节点梁筋在节点外搭接

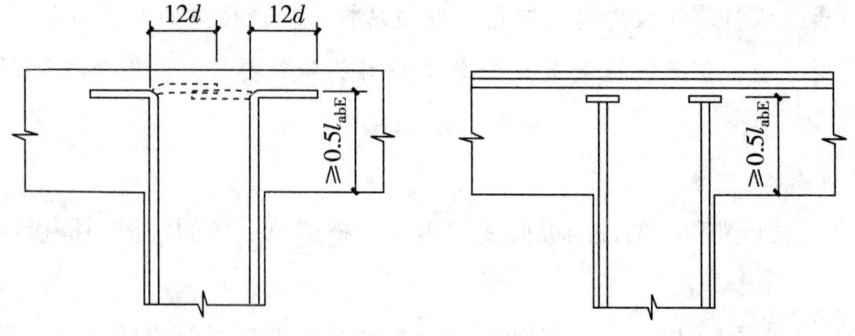

(e) 顶层中间节点柱筋90°弯折锚固　(f) 顶层中间节点柱筋加锚头（锚板）锚固

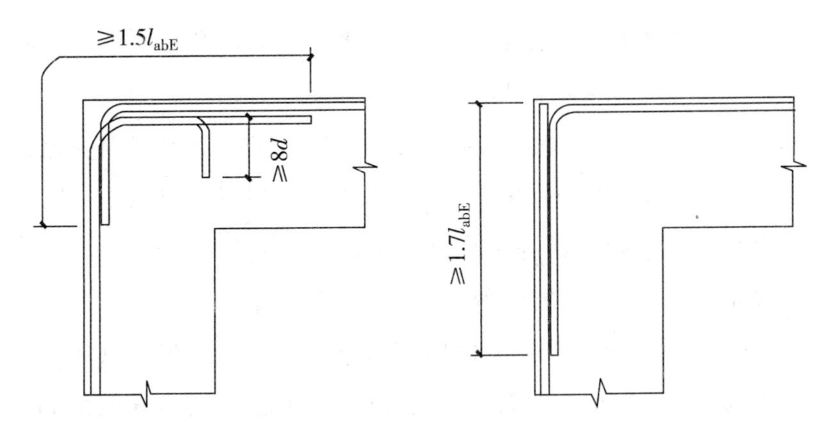

(g) 钢筋在顶层端节点外侧和梁端顶部弯折搭接　(h) 钢筋在顶层端节点外侧直线搭接

图 11.6.7　梁和柱的纵向受力钢筋在节点区的锚固和搭接

【条文解析】

本条对各类有抗震要求节点的构造措施作了相应的规定。

11.6.8 框架节点区箍筋的最大间距、最小直径宜按本规范表 11.4.12 -2 采用。对一、二、三级抗震等级的框架节点核心区，配筋特征值 λ_v 分别不宜小于 0.12、0.10 和 0.08，且其箍筋体积配筋率分别不宜小于 0.6%、0.5% 和 0.4%。当框架柱的剪跨比不大于 2 时，其节点核心区配箍特征值不宜小于核心区上、下柱端配箍特征值中的较大值。

【条文解析】

本条对节点核心区的箍筋最大间距、最小直径以及箍筋肢距作了规定。同时，通过箍筋最小配箍特征值及最小体积配箍率以双控方式控制节点中的最低箍筋用量，以保证箍筋对核心区混凝土的最低约束作用和节点的基本抗震受剪承载力。

11.8.4 预应力混凝土框架的抗震构造，除符合钢筋混凝土结构的要求外，尚应符合下列规定：

1　预应力混凝土框架梁端截面，计入纵向受压钢筋的混凝土受压区高度应符合本规范第 11.3.1 条的规定；按普通钢筋抗拉强度设计值换算的全部纵向受拉钢筋配筋率不宜大于 2.5%。

2　在预应力混凝土框架梁中，应采用预应力筋和普通钢筋混合配筋的方式，梁端截面配筋宜符合下列要求：

$$A_s \geq \frac{1}{3}\left(\frac{f_{py}h_p}{f_y h_s}\right)A_p \tag{11.8.4}$$

注：对二、三级抗震等级的框架－剪力墙、框架－核心筒结构中的后张有粘结预应力混凝土框架，式（11.8.4）右端项系数1/3可改为1/4。

3　预应力混凝土框架梁梁端截面的底部纵向普通钢筋和顶部纵向受力钢筋截面面积的比值，应符合本规范第11.3.6条第2款的规定。计算顶部纵向受力钢筋截面面积时，应将预应力筋按抗拉强度设计值换算为普通钢筋截面面积。

框架梁端底面纵向普通钢筋配筋率尚不应小于0.2%。

4　当计算预应力混凝土框架柱的轴压比时，轴向压力设计值应取柱组合的轴向压力设计值加上预应力筋有效预加力的设计值，其轴压比应符合本规范第11.4.16条的相应要求。

5　预应力混凝土框架柱的箍筋宜全高加密。大跨度框架边柱可采用在截面受拉较大的一侧配置预应力筋和普通钢筋的混合配筋，另一侧仅配置普通钢筋的非对称配筋方式。

【条文解析】

框架梁是框架结构的主要承重构件之一，应保证其必要的承载力和延性。

试验研究表明，为保证预应力混凝土框架梁的延性要求，应对梁的混凝土截面相对受压区高度作一定的限制。当允许配置受压钢筋平衡部分纵向受拉钢筋以减小混凝土受压区高度时，考虑到截面受拉区配筋过多会引起梁端截面中较大的剪力以及钢筋拥挤不方便施工的原因，故对纵向受拉钢筋的配筋率作出不宜大于2.5%的限制。

采用有粘结预应力筋和普通钢筋混合配筋的部分预应力混凝土是提高结构抗震耗能能力的有效途径之一。但预应力筋的拉力与预应力筋及普通钢筋拉力之和的比值要结合工程具体条件，全面考虑使用阶段和抗震性能两方面要求。从使用阶段看，该比值大一些好；从抗震角度，其值不宜过大。为使梁的抗震性能与使用性能较为协调，按工程经验和试验研究该比值不宜大于0.75。公式（11.8.4）对普通钢筋数量的要求，是按该限值并考虑预应力筋及普通钢筋重心离截面受压区边缘纤维距离 h_p，h_s 的影响得出的。本条要求是在相对受压区高度、配箍率、钢筋面积 A_s，A_s' 等得到满足的情况下得出的。

梁端箍筋加密区内，底部纵向普通钢筋和顶部纵向受力钢筋的截面面积应符合一定的比例，其理由及规定同钢筋混凝土框架。

考虑地震作用组合的预应力混凝土框架柱，可等效为承受预应力作用的非预应力偏心受压构件，在计算中将预应力作用按总有效预加力表示，并乘以预应力分项系数1.2，故预应力作用引起的轴压力设计值为 $1.2N_{pe}$。

对于承受较大弯矩而轴向压力较小的框架顶层边柱，可以按预应力混凝土梁设计，采用非对称配筋的预应力混凝土柱，弯矩较大截面的受拉一侧采用预应力筋和普通钢筋混合配筋，另一侧仅配普通钢筋，并应符合一定的配筋构造要求。

《高层建筑混凝土结构技术规程》JGJ 3—2010

6.1.2 抗震设计的框架结构不应采用单跨框架。

【条文解析】

由于单跨框架的抗侧刚度小，耗能能力较弱，结构超静定次数较少，一旦柱子出现塑性铰（在强震时不可避免），出现连续倒塌的可能性很大。此类单跨框架往往为工厂工艺要求，只能采用这种结构。如允许，可设置少量剪力墙，由剪力墙作为第一道防线，结构的抗震能力将得以加强。因此带剪力墙的跨框架结构可不受此限制。

单跨框架结构的高层建筑为特别不规则的高层建筑，属于超限高层建筑，需要进行抗震设防专项审查。因此，高层建筑采用单跨框架更应慎重。

6.1.3 框架结构的填充墙及隔防腐剂宜选用轻质墙体。抗震设计时，框架结构如采用砌体填充墙，其布置应符合下列规定：

1 避免形成上、下层刚度变化过大。

2 避免形成短柱。

3 减少因抗侧刚度偏心而造成的结构扭转。

【条文解析】

框架结构如采用砌体填充墙，当布置不当时，常能造成结构竖向刚度变化过大，或形成短柱，或形成较大的刚度偏心。本条目的是提醒结构工程师注意防止砌体（尤其是砖砌体）填充墙对结构设计的不利影响。

6.1.4 抗震设计时，框架结构的楼梯间应符合下列规定：

1 楼梯间的布置应尽量减小其造成的结构平面不规则。

2 宜采用现浇钢筋混凝土楼梯，楼梯结构应有足够的抗倒塌能力。

3 宜采取措施减小楼梯对主体结构的影响。

4 当钢筋混凝土楼梯与主体结构整体连接时，应考虑楼梯对地震作用及其效应的影响，并应对楼梯构件进行抗震承载力验算。

【条文解析】

抗震设计时，楼梯间为主要疏散通道，其结构应有足够的抗倒塌能力，楼梯应作为结构构件进行设计。框架结构中楼梯构件的组合内力设计值应包括与地震作用效应的组合，楼梯梁、柱的抗震等级应与框架结构本身相同。

框架结构中，钢筋混凝土楼梯自身的刚度对结构地震作用和地震反应有着较大的影响，若楼梯布置不当会造成结构平面不规则，抗震设计时应尽量避免出现这种情况。

震害调查中发现框架结构中的楼梯板破坏严重，被拉断的情况非常普遍，因此应进行抗震设计，并加强构造措施，宜采用双排配筋。

6.1.5 抗震设计时，砌体填充墙及隔墙应具有自身稳定性，并应符合下列规定：

1 砌体的砂浆强度等级不应低于 M5，当采用砖及混凝土砌块时，砌块的强度等级不应低于 MU5；采用轻质砌块时，砌块的强度等级不应低于 MU2.5。墙顶应与框架梁或楼板密切结合。

2 砌体填充墙应沿框架柱全高每隔 500mm 左右设置 2 根直径 6mm 的拉筋，6 度时拉筋宜沿墙全长贯通，7、8、9 度时拉筋应沿墙全长贯通。

3 墙长大于 5m 时，墙顶与梁（板）宜有钢筋拉结；墙长大于 8m 或层高的 2 倍时，宜设置间距不大于 4m 的钢筋混凝土构造柱；墙高超过 4m 时，墙体半高处（或门洞上皮）宜设置与柱连接且沿墙全长贯通的钢筋混凝土水平系梁。

4 楼梯间采用砌体填充墙时，应设置间距不大于层高且不大于 4m 的钢筋混凝土构造柱，并应采用钢丝网砂浆面层加强。

【条文解析】

本条明确了用于填充墙的砌块强度等级，提高了砌体填充墙与主体结构的拉结要求、构造柱设置要求以及楼梯间砌体墙构造要求。

6.1.6 框架结构按抗震设计时，不应采用部分由砌体墙承重之混合形式。框架结构中的楼、电梯间及局部出屋顶的电梯机房、楼梯间、水箱间等，应采用框架承重，不应采用砌体墙承重。

【条文解析】

框架结构与砌体结构体系所用的承重材料完全不同，是两种截然不同的结构体系，其抗侧刚度、变形能力、结构延性、抗震性能等相差很大，将这两种结构在同一建筑物中混合使用，而不以防震缝将其分开，必然会导致受力不合理、变形不协调，对建筑物的抗震性能产生很不利的影响。

6.2.2 抗震设计时，一、二、三级框架结构的底层柱底截面的弯矩设计值，应分别采用考虑地震作用组合的弯矩值与增大系数 1.7、1.5、1.3 的乘积。底层框架柱纵向钢筋应按上、下端的不利情况配置。

【条文解析】

框架结构的底层柱下端，在强震下不能避免出现塑性铰。为了提高抗震安全度，将框架结构底层柱下端弯矩设计值乘以增大系数，以加强底层柱下端的实际受弯承载力，推迟塑性铰的出现。

6.2.4 抗震设计时，框架角柱应按双向偏心受力构件进行正截面承载力设计。一、二、三、四级框架角柱经按本规程第6.2.1～6.2.3条调整后的弯矩、剪力设计值应乘以不小于1.1的增大系数。

【条文解析】

抗震设计的框架，考虑到角柱承受双向地震作用，扭转效应对内力影响较大，且受力复杂，在设计中应予以适当加强，因此对其弯矩设计值、剪力设计值增大10%。

6.3.2 框架梁设计应符合下列要求：

1 抗震设计时，计入受压钢筋作用的梁端截面混凝土受压区高度与有效高度之比值，一级不应大于0.25，二、三级不应大于0.35。

2 纵向受拉钢筋的最小配筋百分率 ρ_{min}（%），非抗震设计时，不应小于0.2和 $45f_t/f_y$ 二者的较大值；抗震设计时，不应小于表6.3.2－1规定的数值。

表6.3.2－1 梁纵向受拉钢筋最小配筋百分率 ρ_{min} %

抗震等级	位置	
	支座（取较大值）	跨中（取较大值）
一级	0.40和 $80f_t/f_y$	0.30和 $65f_t/f_y$
二级	0.30和 $65f_t/f_y$	0.25和 $55f_t/f_y$
三、四级	0.25和 $55f_t/f_y$	0.20和 $45f_t/f_y$

3 抗震设计时，梁端截面的底面和顶面纵向钢筋截面面积的比值，除按计算确定外，一级不应小于0.5，二、三级不应小于0.3。

4 抗震设计时，梁端箍筋的加密区长度、箍筋最大间距和最小直径应符合表6.3.2－2的要求；当梁端纵向钢筋配筋率大于2%时，表中箍筋最小直径应增大2mm。

表 6.3.2-2 梁端箍筋加密区的长度、箍筋最大间距和最小直径

抗震等级	加密区长度（取较大值）/mm	箍筋最大间距（取最小值）/mm	箍筋最小直径/mm
一	$2.0h_b$，500	$h_b/4$，$6d$，100	10
二	$1.5h_b$，500	$h_b/4$，$8d$，100	8
三	$1.5h_b$，500	$h_b/4$，$8d$，150	8
四	$1.5h_b$，500	$h_b/4$，$8d$，150	6

注：1 d 为纵向钢筋直径，h_b 为梁截面高度。

2 一、二级抗震等级框架梁，当箍筋直径大于 12mm、肢数不少于 4 肢且肢距不大于 150mm 时，箍筋加密区最大间距应允许适当放松，但不应大于 150mm。

【条文解析】

抗震设计中，要求框架梁端的纵向受压与受拉钢筋的比例 A'_s/A_s 不小于 0.5（一级）或 0.3（二、三级），因为梁端有箍筋加密区，箍筋间距较密，这对于发挥受压钢筋的作用，起了很好的保证作用。所以在验算本条的规定时，可以将受压区的实际配筋计入，则受压区高度 x 不大于 $0.25h_0$（一级）或 $0.35h_0$（二、三级）的条件较易满足。

本条还给出了可适当放松梁端加密区箍筋的间距的条件。主要考虑当箍筋直径较大且肢数较多时，适当放宽箍筋间距要求，仍然可以满足梁端的抗震性能，同时箍筋直径大、间距过密时不利于混凝土的浇筑，难以保证混凝土的质量。

6.3.3 梁的纵向钢筋配置，尚应符合下列规定：

1 抗震设计时，梁端纵向受拉钢筋的配筋率不宜大于 2.5%，不应大于 2.75%；当梁端受拉钢筋的配筋率大于 2.5% 时，受压钢筋的配筋率不应小于受拉钢筋的一半。

2 沿梁全长顶面和底面应至少各配置两根纵向配筋，一、二级抗震设计时钢筋直径不应小于 14mm，且分别不应小于梁两端顶面和底面纵向配筋中较大截面面积的 1/4；三、四级抗震设计和非抗震设计时钢筋直径不应小于 12mm。

3 一、二、三级抗震等级的框架梁内贯通中柱的每根纵向钢筋的直径，对矩形截面柱，不宜大于柱在该方向截面尺寸的 1/20；对圆形截面柱，不宜大于纵向钢筋所在位置柱截面弦长的 1/20。

【条文解析】

根据国内、外试验资料，受弯构件的延性随其配筋率的提高而降低。但当配置不少于受拉钢筋 50% 的受压钢筋时，其延性可以与低配筋率的构件相当。

6.3.4 非抗震设计时，框架梁箍筋配筋构造应符合下列规定：

1 应沿梁全长设置箍筋，第一个箍筋应设置在距支座边缘50mm处。

2 截面高度大于800mm的梁，其箍筋直径不宜小于8mm；其余截面高度的梁不应小于6mm。在受力钢筋搭接长度范围内，箍筋直径不应小于搭接钢筋最大直径的1/4。

3 箍筋间距不应大于表6.3.4的规定；在纵向受拉钢筋的搭接长度范围内，箍筋间距尚不应大于搭接钢筋较小直径的5倍，且不应大于100mm；在纵向受压钢筋的搭接长度范围内，箍筋间距尚不应大于搭接钢筋较小直径的10倍，且不应大于200mm。

表6.3.4 非抗震设计梁箍筋最大间距 mm

h_b/mm \ V	$V>0.7f_tbh_0$	$V\leqslant0.7f_tbh_0$
$h_b\leqslant300$	150	200
$300<h_b\leqslant500$	200	300
$500<h_b\leqslant800$	250	350
$h_b>800$	300	400

4 承受弯矩和剪力的梁，当梁的剪力设计值大于$0.7f_tbh_0$时，其箍筋的面积配筋率应符合下式规定：

$$\rho_{sv}\geqslant0.24f_t/f_{yv} \quad (6.3.4-1)$$

5 承受弯矩、剪力和扭矩的梁，其箍筋面积配筋率和受扭纵向钢筋的面积配筋率应分别符合公式（6.3.4－2）和（6.3.4－3）的规定：

$$\rho_{sv}\geqslant0.28f_t/f_{yv} \quad (6.3.4-2)$$

$$\rho_{tl}\geqslant0.6\sqrt{\frac{T}{Vb}}f_t/f_y \quad (6.3.4-3)$$

当$T/(Vb)$大于2.0时，取2.0。

式中：T、V——分别为扭矩、剪力设计值；

ρ_{tl}、b——分别为受扭纵向钢筋的面积配筋率、梁宽。

6 当梁中配有计算需要的纵向受压钢筋时，其箍筋配置尚应符合下列规定：

1）箍筋直径不应小于纵向受压钢筋最大直径的1/4；

2）箍筋应做成封闭式；

3）箍筋间距不应大于$15d$且不应大于400mm；当一层内的受压钢筋多于5根且直径大于18mm时，箍筋间距不应大于$10d$（d为纵向受压钢筋的最小直径）；

4）当梁截面宽度大于400mm且一层内的纵向受压钢筋多于3根时，或当梁截面宽度不大于400mm但一层内的纵向受压钢筋多于4根时，应设置复合箍筋。

【条文解析】

本条对非抗震设计时框架梁箍筋配筋构造作出了相应的规定，并且给出了抗扭箍筋和抗扭纵向钢筋的最小配筋要求。

6.3.6 框架梁的纵向钢筋不应与箍筋、拉筋及预埋件等焊接。

【条文解析】

梁的纵筋与箍筋、拉筋等作十字交叉形的焊接时，容易使纵筋变脆，对于抗震不利，因此作此规定。同理，梁、柱的箍筋在有抗震要求时应弯135°钩，当采用焊接封闭箍时应特别注意避免出现箍筋与纵筋焊接在一起的情况。

6.3.7 框架梁上开洞时，洞口位置宜位于梁跨中1/3区段，洞口高度不应大于梁高的40%；开洞较大时应进行承载力验算。梁上洞口周边应配置附加纵向钢筋和箍筋（图6.3.7），并应符合计算及构造要求。

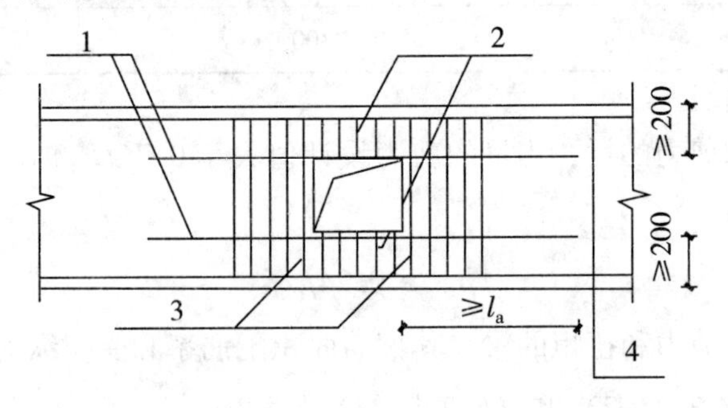

图6.3.7 梁上洞口周边配筋构造示意

1—洞口上、下附加纵向钢筋；2—洞口上、下附加箍筋；

3—洞口两侧附加箍筋；4—梁纵向钢筋；l_a—受拉钢筋的锚固长度

【条文解析】

本条给出了梁上开洞的具体要求。当梁承受均布荷载时，在梁跨度的中部1/3区段内，剪力较小。洞口高度如大于梁高的1/3，只要经过正确计算并合理配筋，应当允许。在梁两端接近支座处，如必须开洞，洞口不宜过大，且必须经过核算，加强配筋构造。

6.4.1 柱截面尺寸宜符合下列规定：

1 矩形截面柱的边长，非抗震设计时不宜小于250mm，抗震设计时，四级不宜小于300mm，一、二、三级时不宜小于400mm；圆柱直径，非抗震和四级抗震设计时不宜小于350mm，一、二、三级时不宜小于450mm。

2 柱剪跨比宜大于2。

3 柱截面高宽比不宜大于3。

【条文解析】

本条对柱截面尺寸作出了相应的规定。

6.4.2 抗震设计时，钢筋混凝土柱轴压比不宜超过表6.4.2的规定；对于Ⅳ类场地上较高的高层建筑，其轴压比限值应适当减小。

表6.4.2 柱轴压比限值

结构类型	抗震等级			
	一	二	三	四
框架结构	0.65	0.75	0.85	—
板柱－剪力墙、框架－剪力墙、框架－核心筒、筒中筒结构	0.75	0.85	0.90	0.95
部分框支剪力墙结构	0.60	0.70	—	

注：1 轴压比指柱考虑地震作用组合的轴压力设计值与柱全截面面积和混凝土轴心抗压强度设计值乘积的比值。

2 表内数值适用于混凝土强度等级不高于C60的柱。当混凝土强度等级为C65～C70时，轴压比限值应比表中数值降低0.05；当混凝土强度等级为C75～C80时，轴压比限值应比表中数值降低0.10。

3 表内数值适用于剪跨比大于2的柱；剪跨比不大于2但不小于1.5的柱，其轴压比限值应比表中数值减小0.05；剪跨比小于1.5的柱，其轴压比限值应专门研究并采取特殊构造措施。

4 当沿柱全高采用井字复合箍，箍筋间距不大于100mm、肢距不大于200mm、直径不小于12mm，或当沿柱全高采用复合螺旋箍，箍筋螺距不大于100mm、肢距不大于200mm、直径不小于12mm，或当沿柱全高采用连续复合螺旋箍，且螺距不大于80mm、肢距不大于200mm、直径不小于10mm时，轴压比限值可增加0.10。

5 当柱截面中部设置由附加纵向钢筋形成的芯柱，且附加纵向钢筋的截面面积不小于柱截面面积的0.8%时，柱轴压比限值可增加0.05。当本项措施与注4的措施共同采用时，柱轴压比限值可比表中数值增加0.15，但箍筋的配箍特征值仍可按轴压比增加0.10的要求确定。

6 调整后的柱轴压比限值不应大于1.05。

【条文解析】

抗震设计时，限制框架柱的轴压比主要是为了保证柱的延性要求。本条对不同结构体系中的柱提出了不同的轴压比限值。

当采用设置配筋芯柱的方式放宽柱轴压比限值时，芯柱纵向钢筋配筋量应符合本条的规定，宜配置箍筋，其截面宜符合下列规定：

1）当柱截面为矩形时，配筋芯柱可采用矩形截面，其边长不宜小于柱截面相应边长的1/3；

2）当柱截面为正方形时，配筋芯柱可采用正方形或圆形，其边长或直径不宜小于柱截面边长的1/3；

3）当柱截面为圆形时，配筋芯柱可采用圆形，其直径不宜小于柱截面直径的1/3。

"较高的高层建筑"是指高于40m的框架结构或高于60m的其他结构体系的混凝土房屋建筑。

6.4.3　柱纵向钢筋和箍筋配置应符合下列要求：

1　柱全部纵向钢筋的配筋率，不应小于表6.4.3－1的规定值，且柱截面每一侧纵向钢筋配筋率不应小于0.2%；抗震设计时，对Ⅳ类场地上较高的高层建筑，表中数值应增加0.1。

表6.4.3－1　柱纵向受力钢筋最小配筋百分率　　%

柱类型	抗震等级				非抗震
	一级	二级	三级	四级	
中柱、边柱	0.9（1.0）	0.7（0.8）	0.6（0.7）	0.5（0.6）	0.5
角柱	1.1	0.9	0.8	0.7	0.5
框支柱	1.1	0.9	—	—	0.7

注：1　表中括号内数值适用于框架结构。

2　采用335MPa级、400MPa级纵向受力钢筋时，应分别按表中数值增加0.1和0.05采用。

3　当混凝土强度等级高于C60时，上述数值应增加0.1采用。

2　抗震设计时，柱箍筋在规定的范围内应加密，加密区的箍筋间距和直径，应符合下列要求：

1）箍筋的最大间距和最小直径，应按表6.4.3－2采用；

表6.4.3-2 柱端箍筋加密区的构造要求

抗震等级	箍筋最大间距/mm	箍筋最小直径/mm
一级	$6d$ 和 100 的较小值	10
二级	$8d$ 和 100 的较小值	8
三级	$8d$ 和 150（柱根 100）的较小值	8
四级	$8d$ 和 150（柱根 100）的较小值	6（柱根 8）

注：1 d 为柱纵向钢筋直径（mm）。

2 柱根指框架柱底部嵌固部位。

2）一级框架柱的箍筋直径大于 12mm 且箍筋肢距不大于 150mm 及二级框架柱箍筋直径不小于 10mm 且肢距不大于 200mm 时，除柱根外最大间距应允许采用 150mm；三级框架柱的截面尺寸不大于 400mm 时，箍筋最小直径应允许采用 6mm；四级框架柱的剪跨比不大于 2 或柱中全部纵向钢筋的配筋率大于 3% 时，箍筋直径不应小于 8mm；

3）剪跨比不大于 2 的柱，箍筋间距不应大于 100mm。

【条文解析】

本条是钢筋混凝土柱纵向钢筋和箍筋配置的最低构造要求。

6.4.4 柱的纵向钢筋配置，尚应满足下列规定：

1 抗震设计时，宜采用对称配筋。

2 截面尺寸大于 400mm 的柱，一、二、三级抗震设计时其纵向钢筋间距不宜大于 200mm；抗震等级为四级和非抗震设计时，柱纵向钢筋间距不宜大于 300mm；柱纵向钢筋净距均不应小于 50mm。

3 全部纵向钢筋的配筋率，非抗震设计时不宜大于 5%，不应大于 6%，抗震设计时不应大于 5%。

4 一级且剪跨比不大于 2 的柱，其单侧纵向受拉钢筋的配筋率不宜大于 1.2%。

5 边柱、角柱及剪力墙端柱考虑地震作用组合产生小偏心受拉时，柱内纵筋总截面面积应比计算值增加 25%。

【条文解析】

本条规定了非抗震设计时柱纵向钢筋间距的要求，并明确了四级抗震设计时柱纵向钢筋间距的要求同非抗震设计。

6.4.7 柱加密区范围内箍筋的体积配筋率，应符合下列规定：

1 柱箍筋加密区箍筋的体积配箍率，应符合下式要求：

$$\rho_v \geq \lambda_v f_c / f_{yv} \tag{6.4.7}$$

式中：ρ_v——柱箍筋的体积配箍率；

λ_v——柱最小配箍特征值，宜按表6.4.7采用；

f_c——混凝土轴心抗压强度设计值，当柱混凝土强度等级低于C35时，应按C35计算；

f_{yv}——柱箍筋或拉筋的抗拉强度设计值。

表6.4.7 柱端箍筋加密区最小配箍特征值λ_v

抗震等级	箍筋形式	柱轴压比								
		≤0.30	0.40	0.50	0.60	0.70	0.80	0.90	1.00	1.05
一	普通箍、复合箍	0.10	0.11	0.13	0.15	0.17	0.20	0.23	—	—
	螺旋箍、复合或连续复合螺旋箍	0.08	0.09	0.11	0.13	0.15	0.18	0.21	—	—
二	普通箍、复合箍	0.08	0.09	0.11	0.13	0.15	0.17	0.19	0.22	0.24
	螺旋箍、复合或连续复合螺旋箍	0.06	0.07	0.09	0.11	0.13	0.15	0.17	0.20	0.22
三	普通箍、复合箍	0.06	0.07	0.09	0.11	0.13	0.15	0.17	0.20	0.22
	螺旋箍、复合或连续复合螺旋箍	0.05	0.06	0.07	0.09	0.11	0.13	0.15	0.18	0.20

注：普通箍指单个矩形箍或单个圆形箍；螺旋箍指单个连续螺旋箍筋；复合箍指由矩形、多边形、圆形箍或拉筋组成的箍筋；复合螺旋箍指由螺旋箍与矩形、多边形、圆形箍或拉筋组成的箍筋；连续复合螺旋箍指全部螺旋箍由同一根钢筋加工而成的箍筋。

2 对一、二、三、四级框架柱，其箍筋加密区范围内箍筋的体积配筋率尚且分别不应小于0.8%、0.6%、0.4%和0.4%。

3 剪跨比不大于2的柱宜采用复合螺旋箍或井字复合箍，其体积配箍率不应小于1.2%；设防烈度为9度时，不应小于1.5%。

4 计算复合螺旋箍筋的体积配箍率时，其非螺旋箍筋的体积应乘以换算系数0.8。

【条文解析】

本条规定了柱最小配箍特征值，可适应钢筋和混凝土强度的变化，有利于更合理地采用高强钢筋；同时，为了避免由此计算的体积配箍率过低，还规定了最小体积配箍率要求。

本条给出的箍筋最小配箍特征值，除与柱抗震等级和轴压比有关外，还与箍筋形式有关。井式复合箍、螺旋箍、复合螺旋箍、连续复合螺旋箍对混凝土具有更好的约束性能，因此其配箍特征值可比普通箍、复合箍低一些。

6.4.8 抗震设计时，柱箍筋设置尚应符合下列规定：

1 箍筋应为封闭式，其末端应做成135°弯钩且弯钩末端平直段长度不应小于10倍的箍筋直径，且不应小于75mm。

2 箍筋加密区的箍筋肢距，一级不宜大于200mm，二、三级不宜大于250mm和20倍箍筋直径的较大值，四级不宜大于300mm。每隔一根纵向钢筋宜在两个方向有箍筋约束；采用拉筋组合箍时，拉筋宜紧靠纵向钢筋并勾住封闭箍筋。

3 柱非加密区的箍筋，其体积配箍率不宜小于加密区的一半；其箍筋间距，不应大于加密区箍筋间距的2倍，且一、二级不应大于10倍纵向钢筋直径，三、四级不应大于15倍纵向钢筋直径。

6.4.9 非抗震设计时，柱中箍筋应符合下列规定：

1 周边箍筋应为封闭式；

2 箍筋间距不应大于400mm，且不应大于构件截面的短边尺寸和最小纵向受力钢筋直径的15倍；

3 箍筋直径不应小于最大纵向钢筋直径的1/4，且不应小于6mm；

4 当柱中全部纵向受力钢筋的配筋率超过3%时，箍筋直径不应小于8mm，箍筋间距不应大于最小纵向钢筋直径的10倍，且不应大于200mm，箍筋末端应做成135°弯钩且弯钩末端平直段长度不应小于10倍箍筋直径；

5 当柱每边纵筋多于3根时，应设置复合箍筋；

6 柱内纵向钢筋采用搭接做法时，搭接长度范围内箍筋直径不应小于搭接钢筋较大直径的1/4；在纵向受拉钢筋的搭接长度范围内的箍筋间距不应大于搭接钢筋较小直径的5倍，且不应大于100mm；在纵向受压钢筋的搭接长度范围内的箍筋间距不应大于搭接钢筋较小直径的10倍，且不应大于200mm。当受压钢筋直径大于25mm时，尚应在搭接接头端面外100mm的范围内各设置两道箍筋。

【条文解析】

本条对柱纵向钢筋配筋率超过3%时，未作必须焊接的规定。抗震设计以及纵向钢筋配筋率大于3%的非抗震设计的柱，其箍筋只需做成带135°弯钩之封闭箍，箍筋末端的直段长度不应小于$10d$。

在柱截面中心，可采用拉条代替部分箍筋。

当采用菱形、八字形等与外围箍筋不平行的箍筋形式时，箍筋肢距的计算，应考虑斜向箍筋的作用。

6.4.10 框架节点核心区应设置水平箍筋，且应符合下列规定：

1 非抗震设计时，箍筋配置应符合本规程第6.4.9条的有关规定，但箍筋间距不宜大于250mm；对四边有梁与之相连的节点，可仅沿节点周边设置矩形箍筋。

2 抗震设计时，箍筋的最大间距和最小直径宜符合本规程第6.4.3条有关柱箍筋的规定。一、二、三级框架节点核心区配箍特征值分别不宜小于0.12、0.10和0.08。且箍筋体积配箍率分别不宜小于0.6%、0.5%和0.4%。柱剪跨比不大于2的框架节点核心区的体积配箍率不宜小于核心区上、下柱端体积配箍率中的较大值。

【条文解析】

为使梁、柱纵向钢筋有可靠的锚固条件，框架梁柱节点核心区的混凝土应具有良好的约束。考虑到节点核心区内箍筋的作用与柱端有所不同，其构造要求与柱端有所区别。

6.4.11 柱箍筋的配筋形式，应考虑浇筑混凝土的工艺要求，在柱截面中心部位应留出浇筑混凝土所用导管的空间。

【条文解析】

现浇混凝土柱在施工时，一般情况下采用导管将混凝土直接引入柱底部，然后随着混凝土的浇筑将导管逐渐上提，直至浇筑完毕。因此，在布置柱箍筋时，需在柱中心位置留出不少于300mm×300mm的空间，以便于混凝土施工。对于截面很大或长矩形柱，尚需与施工单位协商留出不止插一个导管的位置。

6.5.4 非抗震设计时，框架梁、柱的纵向钢筋在框架节点区的锚固和搭接（图6.5.4）应符合下列要求：

1 顶层中节点柱纵向钢筋和边节点柱内侧纵向钢筋应伸至柱顶；当从梁底边计算的直线锚固长度不小于 l_a 时，可不必水平弯折，否则应向柱内或梁、板内水平弯折，当充分利用柱纵向钢筋的抗拉强度时，其锚固段弯折前的竖直投影长度不应小于 $0.5l_{ab}$，弯折后的水平投影长度不宜小于12倍的柱纵向钢筋直径。此处，l_{ab} 为钢筋基本锚固长度，应符合现行国家标准《混凝土结构设计规范》GB 50010的有关规定。

2 顶层端节点处，在梁宽范围以内的柱外侧纵向钢筋可与梁上部纵向钢筋搭接，搭接长度不应小于 $1.5l_a$；在梁宽范围以外的柱外侧纵向钢筋可伸入现浇板内，其伸入长度与伸入梁内的相同。当柱外侧纵向钢筋的配筋率大于1.2%时，伸入梁内的柱纵向钢筋宜分两批截断，其截断点之间的距离不宜小于20倍的柱纵向钢筋直径。

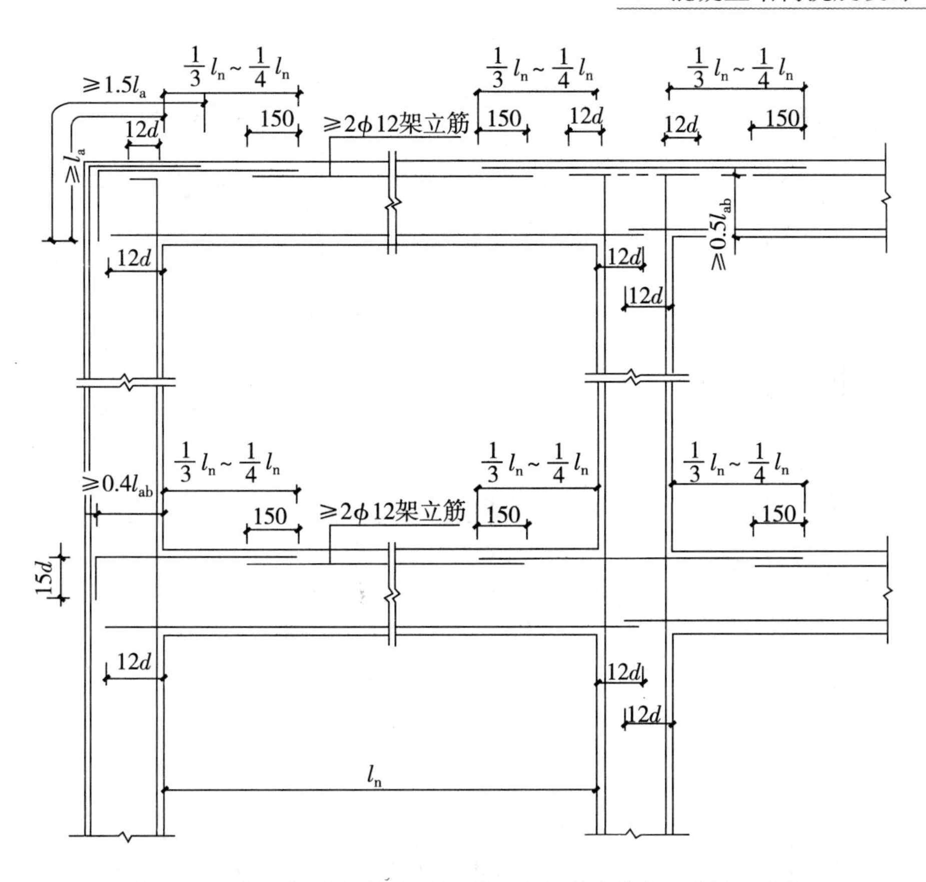

图 6.5.4 非抗震设计时框架梁、柱纵向钢筋在节点区的锚固示意

3 梁上部纵向钢筋伸入端节点的锚固长度，直线锚固时不应小于 l_a，且伸过柱中心线的长度不宜小于 5 倍的梁纵向钢筋直径；当柱截面尺寸不足时，梁上部纵向钢筋应伸至节点对边并向下弯折，弯折水平段的投影长度不应小于 $0.4l_{ab}$，弯折后竖直投影长度不应小于 15 倍纵向钢筋直径。

4 当计算中不利用梁下部纵向钢筋的强度时，其伸入节点内的锚固长度应取不小于 12 倍的梁纵向钢筋直径。当计算中充分利用梁下部钢筋的抗拉强度时，梁下部纵向钢筋可采用直线方式或向上 90°弯折方式锚固于节点内，直线锚固时的锚固长度不应小于 l_a；弯折锚固时，弯折水平段的投影长度不应小于 $0.4l_{ab}$，弯折后竖直投影长度不应小于 15 倍纵向钢筋直径。

5 当采用锚固板锚固措施时，钢筋锚固构造应符合现行国家标准《混凝土结构设计规范》GB 50010 的有关规定。

6.5.5 抗震设计时，框架梁、柱的纵向钢筋在框架节点区的锚固和搭接（图 6.5.5）应符合下列要求：

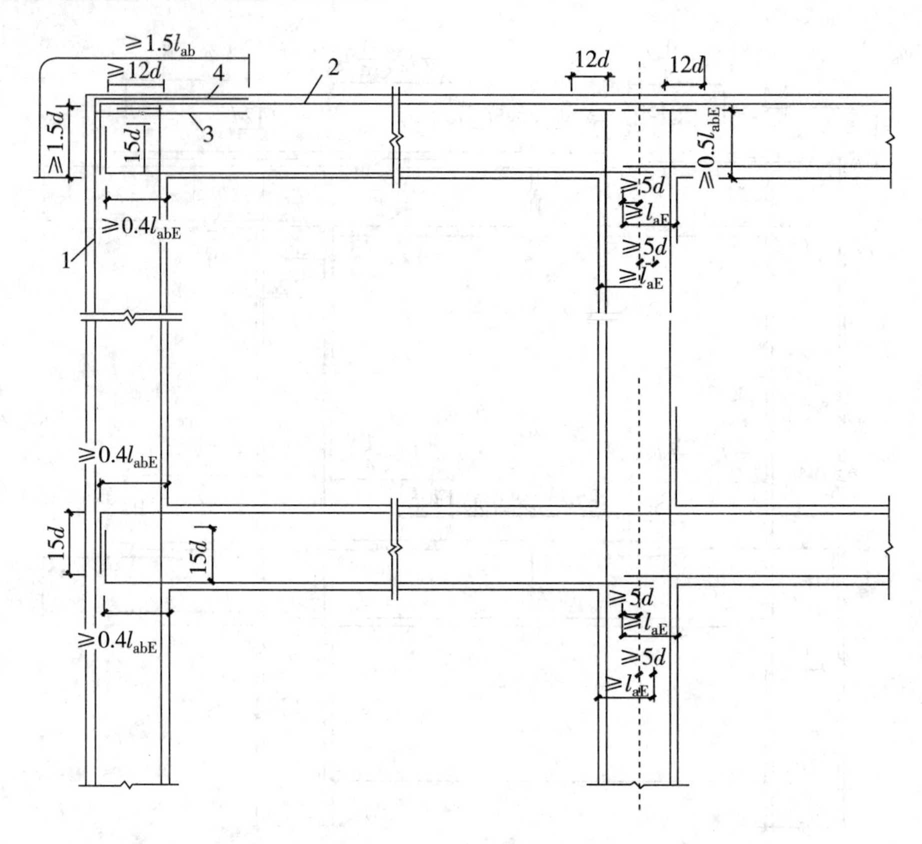

图 6.5.5　抗震设计时框架梁、柱纵向钢筋在节点区的锚固和搭接示意

1—柱外侧纵向钢筋；2—梁上部纵向钢筋；3—伸入梁内的柱外侧纵向钢筋

4—不能伸入梁内的柱外侧纵向钢筋，可伸入板内

1　顶层中节点柱纵向钢筋和边节点柱内侧纵向钢筋应伸至柱顶。当从梁底边计算的直线锚固长度不小于 l_{aE} 时，可不必水平弯折，否则应向柱内或梁内、板内水平弯折，锚固段弯折前的竖直投影长度不应小于 $0.5l_{abE}$，弯折后的水平投影长度不宜小于 12 倍的柱纵向钢筋直径。此处，l_{abE} 为抗震时钢筋的基本锚固长度，一、二级取 $1.15l_{ab}$，三、四级分别取 $1.05l_{ab}$ 和 $1.00l_{ab}$。

2　顶层端节点处，柱外侧纵向钢筋可与梁上部纵向钢筋搭接，搭接长度不应小于 $1.5l_{aE}$，且伸入梁内的柱外侧纵向钢筋截面面积不宜小于柱外侧全部纵向钢筋截面面积的 65%；在梁宽范围以外的柱外侧纵向钢筋可伸入现浇板内，其伸入长度与伸入梁内的相同。当柱外侧纵向钢筋的配筋率大于 1.2% 时，伸入梁内的柱纵向钢筋宜分两批截断，其截断点之间的距离不宜小于 20 倍的柱纵向钢筋直径。

3　梁上部纵向钢筋伸入端节点的锚固长度，直线锚固时不应小于 l_{aE}，且伸过柱中心线的长度不应小于 5 倍的梁纵向钢筋直径；当柱截面尺寸不足时，梁上部纵向钢筋应伸至节点对边并向下弯折，锚固段弯折前的水平投影长度不应小于 $0.4l_{abE}$，弯折后的竖直投影长度应取15倍的梁纵向钢筋直径。

4 梁下部纵向钢筋的锚固与梁上部纵向钢筋相同，但采用90°弯折方式锚固时，竖直段应向上弯入节点内。

【条文解析】

分别规定了非抗震设计和抗震设计时，框架梁柱纵向钢筋在节点区的锚固要求及钢筋搭接要求。图6.5.4中梁顶面2根直径12mm的钢筋是构造钢筋；当相邻梁的跨度相差较大时，梁端负弯矩钢筋的延伸长度（截断位置），应根据实际受力情况另行确定。

《型钢混凝土组合结构技术规程》JGJ 138—2001

5.4.5 考虑地震作用组合的型钢混凝土框架梁，梁端应设置箍筋加密区，其加密区长度、箍筋最大间距和箍筋最小直径应满足表5.4.5要求。

表5.4.5 梁端箍筋加密区的构造要求

抗震等级	箍筋加密区长度	箍筋最大间距/mm	箍筋最小直径/mm
一级	$2h$	100	12
二级	$11.5h$	100	10
三级	$1.5h$	150	10
四级	$1.5h$	150	8

注：表中 h 为型钢混凝土梁的梁高。

6.2.1 考虑地震作用组合的型钢混凝土框架柱，柱端箍筋加密区长度、箍筋最大间距和最小直径应按表6.2.1的规定采用。

表6.2.1 框架柱端箍筋加密区的构造要求

<table>
<tr><th>抗震等级</th><th>箍筋加密区长度</th><th>箍筋最大间距</th><th>箍筋最小直径</th></tr>
<tr><td>一级</td><td rowspan="4">取距形截面长边尺寸（或圆形截面直径）、层间柱净高的1/6和500mm三者中的最大值</td><td>取纵向钢筋直径的6倍、100mm二者中的较小值</td><td>$\phi10$</td></tr>
<tr><td>二级</td><td>取纵向钢筋直径的8倍、100mm二者中的较小值</td><td>$\phi8$</td></tr>
<tr><td>三级</td><td rowspan="2">取纵向钢筋直径的8倍、150mm二者中的较小值</td><td>$\phi8$</td></tr>
<tr><td>四级</td><td>$\phi6$</td></tr>
</table>

注：1 对二级抗震等级的框架柱，当箍筋最小直径不小于 $\phi10$ 时，其箍筋最大间距可取150mm；

2 剪跨比不大于2的框架柱、框支柱和一级抗震等级角柱应沿全长加密箍筋，箍筋间距均不应大于100mm。

【条文解析】

以上两条突出组合框架梁和柱的箍筋加密范围、直径和间距要满足的最低要求。

型钢混凝土构件中，配置有结构钢材和箍筋，对组合梁箍筋的要求，在满足配箍率的情况下，箍筋肢距略比钢筋混凝土梁放松，但强制性要求的内容除箍筋间距外与普通钢筋混凝土梁相同。对组合柱的箍筋要求同于普通钢筋混凝土柱。

《预应力混凝土结构抗震设计规程》JGJ 140—2004

4.2.1　预应力混凝土框架梁的截面尺寸，宜符合下列各项要求：

1　截面的宽度不宜小于250mm；

2　截面高度与宽度的比值不宜大于4；

3　梁高宜在计算跨度的（1/12～1/22）范围内选取，净跨与截面高度之比不宜小于4。

【条文解析】

预应力混凝土结构的跨度一般较大，若截面高宽比过大容易引起梁侧向失稳，故有必要对梁截面高宽比提出要求。关于梁高跨比的限制，采用梁高在（1/12～1/22）l_0之间比较经济。

4.2.4　预应力混凝土框架梁端截面的底面和顶面纵向非预应力钢筋截面面积A_s'和A_s的比值，除按计算确定外，尚应满足下列要求：

一级抗震等级

$$\frac{A_s'}{A_s} \geqslant \frac{0.5}{1-\lambda} \tag{4.2.4-1}$$

二、三级抗震等级

$$\frac{A_s'}{A_s} \geqslant \frac{0.3}{1-\lambda} \tag{4.2.4-2}$$

且梁底面纵向非预应力钢筋配筋率不应小于0.2%。

【条文解析】

控制梁端截面的底面配筋面积A_s'和顶面配筋面积A_s的比值A_s'/A_s，有利于满足梁端塑性铰区的延性要求，同时也考虑到在地震反复荷载作用下，底部钢筋可能承受较大的拉力。

4.2.5　在与板整体浇筑的T形和L形预应力混凝土框架梁中，当考虑板中的部分钢筋对抵抗弯矩的有利作用时，宜符合下列规定：

1　在内柱处，当横向有宽度与柱宽相近的框架梁时，宜取从柱两侧各4倍板厚范围内板内钢筋；

2 在内柱处，当没有横向框架梁时，宜取从柱两侧各延伸2.5倍板厚范围内板内钢筋；

3 在外柱处，当横向有宽度与柱相近的框架梁，而所考虑的梁中钢筋锚固在柱内时，宜取从柱两侧各延伸2倍板厚范围内板内钢筋；

4 在外柱处，当没有横梁时，宜取柱宽范围内的板内钢筋；

5 在所有情况下，在考虑板中部分钢筋参加工作的梁中，受弯承载力所需的纵向钢筋至少应有75%穿过柱子或锚固于柱内；当纵向钢筋由重力荷载效应组合控制时，则仅应考虑地震作用组合的纵向钢筋的75%穿过柱子或锚固于柱内。

【条文解析】

T形截面受弯构件当翼缘位于受拉区时，参加工作的翼缘宽度较受压翼缘宽度小些，为了确保翼缘内纵向钢筋对框架梁端受弯承载力做出贡献，故做出了不少于翼缘内部纵筋的75%应通过柱或锚固于柱内的规定。

4.2.6 对预应力混凝土框架梁的梁端加腋处，其箍筋配置应符合下列规定：

1 当加腋长度 $L_h \leqslant 0.8h$ 时，箍筋加密区长度应取加腋区及距加腋区端部1.5倍梁高；

2 当加腋长度 $L_h > 0.8h$ 时，箍筋加密区长度应取1.5倍梁端部高度；且不小于加腋长度 L_h；

3 箍筋加密区的箍筋间距不应大于100mm，箍筋直径不应小于10mm，箍筋肢距不宜大于200mm和20倍箍筋直径的较大值。

【条文解析】

预应力混凝土框架梁端箍筋的加密区长度、箍筋最大间距和箍筋的最小直径等构造要求应符合现行国家标准《建筑抗震设计规范》GB 50011有关条款的要求。本条对预应力混凝土大梁加腋区端部可能出现塑性铰的区域，规定采用较密的箍筋，以改善受弯延性。

4.2.7 对现浇混凝土框架，当采用预应力混凝土扁梁时，扁梁的跨高比 l_0/h_b 不宜大于25，梁截面高度宜大于板厚度的2倍，其截面尺寸应符合下列要求，并应满足现行有关规范对挠度和裂缝宽度的规定：

$$b_b \leqslant 2b_c \quad (4.2.7-1)$$

$$b_b \leqslant b_c + h_b \quad (4.2.7-2)$$

$$h_b \geqslant 16d \tag{4.2.7-3}$$

式中： b_c——柱截面宽度；

b_b、h_b——分别为梁截面宽度和高度；

d——柱纵筋直径。

【条文解析】

跨高比过大，则扁梁体系太柔对抗震不利，研究表明该限值取25比较合适。

4.2.9 扁梁框架的边梁不宜采用宽度 b_s 大于柱截面高度 h_c 的预应力混凝土扁梁。当与框架边梁相交的内部框架扁梁大于柱宽时，边梁应采取配筋构造措施考虑其受扭的不利影响。

【条文解析】

对于预应力混凝土框架的边梁，要求其宽度不大于柱高，可避免其对垂直于该边梁方向的框架扁梁产生扭矩；当与此边梁相交的内部框架扁梁大于柱宽时，也将对该边梁产生扭矩，为消除此扭矩，对于框架边梁应采取有效的配筋构造要求，考虑其受扭的不利作用。

4.3.4 在地震作用组合下，当采用对称配筋的框架柱中全部纵向受力普通钢筋配筋率大于5%时，可采用预应力混凝土柱，其纵向受力钢筋的配置，可采用非对称配置预应力筋的配筋方式，即在截面受拉较大的一侧采用预应力筋和非预应力钢筋的混合配筋，另一侧仅配置非预应力钢筋。

【条文解析】

对于承受较大弯矩而轴向压力小的框架顶层边柱，可以按预应力混凝土梁设计，采用非对称配筋的预应力混凝土柱，弯矩较大截面的受拉一侧采用预应力筋和非预应力普通钢筋混合配筋，另一侧仅配普通钢筋，并应符合一定的配筋构造要求。

4.3.5 预应力混凝土框架柱的截面配筋应符合下列规定：

1 预应力混凝土框架柱纵向非预应力钢筋的最小配筋率应符合现行国家标准《混凝土结构设计规范》GB 50010 有关钢筋混凝土受压构件纵向受力钢筋最小配筋百分率的规定；

2 预应力混凝土框架柱中全部纵向受力钢筋按非预应力钢筋抗拉强度设计值换算的配筋率不应大于5%；

3 纵向预应力筋不宜少于两束，其孔道之间的净间距不宜小于100mm。

4.3.6 预应力混凝土框架柱柱端加密区配箍要求不低于普通钢筋混凝土框架柱的要求；对预应力混凝土框架结构，其柱的箍筋应沿柱全高加密。

【条文解析】

试验研究表明，预应力混凝土柱在高配筋率下，容易发生粘结型剪切破坏，此时，增加箍筋的效果已不显著，故对预应力混凝土框架柱的最大配筋率限值做出了规定。预应力混凝土柱尚应符合现行国家标准《混凝土结构设计规范》GB 50010关于框架柱纵向非预应力钢筋最小配筋百分率的规定及柱端加密区配箍要求。此外，对预应力混凝土纯框架结构要求柱的箍筋应沿柱全高加密。

4.3.7 对双向预应力混凝土框架的边柱和角柱，在进行局部受压承载力计算时，可将框架柱中的纵向受力主筋和横向箍筋兼作间接钢筋网片。

【条文解析】

试验结果表明，当混凝土处于双向局部受压时，其局压承载力高于单向局压承载力。在局部承压设计中，将框架柱中纵向受力主筋和横向箍筋兼作间接钢筋网片用是根据试验研究和工程设计经验提出的。

2.3 剪力墙结构

《建筑抗震设计规范》GB 50011—2010

6.4.1 抗震墙的厚度，一、二级不应小于160mm且不宜小于层高或无支长度的1/20，三、四级不应小于140mm且不小于层高或无支长度的1/25；无端柱或翼墙时，一、二级不宜小于层高或无支长度的1/16，三、四级不宜小于层高或无支长度的1/20。

底部加强部位的墙厚，一、二级不应小于200mm且不宜小于层高或无支长度的1/16，三、四级不应小于160mm且不宜小于层高或无支长度的1/20；无端柱或翼墙时，一、二级不宜小于层高或无支长度的1/12，三、四级不宜小于层高或无支长度的1/16。

【条文解析】

无端柱或翼墙是指墙的两端（不包括洞口两侧）为一字形的矩形截面。

试验表明，有边缘构件约束的矩形截面抗震墙与无边缘构件约束的矩形截面抗震墙相比，极限承载力约提高40%，极限层间位移角约增加一倍，对地震能量的消耗能力增大20%左右，且有利于墙板的稳定。对一、二级抗震墙底部加强部位，当无端柱或翼墙时，墙厚需适当增加。

6.4.2 一、二、三级抗震墙在重力荷载代表值作用下墙肢的轴压比，一级时，9度不宜大于0.4，7、8度不宜大于0.5；二、三级时不宜大于0.6。

注：墙肢轴压比指墙的轴压力设计值与墙的全截面面积和混凝土轴心抗压强度设计值乘积之比值。

【条文解析】

本条将抗震墙的轴压比控制范围，由一、二级扩大到三级，由底部加强部位扩大到全高。计算墙肢轴压力设计值时，不计入地震作用组合，但应取分项系数1.2。

6.4.3 抗震墙竖向、横向分布钢筋的配筋，应符合下列要求：

1 一、二、三级抗震墙的竖向和横向分布钢筋最小配筋率均不应小于0.25%，四级抗震墙分布钢筋最小配筋率不应小于0.20%。

注：高度小于24m且剪压比很小的四级抗震墙，其竖向分布筋的最小配筋率应允许按0.15%采用。

2 部分框支抗震墙结构的落地抗震墙底部加强部位，竖向和横向分布钢筋配筋率均不应小于0.3%。

【条文解析】

抗震墙，包括抗震墙结构、框架－抗震墙结构、板柱－抗震墙结构及筒体结构中的抗震墙，是这些结构体系的主要抗侧力构件。对框支结构，抗震墙的底部加强部位受力很大，其分布钢筋应高于一般抗震墙的要求。通过在这些部位增加竖向钢筋和横向的分布钢筋，提高墙体开裂后的变形能力，以避免脆性剪切破坏，改善整个结构的抗震性能。

6.4.4 抗震墙竖向和横向分布钢筋的配置，尚应符合下列规定：

1 抗震墙的竖向和横向分布钢筋的间距不宜大于300mm，部分框支抗震墙结构的落地抗震墙底部加强部位，竖向和横向分布钢筋的间距不宜大于200mm。

2 抗震墙厚度大于140mm时，其竖向和横向分布钢筋应双排布置，双排分布钢筋间拉筋的间距不宜大于600mm，直径不应小于6mm。

3 抗震墙竖向和横向分布钢筋的直径，均不宜大于墙厚的1/10且不应小于8mm；竖向钢筋直径不宜小于10mm。

【条文解析】

本条对抗震墙竖向和横向分布钢筋的配置作出了相应的规定。

6.4.5 抗震墙两端和洞口两侧应设置边缘构件，边缘构件包括暗柱、端柱和翼墙，并应符合下列要求：

1 对于抗震墙结构，底层墙肢底截面的轴压比不大于表 6.4.5－1 规定的一、二、三级抗震墙及四级抗震墙，墙肢两端可设置构造边缘构件，构造边缘构件的范围可按图 6.4.5－1 采用，构造边缘构件的配筋除应满足受弯承载力要求外，并宜符合表 6.4.5－2 的要求。

表 6.4.5－1 抗震墙设置构造边缘构件的最大轴压比

抗震等级或烈度	一级（9 度）	一级（7、8 度）	二、三级
轴压比	0.1	0.2	0.3

表 6.4.5－2 抗震墙构造边缘构件的配筋要求

抗震等级	底部加强部位			其他部位		
	纵向钢筋最小量（取较大值）	箍筋		纵向钢筋最小量（取较大值）	拉筋	
		最小直径/mm	沿竖向最大间距/mm		最小直径/mm	沿竖向最大间距/mm
一	$0.010A_c$，$6\phi16$	8	100	$0.008A_c$，$6\phi14$	8	150
二	$0.008A_c$，$6\phi14$	8	150	$0.006A_c$，$6\phi12$	8	200
三	$0.006A_c$，$6\phi12$	6	150	$0.005A_c$，$4\phi12$	6	200
四	$0.005A_c$，$4\phi12$	6	200	$0.004A_c$，$4\phi12$	6	250

注：1 A_c 为边缘构件的截面面积；

2 其他部位的拉筋，水平间距不应大于纵筋间距的 2 倍；转角处宜采用箍筋；

3 当端柱承受集中荷载时，其纵向钢筋、箍筋直径和间距应满足柱的相应要求。

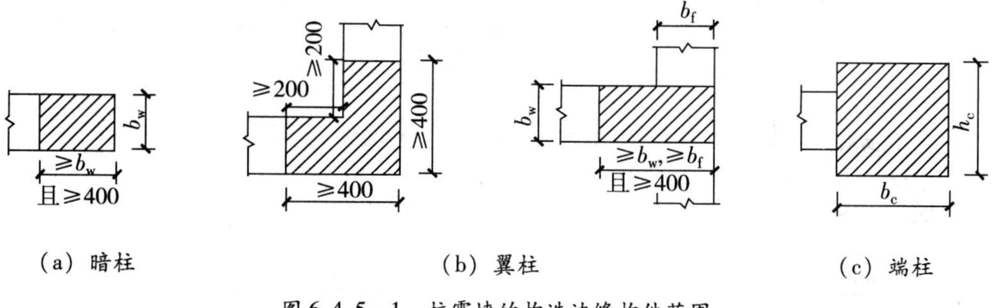

（a）暗柱　（b）翼柱　（c）端柱

图 6.4.5－1 抗震墙的构造边缘构件范围

2 底层墙肢底截面的轴压比大于表 6.4.5－1 规定的一、二、三级抗震墙，以及部分框支抗震墙结构的抗震墙，应在底部加强部位及相邻的上一层设置约束边缘构件，在以上的其他部位可设置构造边缘构件。约束边缘构件沿墙肢的长度、配箍特征值、箍筋和纵向钢筋宜符合表6.4.5－3的要求（图6.4.5－2）。

表6.4.5－3　抗震墙约束边缘构件的范围及配筋要求

项目	一级（9度）		一级（8度）		二、三级	
	$\lambda \leq 0.2$	$\lambda > 0.2$	$\lambda \leq 0.3$	$\lambda > 0.3$	$\lambda \leq 0.4$	$\lambda > 0.4$
l_c（暗柱）	$0.20h_w$	$0.25h_w$	$0.15h_w$	$0.20h_w$	$0.15h_w$	$0.20h_w$
l_c（翼墙或端柱）	$0.15h_w$	$0.20h_w$	$0.10h_w$	$0.15h_w$	$0.10h_w$	$0.15h_w$
λ_v	0.12	0.20	0.12	0.20	0.12	0.20
纵向钢筋（取较大值）	$0.012A_c$，8ϕ16		$0.012A_c$，8ϕ16		$0.010A_c$，6ϕ16（三级6ϕ14）	
箍筋或拉筋沿竖向间距	100mm		100mm		150mm	

注：1　抗震墙的翼墙长度小于其3倍厚度或端柱截面边长小于2倍墙厚时，按无翼墙、无端柱查表；

2　l_c 为约束边缘构件沿墙肢长度，且不小于墙厚和400mm；有翼墙或端柱时不应小于翼墙厚度或端柱沿墙肢方向截面高度加300mm；

3　λ_v 为约束边缘构件的配箍特征值，体积配箍率可按本规范式（6.3.9）计算，并可适当计入满足构造要求且在墙端有可靠锚固的水平分布钢筋的截面面积；

4　h_W 为抗震墙墙肢长度；

5　λ 为墙肢轴压比；

6　A_c 为图6.4.5－2中约束边缘构件阴影部分的截面面积。

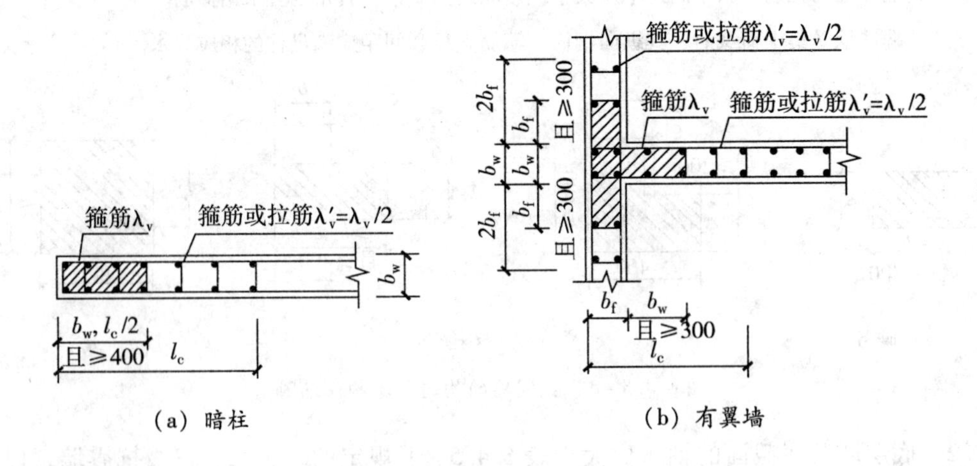

（a）暗柱　　（b）有翼墙

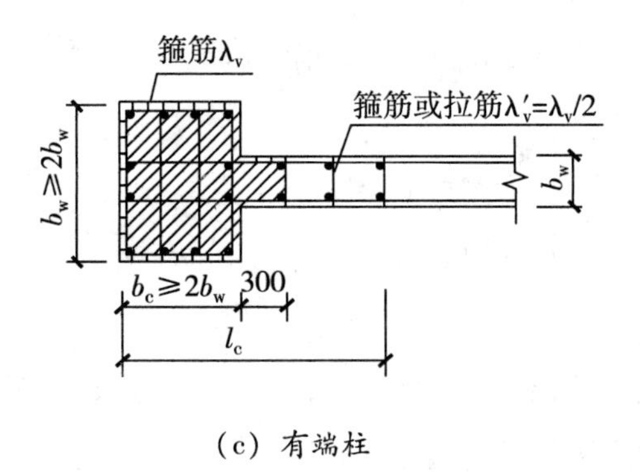

（c）有端柱

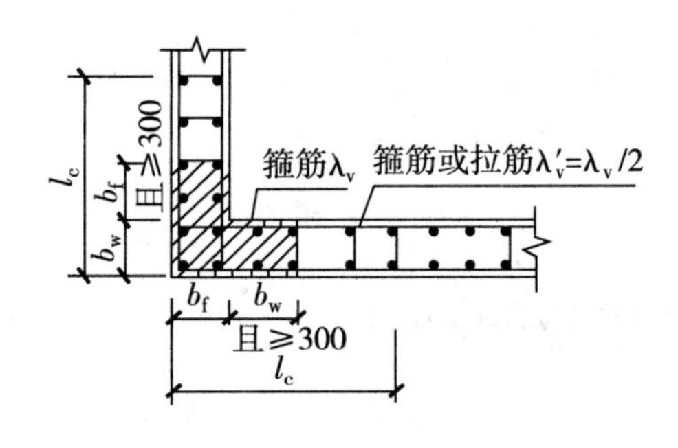

（d）转角墙（L形墙）

图 6.4.5－2　抗震墙的约束边缘构件

【条文解析】

对于开洞的抗震墙即联肢墙，强震作用下合理的破坏过程应当是连梁首先屈服，然后墙肢的底部钢筋屈服、形成塑性铰。抗震墙墙肢的塑性变形能力和抗地震倒塌能力，除了与纵向配筋有关外，还与截面形状、截面相对受压区高度或轴压比、墙两端的约束范围、约束范围内的箍筋配箍特征值有关。当截面相对受压区高度或轴压比较小时，即使不设约束边缘构件，抗震墙也具有较好的延性和耗能能力。当截面相对受压区高度或轴压比大到一定值时，就需设置约束边缘构件，使墙肢端部成为箍筋约束混凝土，具有较大的受压变形能力。当轴压比更大时，即使设置约束边缘构件，在强烈地震作用下，抗震墙有可能压溃、丧失承担竖向荷载的能力。因此，规定了一、二级抗震墙在重力荷载代表值作用下的轴压比限值；当墙底截面的轴压比超过一定值时，底部加强部位墙的两端及洞口两侧应设置约束边缘构件，使底部加强部位有良好的延性和耗能能力；考虑到底部加强部位以上相邻层的抗震墙，其轴压比可能仍较大，将约束边缘构件向上延伸一层；还规定了构造边缘构件和约束边缘构件的具体构造要求。

6.4.6　抗震墙的墙肢长度不大于墙厚的 3 倍时，应按柱的有关要求进行设计；矩形墙肢的厚度不大于300mm时，尚宜全高加密箍筋。

【条文解析】

当抗震墙的墙肢长度不大于墙厚的3倍时，要求应按柱的有关要求进行设计。本条降低了小墙肢的箍筋全高加密的要求。

6.4.7 跨高比较小的高连梁，可设水平缝形成双连梁、多连梁或采取其他加强受剪承载力的构造。顶层连梁的纵向钢筋伸入墙体的锚固长度范围内，应设置箍筋。

【条文解析】

高连梁设置水平缝，使一根连梁成为大跨高比的两根或多根连梁，其破坏形态从剪切破坏变为弯曲破坏。

《混凝土结构设计规范》GB 50010—2010

11.7.1 一级抗震等级剪力墙各墙肢截面考虑地震组合的弯矩设计值，底部加强部位应按墙肢底部截面组合弯矩设计值采用；底部加强部位以上部位，墙肢的组合弯矩设计值应乘以增大系数，其值可采用1.2。

【条文解析】

本条规定一级抗震等级剪力墙底部加强部位高度范围内各墙肢截面的弯矩设计值不再取用墙肢底部截面的组合弯矩设计值。由于从剪力墙底部截面向上的纵向受拉钢筋中高应力区向整个塑性铰区高度的扩展，也导致塑性铰区以上墙肢各截面的作用弯矩相应有所增大，故本条规定对底部加强部位以上墙肢各截面的组合弯矩设计值乘以1.2的增大系数。弯矩调整增大后，剪力设计值应相应提高。

11.7.11 剪力墙及筒体洞口连梁的纵向钢筋、斜筋及箍筋的构造应符合下列要求：

1 连梁沿上、下边缘单侧纵向钢筋的最小配筋率不应小于0.15%，且配筋不宜少于2ϕ12；交叉斜筋连梁单向对角斜筋不宜少于2ϕ12，单组折线筋的截面面积可取为单向对角斜筋截面面积的一半，且直径不宜小于12mm；集中对角斜筋连梁和对角暗柱连梁中每组对角斜筋应至少由4根不小于14mm的钢筋组成。

2 交叉斜筋配筋连梁的对角斜筋在梁端部位应设置不少于3根拉筋，拉筋的间距应不大于连梁宽度和200mm的较小值，直径不应小于6mm；集中对角斜筋配筋连梁应在梁截面内沿水平方向及竖直方向设置双向拉筋，拉筋应勾住外侧纵向钢筋，间距应不大于200mm，直径不应小于8mm；对角暗撑配筋连梁中暗撑箍筋的外缘沿梁截面宽度方向不宜小于梁宽的一半，另一方向不宜小于梁宽的1/5；对角暗撑约束箍筋的间距不宜大于暗撑钢筋直径的6倍，当计算间距小于100mm时可取100mm，箍筋肢距不应大于350mm。

除集中对角斜筋配筋连梁以外，其余连梁的水平钢筋及箍筋形成的钢筋网之间应采用拉筋拉结连，拉筋直径不宜小于6mm，间距不宜大于400mm。

3 沿连梁全长箍筋的构造宜按本规范第11.3.6条和11.3.8条框架梁梁端加密区箍筋的构造要求采用；对角暗撑配筋连梁沿连梁全长箍筋的间距可按本规范表11.3.6-2中规定值的2倍取用。

4 连梁纵向受力钢筋、交叉斜筋伸入墙内的锚固长度不应小于l_{aE}，且不应小于600mm；顶层连梁纵向钢筋伸入墙体的长度范围内，应配置间距不大于150mm的构造箍筋，箍筋直径应与该连梁的箍筋直径相同。

5 剪力墙的水平分布钢筋可作为连梁的纵向构造钢筋在连梁范围内贯通。当梁的腹板高度h_w不小于450mm时，其两侧面沿梁高范围设置的纵向构造钢筋的直径不应小于10mm，间距不应大于200mm；对跨高比不大于2.5的连梁，梁两侧的纵向构造钢筋的面积配筋率尚不应小于0.3%。

【条文解析】

本条主要对剪力墙及筒体洞口连梁的纵向钢筋、斜筋及箍筋的构造要求作出了规定。

11.7.12 剪力墙的墙肢截面厚度应符合下列规定：

1 剪力墙结构：一、二级抗震等级时，一般部位不应小于160mm，且不宜小于层高或无支长度的1/20；三、四级抗震等级时，不应小于140mm，且不宜小于层高或无支长度的1/25。一、二级抗震等级的底部加强部位，不应小于200mm，且不宜小于层高或无支长度的1/16，当墙端无端柱或翼墙时，墙厚不宜小于层高或无支长度的1/12；

2 框架-剪力墙结构：一般部位不应小于160mm，且不宜小于层高或无支长度的1/20；底部加强部位不应小于200mm，且不宜小于层高或无支长度的1/16；

3 框架-核心筒结构、筒中筒结构：一般部位不应小于160mm，且不宜小于层高或无支长度的1/20；底部加强部位不应小于200mm，且不宜小于层高或无支长度的1/16。筒体底部加强部位及其以上一层不应改变墙体厚度。

【条文解析】

为保证剪力墙的承载力和侧向（平面外）稳定要求，给出了各种结构体系剪力墙肢截面厚度的规定。本条对各类结构中剪力墙的最小厚度规定作了进一步的细化和局部调整。

因端部无端柱或翼墙的剪力墙与端部有端柱或翼墙的剪力墙相比，其正截面受力性能、变形能力以及端部侧向稳定性能均有一定降低。试验表明，极限位移将减小一半左右，耗能能力将降低20%左右。故适当加大了一、二级抗震等级墙端无端柱或翼墙的剪力墙的最小墙厚。

本条除对剪力墙最小厚度具体尺寸要求外，还给出了用层高或无支长度的分数表示的厚度要求。其中，无支长度是指墙肢沿水平方向上无支撑约束的最大长度。

11.7.13 剪力墙厚度大于140mm时，其竖向和水平向分布钢筋不应少于双排布置。

【条文解析】

为了提高剪力墙侧向稳定和受弯承载力，规定了剪力墙厚度大于140mm时，应配置双排或多排钢筋。

11.7.14 剪力墙的水平和竖向分布钢筋的配筋应符合下列规定：

1 **一、二、三级抗震等级的剪力墙的水平和竖向分布钢筋配筋率均不应小于0.25%；四级抗震等级剪力墙不应小于0.2%；**

2 **部分框支剪力墙结构的剪力墙底部加强部位，水平和竖向分布钢筋配筋率不应小于0.3%。**

注：对高度不超过24m且剪压比很小的四级抗震等级剪力墙，其竖向分布筋最小配筋率应允许按0.15%采用。

【条文解析】

本条按不同的结构体系和不同的抗震等级规定了水平和竖向分布钢筋的最小配筋率的限值。

11.7.15 剪力墙水平和竖向分布钢筋的间距不宜大于300mm，直径不宜大于墙厚的1/10，且不应小于8mm；竖向分布钢筋直径不宜小于10mm。

部分框支剪力墙结构的底部加强部位，剪力墙水平和竖向分布钢筋的间距不宜大于200mm。

【条文解析】

本条给出了剪力墙分布钢筋最大间距、最大直径和最小直径的规定。

11.7.16 一、二、三级抗震等级的剪力墙，其底部加强部位的墙肢轴压比不宜超过表11.7.16的限值。

表11.7.16 剪力墙轴压比限值

抗震等级（设防烈度）	一级（9度）	一级（7、8度）	二级、三级
轴压比限值	0.4	0.5	0.6

注：剪力墙肢轴压比指在重力荷载代表值作用下墙的轴压力设计值与墙的全截面面积和混凝土轴心抗压强度设计值乘积的比值。

11.7.17 剪力墙两端及洞口两侧应设置边缘构件，并宜符合下列要求：

1 一、二、三级抗震等级剪力墙，在重力荷载代表值作用下，当墙肢底截面轴压比大于表11.7.17规定时，其底部加强部位及其以上一层墙肢应按本规范11.7.18条的规定设置约束边缘构件；当墙肢轴压比不大于表11.7.17规定时，可按本规范第11.7.19条的规定设置构造边缘构件；

表11.7.17 剪力墙设置构造边缘构件的最大轴压比

抗震等级（设防烈度）	一级（9度）	一级（7、8度）	二级、三级
轴压比	0.1	0.2	0.3

2 部分框支剪力墙结构中，一、二、三级抗震等级落地剪力墙的底部加强部位及以上一层的墙肢两端，宜设置翼墙或端柱，并应按本规范第11.7.18条的规定设置约束边缘构件；不落地的剪力墙，应在底部加强部位及以上一层剪力墙的墙肢两端设置约束边缘构件；

3 一、二、三级抗震等级的剪力墙的一般部位剪力墙以及四级抗震等级剪力墙，应按本规范11.7.19条设置构造边缘构件；

4 对框架－核心筒结构，一、二、三级抗震等级的核心筒角部墙体的边缘构件尚应按下列要求加强：底部加强部位墙肢约束边缘构件的长度宜取墙肢截面高度的1/4，且约束边缘构件范围内宜全部采用箍筋；底部加强部位以上宜按本规范图11.7.18的要求设置约束边缘构件。

11.7.18 剪力墙端部设置的约束边缘构件（暗柱、端柱、翼墙和转角墙）应符合下列要求（图 11.7.18）：

1 约束边缘构件沿墙肢的长度 l_c 及配箍特征值 λ_v 宜满足表 11.7.18 的要求，箍筋的配置范围及相应的配箍特征值 λ_v 和 $\lambda_v/2$ 的区域如图 11.7.18 所示，其体积配筋率 ρ_v 应符合下列要求：

$$\rho_v \geqslant \lambda_v \frac{f_c}{f_{yv}} \tag{11.7.18}$$

式中：λ_v——配箍特征值，计算时可计入拉筋。

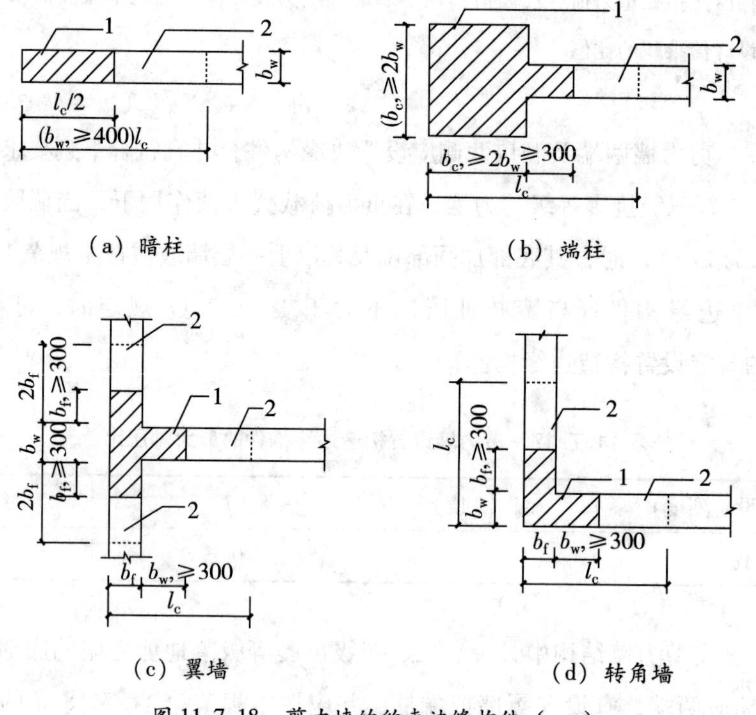

图 11.7.18 剪力墙的约束边缘构件（mm）

1—配箍特征值为 λ_v 的区域；2—配箍特征值为 $\lambda_v/2$ 的区域

计算体积配箍率时，可适当计入满足构造要求且在墙端有可靠锚固的水平分布钢筋的截面面积。

2 一、二、三级抗震等级剪力墙约束边缘构件的纵向钢筋的截面面积，对图 11.7.18 所示暗柱、端柱、翼墙与转角墙分别不应小于图中阴影部分面积的 1.2%、1.0%和 0.9%。

表 11.7.18 约束边缘构件沿墙肢的长度 l_c 及配箍特征值 λ_v

抗震等级（设防烈度）		一级（9 度）		一级（7、8 度）		二级、三级	
轴压比		≤0.2	>0.2	≤0.3	>0.3	≤0.4	>0.4
λ_v		0.12	0.20	0.12	0.20	0.12	0.20
l_c/mm	暗柱	$0.20h_w$	$0.25h_w$	$0.15h_w$	$0.20h_w$	$0.15h_w$	$0.20h_w$
	端柱、翼墙或转角墙	$0.15h_w$	$0.20h_w$	$0.10h_w$	$0.15h_w$	$0.10h_w$	$0.15h_w$

注：1 两侧翼墙长度小于其厚度 3 倍时，视为无翼墙剪力墙；端柱截面边长小于墙厚 2 倍时，视为无端柱剪力墙。

2 约束边缘构件沿墙肢长度 l_c 除满足表 11.7.18 的要求外，且不宜小于墙厚和 400mm；当有端柱、翼墙或转角墙时，尚不应小于翼墙厚度或端柱沿墙肢方向截面高度加 300mm。

3 h_w 为剪力墙的墙肢截面高度。

11.7.19 剪力墙端部设置的构造边缘构件（暗柱、端柱、翼墙和转角墙）的范围，应按图 11.7.19 确定，构造边缘构件的纵向钢筋除应满足计算要求外，尚应符合表 11.7.19 的要求。

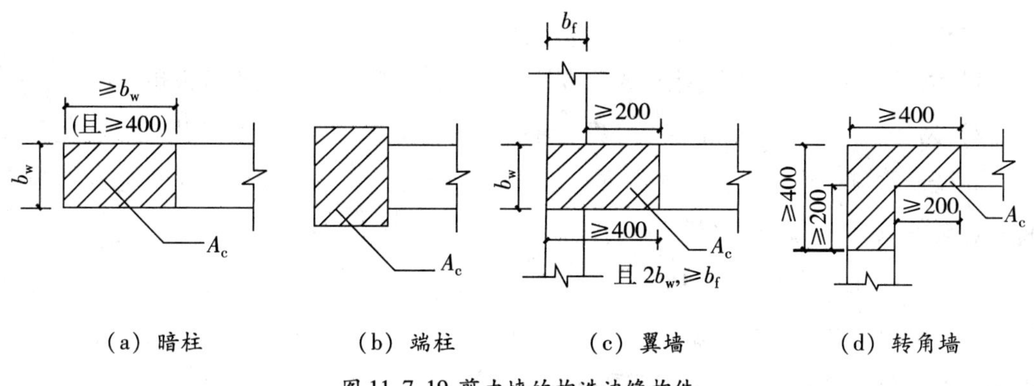

图 11.7.19 剪力墙的构造边缘构件

注：图中尺寸单位为 mm。

表 11.7.19 构造边缘构件的构造配筋要求

抗震等级	底部加强部位			其他部位		
	纵向钢筋最小配筋量（取较大值）	箍筋、拉筋		纵向钢筋最小配筋量（取较大值）	箍筋、拉筋	
		最小直径/mm	最大间距/mm		最小直径/mm	最大间距/mm
一	$0.01A_c$，$6\phi16$	8	100	$0.008A_c$，$6\phi14$	8	150
二	$0.008A_c$，$6\phi14$	8	150	$0.006A_c$，$6\phi12$	8	200

续表

抗震等级	底部加强部位			其他部位		
	纵向钢筋最小配筋量（取较大值）	箍筋、拉筋		纵向钢筋最小配筋量（取较大值）	箍筋、拉筋	
		最小直径/mm	最大间距/mm		最小直径/mm	最大间距/mm
三	$0.006A_c$，$6\phi12$	6	150	$0.005A_c$，$4\phi12$	6	200
四	$0.005A_c$，$4\phi12$	6	200	$0.004A_c$，$4\phi12$	6	250

注：1　A_c为图11.7.19中所示的阴影面积。

2　对其他部位，拉筋的水平间距不应大于纵向钢筋间距的2倍，转角处宜设置箍筋。

3　当端柱承受集中荷载时，应满足框架柱的配筋要求。

【条文解析】

剪力墙肢和筒壁墙肢的底部在罕遇地震作用下有可能进入屈服后变形状态。该部位也是防止剪力墙结构、框架－剪力墙结构和筒体结构在罕遇地震作用下发生倒塌的关键部位。为了保证该部位的抗震延性能力和塑性耗能能力，通常采用的抗震构造措施包括：

1）对一、二、三级抗震等级的剪力墙肢和筒壁墙肢的轴压比进行限制。

2）对一、二、三级抗震等级的剪力墙肢和筒壁墙肢，当底部轴压比超过一定限值后，在墙肢或筒壁墙肢两侧设置约束边缘构件，同时对约束边缘构件中纵向钢筋的最低配置数量以及约束边缘构件范围内箍筋的最低配置数量作出限制。

设计中应注意，表11.7.16中的轴压比限值是一、二、三级抗震等级的剪力墙肢和筒壁墙肢应满足的基本要求。而表11.7.17中的“最大轴压比”是在剪力墙肢和筒壁墙肢底部设置约束边缘构件的必要条件。

对剪力墙肢和筒壁墙肢底部约束边缘构件中纵向钢筋最低数量作出规定，除为了保证剪力墙肢和筒壁墙肢底部所需的延性和塑性耗能能力之外，也是为了对剪力墙肢和筒壁墙肢底部的抗弯能力作必要的加强，以便在联肢剪力墙和联肢筒壁墙肢中使塑性铰首先在各层洞口连梁中形成，而使剪力墙肢和筒壁墙肢底部的塑性铰推迟形成。

《高层建筑混凝土结构技术规程》JGJ 3—2010

7.1.1　剪力墙结构应具有适宜的侧向刚度，其布置应符合下列规定：

1　平面布置宜简单、规则，宜沿两个主轴方向或其他方向双向布置，两个方向的侧向刚度不宜相差过大。抗震设计时，不应采用仅单向有墙的结构布置。

2 宜自下到上连续布置，避免刚度突变。

3 门窗洞口宜上下对齐、成列布置，形成明确的墙肢和连梁；宜避免造成墙肢宽度相差悬殊的洞口设置；抗震设计时，一、二、三级剪力墙的底部加强部位不宜采用上下洞口不对齐的错洞墙，全高均不宜采用洞口局部重叠的叠合错洞墙。

【条文解析】

高层建筑结构应有较好的空间工作性能，剪力墙应双向布置，形成空间结构。特别强调在抗震结构中，应避免单向布置剪力墙，并宜使两个方向刚度接近。

剪力墙的抗侧刚度较大，如果在某一层或几层切断剪力墙，易造成结构刚度突变，因此，剪力墙从上到下宜连续设置。

剪力墙洞口的布置，会明显影响剪力墙的力学性能。规则开洞，洞口成列、成排布置，能形成明确的墙肢和连梁，应力分布比较规则，又与当前普遍应用程序的计算简图较为符合，设计计算结果安全可靠。错洞剪力墙和叠合错洞剪力墙的应力分布复杂，计算、构造都比较复杂和困难。剪力墙底部加强部位，是塑性铰出现及保证剪力墙安全的重要部位，一、二和三级剪力墙的底部加强部位不宜采用错洞布置，如无法避免错洞墙，应控制错洞墙洞口间的水平距离不小于2m，并在设计时进行仔细计算分析，在洞口周边采取有效构造措施（图2.4（a）、（b））。此外，一、二、三级抗震设计的剪力墙全高都不宜采用叠合错洞墙，当无法避免叠合错洞布置时，应按有限元方法仔细计算分析，并在洞口周边采取加强措施（图2.4（c）），或在洞口不规则部位采用其他轻质材料填充，将叠合洞口转化为规则洞口（图2.4（d），其中阴影部分表示轻质填充墙体）。

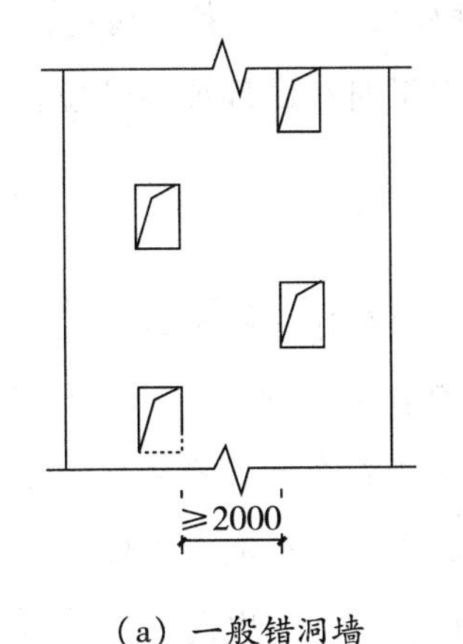

（a）一般错洞墙

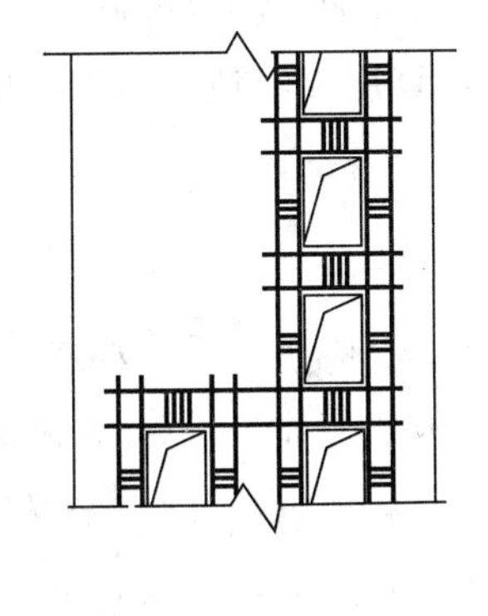

（b）底部局部错洞墙

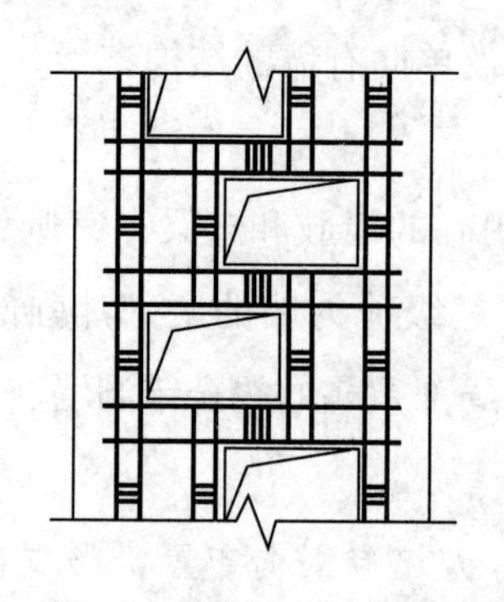

(c) 叠合错洞墙构造之一

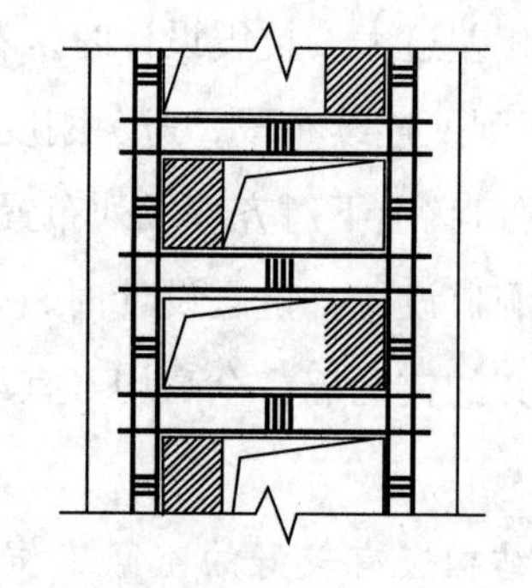

(d) 叠合错洞墙构造之二

图 2.4 剪力墙洞口不对齐时的构造措施示意

若在结构整体计算中采用杆系、薄壁杆系模型或对洞口作了简化处理的其他有限元模型时，应对不规则开洞墙的计算结果进行分析、判断，并进行补充计算和校核。目前除了平面有限元方法外，尚没有更好的简化方法计算错洞墙。采用平面有限元方法得到应力后，可不考虑混凝土的抗拉作用，按应力进行配筋，并加强构造措施。

本条所指的剪力墙结构是以剪力墙及因剪力墙开洞形成的连梁组成的结构，其变形特点为弯曲型变形，目前有些项目采用了大部分由跨高比较大的框架梁联系的剪力墙形成的结构体系，这样的结构虽然剪力墙较多，但受力和变形特性接近框架结构，当层数较多时对抗震是不利的，宜避免。

7.1.4 抗震设计时，剪力墙底部加强部位的范围，应符合下列规定：

1 底部加强部位的高度，应从地下室顶板算起；

2 底部加强部位的高度可取底部两层和墙体总高度的 1/10 二者的较大值，部分框支剪力墙结构底部加强部位的高度应符合本规程第 10.2.2 条的规定；

3 当结构计算嵌固端位于地下一层底板或以下时，底部加强部位宜延伸到计算嵌固端。

【条文解析】

抗震设计时，为保证剪力墙底部出现塑性铰后具有足够大的延性，应对可能出现塑性铰的部位加强抗震措施，包括提高其抗剪切破坏的能力，设置约束边缘构件等，该加强部位称为“底部加强部位”。剪力墙底部塑性铰出现都有一定范围，一般情况下单个塑性铰发展高度约为墙肢截面高度 h_w，但是为安全起见，设计时加强部位范围应适当扩大。第 3 款明确了当地下室整体刚度不足以作为结构嵌固端，而计算嵌固部位不能设在地下室顶板时，剪力墙底部加强部位的设计要求宜延伸至计算嵌固部位。

7.1.6 当剪力墙或核心筒墙肢与其平面外相交的楼面梁刚接时，可沿楼面梁轴线方向设置与梁相连的剪力墙、扶壁柱或在墙内设置暗柱，并应符合下列规定：

1 设置沿楼面梁轴线方向与梁相连的剪力墙时，墙的厚度不宜小于梁的截面宽度；

2 设置扶壁柱时，其截面宽度不应小于梁宽，其截面高度可计入墙厚；

3 墙内设置暗柱时，暗柱的截面高度可取墙的厚度，暗柱的截面宽度可取梁宽加2倍墙厚；

4 应通过计算确定暗柱或扶壁柱的纵向钢筋（或型钢），纵向钢筋的总配筋率不宜小于表7.1.6的规定。

表7.1.6 暗柱、扶壁柱纵向钢筋的构造配筋率

设计状况	抗震设计				非抗震设计
	一级	二级	三级	四级	
配筋率/%	0.9	0.7	0.6	0.5	0.5

注：采用400MPa、335MPa级钢筋时，表中数值宜分别增加0.05和0.10。

5 楼面梁的水平钢筋应伸入剪力墙或扶壁柱，伸入长度应符合钢筋锚固要求。钢筋锚固段的水平投影长度，非抗震设计时不宜小于 $0.4l_{ab}$，抗震设计时不宜小于 $0.4l_{abE}$；当锚固段的水平投影长度不满足要求时，可将楼面梁伸出墙面形成梁头，梁的纵筋伸入梁头后弯折锚固（图7.1.6），也可采取其他可靠的锚固措施。

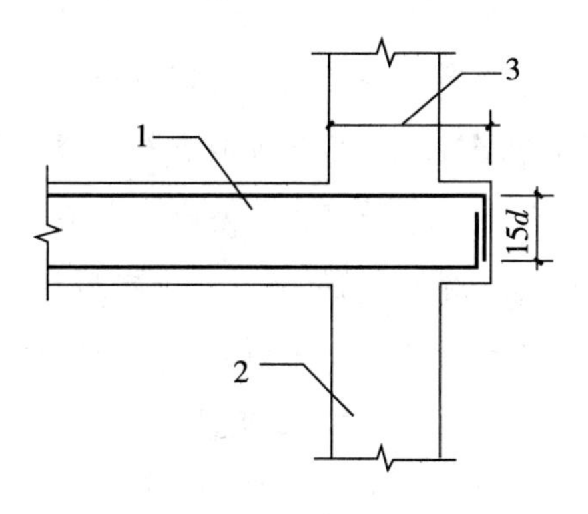

图7.1.6 楼面梁伸出墙面形成梁头

1—楼面梁；2—剪力墙；3—楼面梁钢筋锚固水平投影长度

6 暗柱或扶壁柱应设置箍筋，箍筋直径，一、二、三级时不应小于8mm，四级及非抗震时不应小于6mm，且均不应小于纵向钢筋直径的1/4；箍筋间距，一、二、三级时不应大于150mm，四级及非抗震时不应大于200mm。

【条文解析】

剪力墙的特点是平面内刚度及承载力大，而平面外刚度及承载力都很小，因此，应注意剪力墙平面外受弯时的安全问题。当剪力墙与平面外方向的大梁连接时，会使墙肢平面外承受弯矩，当梁高大于约2倍墙厚时，刚性连接梁的梁端弯矩将使剪力墙平面外产生较大的弯矩，此时应当采取措施，以保证剪力墙平面外的安全。

7.1.8 抗震设计时，高层建筑结构不应全部采用短肢剪力墙；B级高度高层建筑以及抗震设防烈度为9度的A级高度高层建筑，不宜布置短肢剪力墙，不应采用具有较多短肢剪力墙的剪力墙结构。当采用具有较多短肢剪力墙的剪力墙结构时，应符合下列规定：

1 在规定的水平地震作用下，短肢剪力墙承担的底部倾覆力矩不宜大于结构底部总地震倾覆力矩的50%；

2 房屋适用高度应比本规程表3.3.1－1规定的剪力墙结构的最大适用高度适当降低，7度、8度（0.2g）和8度（0.3g）时分别不应大于100m、80m和60m。

注：1 短肢剪力墙是指截面厚度不大于300mm、各肢截面高度与厚度之比的最大值大于4但不大于8的剪力墙；

2 具有较多短肢剪力墙的剪力墙结构是指，在规定的水平地震作用下，短肢剪力墙承担的底部倾覆力矩不小于结构底部总地震倾覆力矩的30%的剪力墙结构。

【条文解析】

厚度不大的剪力墙开大洞口时，会形成短肢剪力墙，短肢剪力墙一般出现在多层和高层住宅建筑中。短肢剪力墙沿建筑高度可能有较多楼层的墙肢会出现反弯点，受力特点接近异形柱，又承担较大轴力与剪力，因此，本条规定短肢剪力墙应加强，在某些情况下还要限制建筑高度。对于L形、T形、十字形剪力墙，其各肢的肢长与截面厚度之比的最大值大于4且不大于8时，才划分为短肢剪力墙。对于采用刚度较大的连梁与墙肢形成的开洞剪力墙，不宜按单独墙肢判断其是否属于短肢剪力墙。

由于短肢剪力墙抗震性能较差，地震区应用经验不多，为安全起见，在高层住宅结构中短肢剪力墙布置不宜过多，不应采用全部为短肢剪力墙的结构。短肢剪力墙承担的倾覆力矩不小于结构底部总倾覆力矩的30%时，称为具有较多短肢剪力墙的剪力墙结构，此时房屋的最大适用高度应适当降低。B级高度高层建筑及9度抗震设防的A级高度高层建筑，不宜布置短肢剪力墙，不应采用具有较多短肢剪力墙的剪力墙结构。

本条还规定短肢剪力墙承担的倾覆力矩不宜大于结构底部总倾覆力矩的50%，是在短肢剪力墙较多的剪力墙结构中，对短肢剪力墙数量的间接限制。

7.2.1 剪力墙的截面厚度应符合下列规定：

1 应符合本规程附录D的墙体稳定验算要求。

2 一、二级剪力墙：底部加强部位不应小于200mm，其他部位不应小于160mm；一字形独立剪力墙底部加强部位不应小于220mm，其他部位不应小于180mm。

3 三、四级剪力墙：不应小于160mm，一字形独立剪力墙的底部加强部位尚不应小于180mm。

4 非抗震设计时不应小于160mm。

5 剪力墙井筒中，分隔电梯井或管道井的墙肢截面厚度可适当减小，但不宜小于160mm。

【条文解析】

本条强调了剪力墙的截面厚度应符合本规程附录D的墙体稳定验算要求，并应满足剪力墙截面最小厚度的规定，其目的是为了保证剪力墙平面外的刚度和稳定性能，也是高层建筑剪力墙截面厚度的最低要求。按本规程的规定，剪力墙截面厚度除应满足本条规定的稳定要求外，尚应满足剪力墙受剪截面限制条件、剪力墙正截面受压承载力要求以及剪力墙轴压比限值要求。

7.2.2 抗震设计时，短肢剪力墙的设计应符合下列规定：

1 短肢剪力墙截面厚度除应符合本规程第7.2.1条的要求外，底部加强部位尚不应小于200mm，其他部位尚不应小于180mm。

2 一、二、三级短肢剪力墙的轴压比，分别不宜大于0.45、0.50、0.55，一字形截面短肢剪力墙的轴压比限值应相应减少0.1。

3 短肢剪力墙的底部加强部位应按本节第7.2.6条调整剪力墙设计值，其他各层一、二、三级时剪力设计值应分别乘以增大系数1.4、1.2和1.1。

4 短肢剪力墙边缘构件的设置应符合本规程第7.2.14条的规定。

5 短肢剪力墙的全部竖向钢筋的配筋率，底部加强部位一、二级不宜小于1.2%，三、四级不宜小于1.0%；其他部位一、二级不宜小于1.0%，三、四级不宜小于0.8%。

6 不宜采用一字形短肢剪力墙，不宜在一字形短肢剪力墙上布置平面外与之相交的单侧楼面梁。

【条文解析】

本条对短肢剪力墙的墙肢形状、厚度、轴压比、纵向钢筋配筋率、边缘构件等作了相应规定。不论是否短肢剪力墙较多，所有短肢剪力墙都要求满足本条规定。短肢剪力墙的抗震等级不再提高，但在第2款中降低了轴压比限值。对短肢剪力墙的轴压比限制很严，是防止短肢剪力墙承受的楼面面积范围过大，或房屋高度太大，过早压坏引起楼板坍塌的危险。

一字形短肢剪力墙延性及平面外稳定均十分不利，因此规定不宜采用一字形短肢剪力墙，不宜布置单侧楼面梁与之平面外垂直连接或斜交，同时要求短肢剪力墙尽可能设置翼缘。

7.2.4 抗震设计的双肢剪力墙，其墙肢不宜出现小偏心受拉；当任一墙肢为偏心受拉时，另一墙肢的弯矩设计值及剪力设计值应乘以增大系数1.25。

【条文解析】

如果双肢剪力墙中一个墙肢出现小偏心受拉，该墙肢可能会出现水平通缝而严重削弱其抗剪能力，抗侧刚度也严重退化，由荷载产生的剪力将全部转移到另一个墙肢而导致另一墙肢抗剪承载力不足。因此，应尽可能避免出现墙肢小偏心受拉情况。当墙肢出现大偏心受拉时，墙肢极易出现裂缝，使其刚度退化，剪力将在墙肢中重分配，此时，可将另一受压墙肢按弹性计算的剪力设计值乘以1.25增大系数后计算水平钢筋，以提高其受剪承载力。注意，在地震作用的反复荷载下，两个墙肢都要增大设计剪力。

7.2.5 一级剪力墙的底部加强部位以上部位，墙肢的组合弯矩设计值和组合剪力设计值应乘以增大系数，弯矩增大系数可取为1.2，剪力增大系数可取为1.3。

【条文解析】

剪力墙墙肢的塑性铰一般出现在底部加强部位。对于一级抗震等级的剪力墙，为了更有把握实现塑性铰出现在底部加强部位，保证其他部位不出现塑性铰，因此要求增大一级抗震等级剪力墙底部加强部位以上部位的弯矩设计值，为了实现强剪弱弯设计要求，弯矩增大部位剪力墙的剪力设计值也应相应增大。

7.2.13 重力荷载代表值作用下，一、二、三级剪力墙墙肢的轴压比不宜超过表7.2.13的限值。

表 7.2.13 剪力墙墙肢轴压比限值

抗震等级	一级（9 度）	一级（6、7、8 度）	二、三级
轴压比限值	0.4	0.5	0.6

注：墙肢轴压比是指重力荷载代表值作用下墙肢承受的轴压力设计值与墙肢的全截面面积和混凝土轴心抗压强度设计值乘积之比值。

【条文解析】

轴压比是影响剪力墙在地震作用下塑性变形能力的重要因素。相同条件的剪力墙，轴压比低的，其延性大，轴压比高的，其延性小；通过设置约束边缘构件，可以提高高轴压比剪力墙的塑性变形能力，但轴压比大于一定值后，即使设置约束边缘构件，在强震作用下，剪力墙仍可能因混凝土压溃而丧失承受重力荷载的能力。因此，本条规定了剪力墙的轴压比限值。

7.2.14 剪力墙两端和洞口两侧应设置边缘构件，并应符合下列规定：

1 一、二、三级剪力墙底层墙肢底截面轴压比大于表 7.2.14 的规定值时，以及部分框支剪力墙结构的剪力墙，应在底部加强部位及相邻的上一层设置约束边缘构件，约束边缘构件应符合本规程第 7.2.15 条的规定；

表 7.2.14 剪力墙可不设约束边缘构件的最大轴压比

等级或烈度	一级（9 度）	一级（6、7、8 度）	二、三级
轴压比	0.1	0.2	0.3

2 除本条第 1 款所列部位外，剪力墙应按本规程第 7.2.16 条设置构造边缘构件；

3 B 级高度高层建筑的剪力墙，宜在约束边缘构件层与构造边缘构件层之间设置 1 ~2 层过渡层，过渡层边缘构件的箍筋配置要求可低于约束边缘构件的要求，但应高于构造边缘构件的要求。

【条文解析】

轴压比低的剪力墙，即使不设约束边缘构件，在水平力作用下也能有比较大的塑性变形能力。本条规定了可以不设约束边缘构件的剪力墙的最大轴压比。B 级高度的高层建筑，考虑到其高度比较高，为避免边缘构件配筋急剧减少的不利情况，规定了约束边缘构件与构造边缘构件之间设置过渡层的要求。

7.2.15 剪力墙的约束边缘构件可为暗柱、端柱和翼墙（图 7.2.15），并应符合下列规定：

1 约束边缘构件沿墙肢的长度 l_c 和箍筋配箍特征值 λ_v 应符合表 7.2.15 的要求，其体积配筋率 ρ_v 应按下式计算：

$$\rho_v = \lambda_v \frac{f_c}{f_{yv}} \tag{7.2.15}$$

式中：ρ_v——箍筋体积配箍率，可计入箍筋、拉筋以及符合构件要求的水平分布钢筋，计入的水平分布钢筋的体积配箍率不应大于总体积配箍率的 30%；

λ_v——约束边缘构件配箍特征值；

f_c——混凝土轴心抗压强度设计值；混凝土强度等级低于 C35 时，应取 C35 的混凝土轴心抗压强度设计值；

f_{yv}——箍筋、拉筋或水平分布钢筋的抗拉强度设计值。

表 7.2.15 约束边缘构件沿墙肢的长度 l_c 及其配箍特征值 λ_v

项目	一级（9度）		一级（6、7、8度）		二、三级	
	$\mu_N \leqslant 0.2$	$\mu_N > 0.2$	$\mu_N \leqslant 0.3$	$\mu_N > 0.3$	$\mu_N \leqslant 0.4$	$\mu_N > 0.4$
l_c（暗柱）	$0.20h_w$	$0.25h_w$	$0.15h_w$	$0.20h_w$	$0.15h_w$	$0.20h_w$
l_c（翼墙或端柱）	$0.15h_w$	$0.20h_w$	$0.10h_w$	$0.15h_w$	$0.10h_w$	$0.15h_w$
λ_v	0.12	0.20	0.12	0.20	0.12	0.20

注：1 μ_N 为墙肢在重力荷载代表值作用下的轴压比，h_w 为墙肢的长度。

2 剪力墙的翼墙长度小于翼墙厚度的 3 倍或端柱截面边长小于 2 倍墙厚时，按无翼墙、无端柱查表。

3 l_c 为约束边缘构件沿墙肢的长度（图 7.2.15）。对暗柱不应小于墙厚和 400mm 的较大值；有翼墙或端柱时，不应小于翼墙或端柱沿墙肢方向截面高度加 300mm。

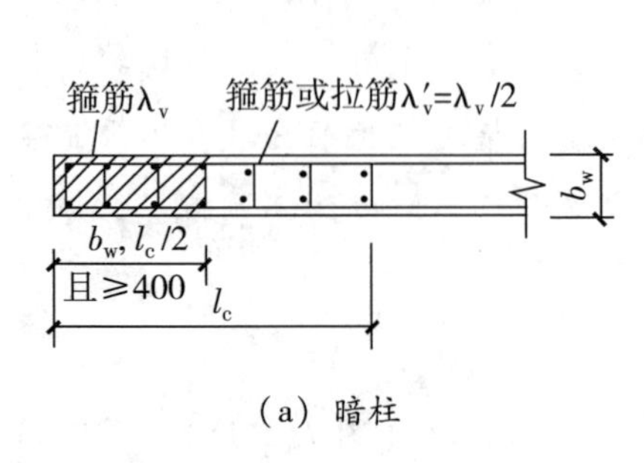

(a) 暗柱

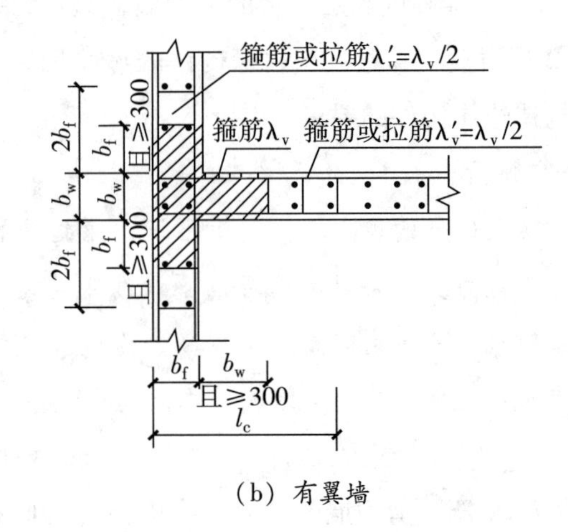

(b) 有翼墙

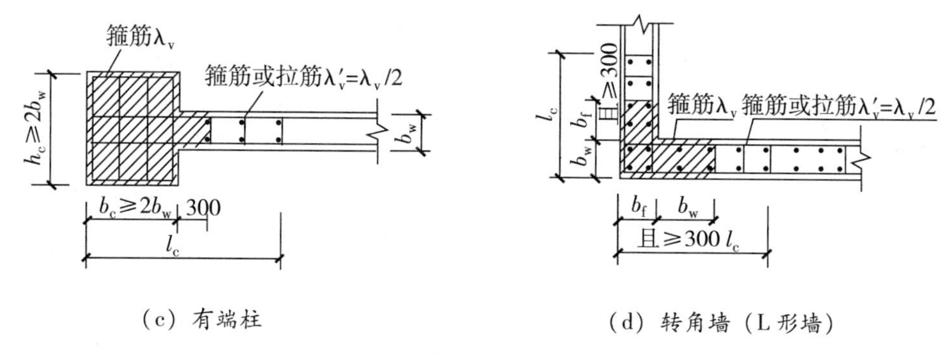

(c) 有端柱　　　　(d) 转角墙(L形墙)

图 7.2.15　剪力墙的约束边缘构件

【条文解析】

对于轴压比大于《高层建筑混凝土结构技术规程》JGJ 3—2010 表 7.2.14 规定的剪力墙，通过设置约束边缘构件，使其具有比较大的塑性变形能力。

截面受压区高度不仅与轴压力有关，而且与截面形状有关，在相同的轴压力作用下，带翼缘或带端柱的剪力墙，其受压区高度小于一字形截面剪力墙。因此，带翼缘或带端柱的剪力墙的约束边缘构件沿墙的长度，小于一字形截面剪力墙。

本条“符合构造要求的水平分布钢筋”，一般指水平分布钢筋伸入约束边缘构件，在墙端有90°弯折后延伸到另一排分布钢筋并勾住其竖向钢筋，内、外排水平分布钢筋之间设置足够的拉筋，从而形成复合箍，可以起到有效约束混凝土的作用。

7.2.16　剪力墙构造边缘构件的范围宜按图 7.2.16 中阴影部分采用，其最小配筋应满足表 7.2.16 的规定，并应符合下列规定：

1　竖向配筋应满足正截面受压（受拉）承载力的要求；

2　当端柱承受集中荷载时，其竖向钢筋、箍筋直径和间距应满足框架柱的相应要求；

3　箍筋、拉筋沿水平方向的肢距不宜大于 300mm，不应大于竖向钢筋间距的 2 倍；

4　抗震设计时，对于连体结构、错层结构以及 B 级高度高层建筑结构中的剪力墙（筒体），其构造边缘构件的最小配筋应符合下列要求：

1）竖向钢筋最小量应比表 7.2.16 中的数值提高 $0.001A_c$ 采用。

2）箍筋的配筋范围宜取图 7.2.16 中阴影部分。其配箍特征值 λ_v 不宜小于 0.1。

5　非抗震设计的剪力墙，墙肢端部应配置不少于 4ϕ12 的纵向钢筋，箍筋直径不应小于 6mm，间距不宜大于 250mm。

表 7.2.16　剪力墙构造边缘构件的最小配筋要求

抗震等级	底部加强部位		
	竖向钢筋最小量（取较大值）	箍筋	
		最小直径/mm	沿竖向最大间距/mm
一	$0.010A_c$，$6\phi16$	8	100
二	$0.008A_c$，$6\phi14$	8	150
三	$0.006A_c$，$6\phi12$	6	150
四	$0.005A_c$，$4\phi12$	6	200
抗震等级	其他部位		
	竖向钢筋最小量（取较大值）	箍筋	
		最小直径/mm	沿竖向最大间距/mm
一	$0.008A_c$，$6\phi14$	8	150
二	$0.006A_c$，$6\phi12$	8	200
三	$0.005A_c$，$6\phi12$	6	200
四	$0.004A_c$，$4\phi12$	6	250

注：1　A_c 为构造边缘构件的截面面积，即图 7.2.16 剪力墙截面的阴影部分。

2　符号 ϕ 表示钢筋直径。

3　其他部位的转角处宜采用箍筋。

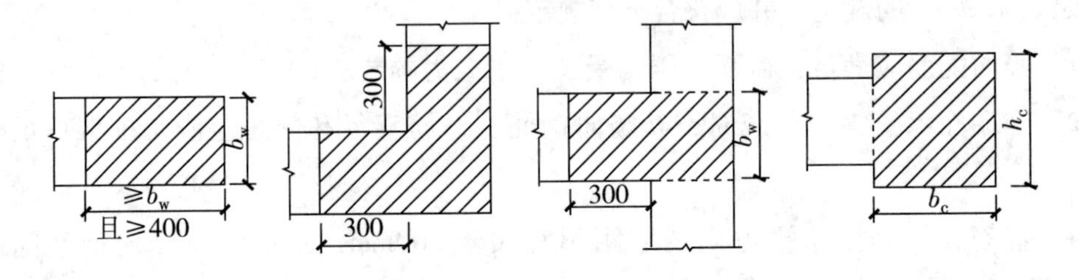

图 7.2.16　剪力墙的构造边缘构件范围

【条文解析】

剪力墙构造边缘构件中的纵向钢筋按承载力计算和构造要求二者中的较大值设置。设计时需注意计算边缘构件竖向最小配筋所用的面积 A_c 的取法和配筋范围。承受集中荷载的端柱还要符合框架柱的配筋要求。构造边缘构件中的纵向钢筋宜采用高强钢筋。构造边缘构件可配置箍筋与拉筋相结合的横向钢筋。

7.2.17 剪力墙竖向和水平分布钢筋的配筋率，一、二、三级时均不应小于0.25%，四级和非抗震设计时均不应小于0.20%。

【条文解析】

为了防止混凝土墙体在受弯裂缝出现后立即达到极限受弯承载力，配置的竖向分布钢筋必须满足最小配筋百分率要求。同时，为了防止斜裂缝出现后发生脆性的剪拉破坏，规定了水平分布钢筋的最小配筋百分率。本条所指剪力墙不包括部分框支剪力墙，后者比全部落地剪力墙更为重要，其分布钢筋最小配筋率应符合相关规定。

2.4 框架－剪力墙结构

《建筑抗震设计规范》GB 50011—2010

6.5.1 框架－抗震墙结构的抗震墙厚度和边框设置，应符合下列要求：

1 抗震墙的厚度不应小于160mm且不宜小于层高或无支长度的1/20，底部加强部位的抗震墙厚度不应小于200mm且不宜小于层高或无支长度的1/16。

2 有端柱时，墙体在楼盖处宜设置暗梁，暗梁的截面高度不宜小于墙厚和400mm的较大值；端柱截面宜与同层框架柱相同，并应满足本规范第6.3节对框架柱的要求；抗震墙底部加强部位的端柱和紧靠抗震墙洞口的端柱宜按柱箍筋加密区的要求沿全高加密箍筋。

【条文解析】

高层钢筋混凝土框架－抗震墙结构中的抗震墙，是作为该结构体系第一道防线的主要的抗侧力构件，需要比一般的抗震墙有所加强。为了提高其变形能力，对框架－抗震墙结构中的抗震墙的墙体厚度、墙体最小配筋率和端柱设计等做出了较严格的规定。

6.5.3 楼面梁与抗震墙平面外连接时，不宜支承在洞口连梁上；沿梁轴线方向宜设置与梁连接的抗震墙，梁的纵筋应锚固在墙内；也可在支承梁的位置设置扶壁柱或暗柱，并应按计算确定其截面尺寸和配筋。

【条文解析】

楼面梁与抗震墙平面外连接，主要出现在抗震墙与框架分开布置的情况。试验表明，在往复荷载作用下，锚固在墙内的梁的纵筋有可能产生滑移，与梁连接的墙面混凝土有可能拉脱。

《高层建筑混凝土结构技术规程》JGJ 3—2010

8.1.3 抗震设计的框架－剪力墙结构，应根据在规定的水平力作用下结构底层框架部分承受的地震倾覆力矩与结构总地震倾覆力矩的比值，确定相应的设计方法，并应符合下列规定：

1 框架部分承受的地震倾覆力矩不大于结构总地震倾覆力矩的10%时，按剪力墙结构进行设计，其中的框架部分应按框架－剪力墙结构的框架进行设计；

2 当框架部分承受的地震倾覆力矩大于结构总地震倾覆力矩的10%但不大于50%时，按框架－剪力墙结构进行设计；

3 当框架部分承受的地震倾覆力矩大于结构总地震倾覆力矩的50%但不大于80%时，按框架－剪力墙结构进行设计，其最大适用高度可比框架结构适当增加，框架部分的抗震等级和轴压比限值宜按框架结构的规定采用；

4 当框架部分承受的地震倾覆力矩大于结构总地震倾覆力矩的80%时，按框架－剪力墙结构进行设计，但其最大适用高度宜按框架结构采用，框架部分的抗震等级和轴压比限值应按框架结构的规定采用。当结构的层间位移角不满足框架－剪力墙结构的规定时，可按本规程第3.11节的有关规定进行结构抗震性能分析和论证。

【条文解析】

框架－剪力墙结构在规定的水平力作用下，结构底层框架部分承受的地震倾覆力矩与结构总地震倾覆力矩的比值不尽相同，结构性能有较大的差别。在结构设计时，应据此比值确定该结构相应的适用高度和构造措施，计算模型及分析均按框架－剪力墙结构进行实际输入和计算分析。

8.1.5 框架－剪力墙结构应设计成双向抗侧力体系；抗震设计时，结构两主轴方向均应布置剪力墙。

【条文解析】

框架－剪力墙结构是框架和剪力墙共同承担竖向和水平作用的结构体系，布置适量的剪力墙是其基本特点。为了发挥框架－剪力墙结构的优势，无论是否抗震设计，均应设计成双向抗侧力体系，且结构在两个主轴方向的刚度和承载力不宜相差过大；抗震设计时，框架－剪力墙结构在结构两个主轴方向均应布置剪力墙，以体现多道防线的要求。

8.1.7 框架－剪力墙结构中剪力墙的布置宜符合下列规定：

1 剪力墙宜均匀布置在建筑物周边附近、楼梯间、电梯间、平面形状变化及恒载较大的部位；

2 平面形状凹凸较大时，宜在凸出部分的端部附近布置剪力墙；

3 纵、横剪力墙宜组成 L 形、T 形和［形等形式；

4 单片剪力墙底部承担的水平剪力不应超过结构底部总水平剪力的 30%；

5 剪力墙宜贯通建筑物的全高，宜避免刚度突变；剪力墙开洞时，洞口宜上下对齐；

6 楼、电梯间等竖井宜尽量与靠近的抗侧力结构结合布置；

7 抗震设计时，剪力墙的布置宜使结构各主轴方向的侧向刚度接近。

【条文解析】

本条主要指出框架－剪力墙结构中在结构布置时要处理好框架和剪力墙之间的关系，遵循这些要求，可使框架－剪力墙结构更好地发挥两种结构各自的作用并且使整体合理地工作。

8.1.8 长矩形平面或平面有一部分较长的建筑中，其剪力墙的布置尚宜符合下列规定：

1 横向剪力墙沿长方向的间距宜满足表 8.1.8 的要求，当这些剪力墙之间的楼盖有较大开洞时，剪力墙的间距应适当减小；

2 纵向剪力墙不宜集中布置在房屋的两尽端。

表 8.1.18 剪力墙间距 m

楼盖形式	非抗震设计（取较小值）	抗震设防烈度		
		6 度、7 度（取较小值）	8 度（取较小值）	9 度（取较小值）
现浇	5.0*B*，60	4.0*B*，50	3.0*B*，40	2.0*B*，30
装配整体	3.5*B*，50	3.0*B*，40	2.5*B*，30	—

注：1 表中 *B* 为剪力墙之间的楼盖宽度（m）。

2 装配整体式楼盖的现浇层应符合本规程第 3.6.2 条的有关规定。

3 现浇层厚度大于 60mm 的叠合楼板可作为现浇板考虑。

4 当房屋端部未布置剪力墙时，第一片剪力墙与房屋端部的距离，不宜大于表中剪力墙间距的 1/2。

【条文解析】

长矩形平面或平面有一方向较长（如 L 形平面中有一肢较长）时，如横向剪力墙间距过大，在侧向力作用下，因不能保证楼盖平面的刚性而会增加框架的负担，故对剪力墙的最大间距作出规定。当剪力墙之间的楼板有较大开洞时，对楼盖平面刚度有所削弱，此时剪力墙的间距宜再减小。纵向剪力墙布置在平面的尽端时，会造成对楼盖两端的约束作用，楼盖中部的梁板容易因混凝土收缩和温度变化而出现裂缝，故宜避免。同时也考虑到在设计中有剪力墙布置在建筑中部，而端部无剪力墙的情况，用表注4的相应规定，可防止布置框架的楼面伸出太长，不利于地震力传递。

8.1.9 板柱－剪力墙结构的布置应符合下列规定：

1 应同时布置筒体或两主轴方向的剪力墙以形成双向抗侧力体系，并应避免结构刚度偏心，其中剪力墙或筒体应分别符合本规程第7章和第9章的有关规定，且宜在对应剪力墙或筒体的各楼层处设置暗梁。

2 抗震设计时，房屋的周边应设置边梁形成周边框架，房屋的顶层及地下室顶板宜采用梁板结构。

3 有楼、电梯间等较大开洞时，洞口周围宜设置框架梁或边梁。

4 无梁板可根据承载力和变形要求采用无柱帽（柱托）板或有柱帽（柱托）板形式。柱托板的长度和厚度应按计算确定，且每方向长度不宜小于板跨度的1/6，其厚度不宜小于板厚度的1/4。7度时宜采用有柱托板，8度时应采用有柱托板，此时托板每方向长度尚不宜小于同方向柱截面宽度和4倍板厚之和，托板总厚度尚不应小于柱纵向钢筋直径的16倍。当无柱托板且无梁板受冲切承载力不足时，可采用型钢剪力架(键)，此时板的厚度并不应小于200mm。

5 双向无梁板厚度与长跨之比，不宜小于表8.1.9的规定。

表8.1.9 双向无梁板厚度与长跨的最小比值

非预应力楼板		预应力楼板	
无柱托板	有柱托板	无柱托板	有柱托板
1/30	1/35	1/40	1/45

【条文解析】

板柱结构由于楼盖基本没有梁，可以减小楼层高度，对使用和管道安装都较方便，因而板柱结构在工程中时有采用。但板柱结构抵抗水平力的能力差，特别是板与柱的连接点是非常薄弱的部位，对抗震尤为不利。为此，本条规定抗震设计时，高层建筑不能单独使用板柱结构，而必须设置剪力墙（或剪力墙组成的筒体）来承担水平力。8度设防时应采用柱托板，托板处总厚度不小于16倍柱纵筋直径是为了保证板柱节点的抗弯刚度。当板厚不满足受冲切承载力要求而又不能设置柱托板时，建议采用型钢剪力架（键）抵抗冲切，剪力架（键）型钢应根据计算确定。型钢剪力架（键）的高度不应大于板面筋的下排钢筋和板底筋的上排钢筋之间的净距，并确保型钢具有足够的保护层厚度，据此确定板的厚度并不应小于200mm。

8.1.10 抗风设计时，板柱－剪力墙结构中各层筒体或剪力墙应能承担不小于80%相应方向该层承担的风荷载作用下的剪力；抗震设计时，应能承担各层全部相应方向该层承担的地震剪力，而各层板柱部分尚应能承担不小于20%相应方向该层承担的地震剪力，且应符合有关抗震构造要求。

【条文解析】

抗震设计时，按多道设防的原则，规定全部地震剪力应由剪力墙承担，但各层板柱部分除应符合计算要求外，仍应能承担不少于该层相应方向20%的地震剪力。另外，本条还规定了抗风设计时的要求，以提高板柱－剪力墙结构在适用高度提高后抵抗水平力的性能。

8.2.1 框架－剪力墙结构、板柱－剪力墙结构中，剪力墙的竖向、水平分布钢筋的配筋率，抗震设计时均不应小于0.25%，非抗震设计时均不应小于0.20%，并应至少双排布置。各排分布筋之间应设置拉筋，拉筋的直径不应小于6mm，间距不应大于600mm。

【条文解析】

框架－剪力墙结构、板柱－剪力墙结构中的剪力墙是承担水平风荷载或水平地震作用的主要受力构件，必须要保证其安全可靠。因此，四级抗震等级时剪力墙的竖向、水平分布钢筋的配筋率要适当提高；为了提高混凝土开裂后的性能和保证施工质量，各排分布钢筋之间应设置拉筋，其直径不应小于6mm，间距不应大于600mm。

8.2.2 带边框剪力墙的构造应符合下列规定：

1 带边框剪力墙的截面厚度应符合本规程附录D的墙体稳定计算要求，且应符合下列规定：

1）抗震设计时，一、二级剪力墙的底部加强部位不应小于200mm；

2）除本款1）项以外的其他情况下不应小于160mm。

2 剪力墙的水平钢筋应全部锚入边框柱内，锚固长度不应小于l_a（非抗震设计）或l_{aE}（抗震设计）。

3 与剪力墙重合的框架梁可保留，亦可做成宽度与墙厚相同的暗梁，暗梁截面高度可取墙厚的2倍或与该榀框架梁截面等高，暗梁的配筋可按构造配置且应符合一般框架梁相应抗震等级的最小配筋要求。

4 剪力墙截面宜按工字形设计，其端部的纵向受力钢筋应配置在边框柱截面内。

5 边框柱截面宜与该榀框架其他柱的截面相同，边框柱应符合本规程第6章有关框架柱构造配筋规定；剪力墙底部加强部位边框柱的箍筋宜沿全高加密；当带边框剪力墙上的洞口紧邻边框柱时，边框柱的箍筋宜沿全高加密。

【条文解析】

带边框的剪力墙，边框与嵌入的剪力墙应共同承担对其作用力，本条列出为满足此要求的有关规定。

8.2.4 板柱－剪力墙结构中，板的构造设计应符合下列规定：

1 抗震设计时，应在柱上板带中设置构造暗梁，暗梁宽度取柱宽及两侧各1.5倍板厚之和，暗梁支座上部钢筋截面积不宜小于柱上板带钢筋截面积的50%，并应全跨拉通，暗梁下部钢筋应不小于上部钢筋的1/2。暗梁箍筋的布置，当计算不需要时，直径不应小于8mm，间距不宜大于$3h_0/4$，肢距不宜大于$2h_0$；当计算需要时应按计算确定，且直径不应小于10mm，间距不宜大于$h_0/2$，肢距不宜大于$1.5h_0$。

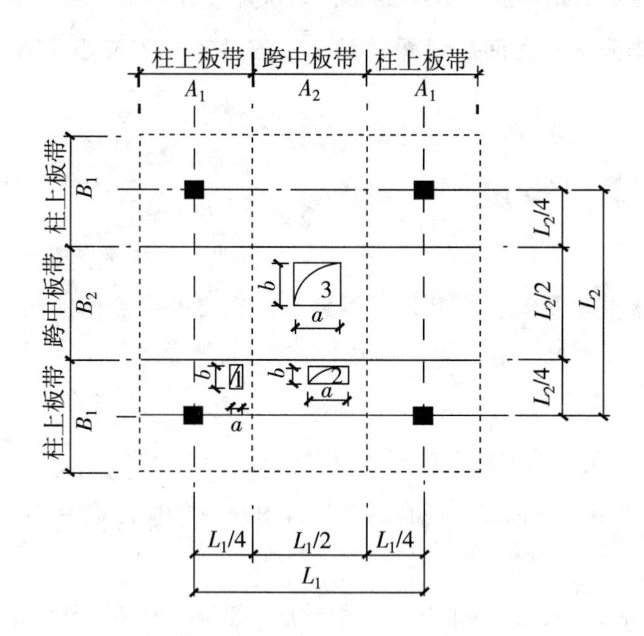

图8.2.4 无梁楼板开洞要求

注：洞1：$a \leqslant a_c/4$ 且 $a \leqslant t/2$，$b \leqslant b_c/4$ 且 $b \leqslant t/2$，其中，a 为洞口短边尺寸，b 为洞口长边尺寸，a_c 为相应于洞口短边方向的柱宽，b_c 为相应于洞口长边方向的柱宽，t 为板厚；洞2：$a \leqslant A_2/4$ 且 $b \leqslant B_1/4$；洞3：$a \leqslant A_2/4$ 且 $b \leqslant B_2/4$

2　设置柱托板时，非抗震设计时托板底部宜布置构造钢筋；抗震设计时托板底部钢筋应按计算确定，并应满足抗震锚固要求。计算柱上板带的支座钢筋时，可考虑托板厚度的有利影响。

3　无梁楼板开局部洞口时，应验算承载力及刚度要求。当未作专门分析时，在板的不同部位开单个洞的大小应符合图8.2.4的要求。若在同一部位开多个洞时，则在同一截面上各个洞宽之和不应大于该部位单个洞的允许宽度。所有洞边均应设置补强钢筋。

【条文解析】

板柱－剪力墙结构中，地震作用虽由剪力墙全部承担，但结构在整体工作时，板柱部分仍会承担一定的水平力。由柱上板带和柱组成的板柱框架的板，受力主要集中在柱的连线附近，故抗震设计应沿柱轴线设置暗梁，目的在于加强板与柱的连接，较好地起到板柱框架的作用，此时柱上板带的钢筋应比较集中在暗梁部位。

当无梁板有局部开洞时，除满足图8.2.4的要求外，冲切计算中应考虑洞口对冲切能力的削弱。

2.5　筒体结构

《建筑抗震设计规范》GB 50011—2010

6.7.1　框架－核心筒结构应符合下列要求：

1　核心筒与框架之间的楼盖宜采用梁板体系；部分楼层采用平板体系时应有加强措施。

2　除加强层及其相邻上下层外，按框架－核心筒计算分析的框架部分各层地震剪力的最大值不宜小于结构底部总地震剪力的10%。当小于10%时，核心筒墙体的地震剪力应适当提高，边缘构件的抗震构造措施应适当加强；任一层框架部分承担的地震剪力不应小于结构底部总地震剪力的15%。

3　加强层设置应符合下列规定：

1）9度时不应采用加强层；

2）加强层的大梁或桁架应与核心筒内的墙肢贯通；大梁或桁架与周边框架柱的连接宜采用铰接或半刚性连接；

3）结构整体分析应计入加强层变形的影响；

4）施工程序及连接构造上，应采取措施减小结构竖向温度变形及轴向压缩对加强层的影响。

【条文解析】

框架－核心筒结构的核心筒与周边框架之间采用梁板结构时，各层梁对核心筒有一定的约束，可不设加强层，梁与核心筒连接应避开核心筒的连梁。当楼层采用平板结构且核心筒较柔，在地震作用下不能满足变形要求，或筒体由于受弯产生拉力时，宜设置加强层，其部位应结合建筑功能设置。为了避免加强层周边框架柱在地震作用下由于强梁带来的不利影响，加强层的大梁或桁架与周边框架不宜刚性连接。9度时不应采用加强层。核心筒的轴向压缩及外框架的竖向温度变形对加强层产生附加内力，在加强层与周边框架柱之间采取后浇连接及有效的外保温措施是必要的。

6.7.2 框架－核心筒结构的核心筒、筒中筒结构的内筒，其抗震墙除应符合本规范第6.4节的有关规定外，尚应符合下列要求：

1 抗震墙的厚度、竖向和横向分布钢筋应符合本规范第6.5节的规定；筒体底部加强部位及相邻上一层，当侧向刚度无突变时不宜改变墙体厚度。

2 框架－核心筒结构一、二级筒体角部的边缘构件宜按下列要求加强：底部加强部位，约束边缘构件范围内宜全部采用箍筋，且约束边缘构件沿墙肢的长度宜取墙肢截面高度的1/4，底部加强部位以上的全高范围内宜按转角墙的要求设置约束边缘构件。

3 内筒的门洞不宜靠近转角。

【条文解析】

框架－核心筒结构的核心筒、筒中筒结构的内筒，都是由抗震墙组成的，也都是结构的主要抗侧力竖向构件，其抗震构造措施应符合相关的规定包括墙的最小厚度、分布钢筋的配置、轴压比限值、边缘构件的要求等，以使筒体具有足够大的抗震能力。

框架－核心筒结构的框架较弱，宜加强核心筒的抗震能力；核心筒连梁的跨高比一般较小，墙的整体作用较强。因此，核心筒角部的抗震构造措施予以加强。

6.7.3 楼面大梁不宜支承在内筒连梁上。楼面大梁与内筒或核心筒墙体平面外连接时，应符合本规范第6.5.3条的规定。

【条文解析】

楼层不宜集中支承在内筒或核心筒的转角处，也不宜支承在洞口连梁上；内筒或核心筒支承楼层梁的位置宜设暗柱。

6.7.4 一、二级核心筒和内筒中跨高比不大于2的连梁，当梁截面宽度不小于400mm时，可采用交叉暗柱配筋，并应设置普通箍筋；截面宽度小于400mm但不小于200mm时，除配置普通箍筋外，可另增设斜向交叉构造钢筋。

【条文解析】

试验表明，跨高比小的连梁配置斜向交叉暗柱，可以改善其的抗剪性能，但施工比较困难，本条规定设置交叉暗柱、交叉构造钢筋的要求。

6.7.5 筒体结构转换层的抗震设计应符合本规范附录E第E.2节的规定。

【条文解析】

筒体结构由框架－剪力墙结构与全剪力墙结构综合演变和发展而来。筒体结构是将剪力墙或密柱框架集中到房屋的内部和外围而形成的空间封闭式的筒体。本条主要提出了筒体结构转换层的抗震设计的要求。

《高层建筑混凝土结构技术规程》JGJ 3—2010

9.1.5 核心筒或内筒的外墙与外框柱间的中距，非抗震设计大于15m、抗震设计大于12m时，宜采取增设内柱等措施。

【条文解析】

筒体结构中筒体墙与外周框架之间的距离不宜过大，否则楼盖结构的设计较困难。根据近年来的工程经验，适当放松了核心筒或内筒外墙与外框柱之间的距离要求。

9.1.7 筒体结构核心筒或内筒设计应符合下列规定：

1 墙肢宜均匀、对称布置；

2 筒体角部附近不宜开洞，当不可避免时，筒角内壁至洞口的距离不应小于500mm和开洞墙截面厚度的较大值；

3 筒体墙应按本规程附录D验算墙体稳定，且外墙厚度不应小于200mm，内墙厚度不应小于160mm，必要时可设置扶壁柱或扶壁墙；

4 筒体墙的水平、竖向配筋不应少于两排，其最小配筋率应符合本规程第7.2.17条的规定；

5 抗震设计时，核心筒、内筒的边梁宜配置对角斜向钢筋或交叉暗撑；

6 筒体墙的加强部位高度、轴压比限值、边缘构件设置以及截面设计，应符合本规程第7章的有关规定。

【条文解析】

本条规定了筒体结构核心筒、内筒设计的基本要求。第3款墙体厚度是最低要求，同时要求所有筒体墙应按本规程附录D验算墙体稳定，必要时可增设扶壁柱或扶壁墙以增强墙体的稳定性；第5款对连梁的要求主要目的是提高其抗震延性。

9.1.9 抗震设计时，框筒柱和框架柱的轴压比限值可按框架－剪力墙结构的规定采用。

【条文解析】

在筒体结构中，大部分水平剪力由核心筒或内筒承担，框架柱或框筒柱所受剪力远小于框架结构中的柱剪力，剪跨比明显增大，因此其轴压比限值可比框架结构适当放松，可按框架－剪力墙结构的要求控制柱轴压比。

9.1.11 抗震设计时，筒体结构的框架部分按侧向刚度分配的楼层地震剪力标准值应符合下列规定：

1 框架部分分配的楼层地震剪力标准值的最大值不宜小于结构底部总地震剪力标准值的10%。

2 当框架部分分配的地震剪力标准值的最大值小于结构底部总地震剪力标准值的10%时，各层框架部分承担的地震剪力标准值应增大到结构底部总地震剪力标准值的15%；此时，各层核心筒墙体的地震剪力标准值宜乘以系数1.1，但可不大于结构底部总地震剪力标准值，墙体的抗震构造措施应按抗震等级提高一级后采用，已为特一级的可不再提高。

3 当框架部分分配的地震剪力标准值小于结构底部总地震剪力标准值的20%，但其最大值不小于结构底部总地震剪力标准值的10%时，应按结构底部总地震剪力标准值的20%和框架部分楼层地震剪力标准值中最大值的1.5倍二者的较小值进行调整。

按本条第2款或第3款调整框架柱的地震剪力后，框架柱端弯矩及与之相连的框架梁端弯矩、剪力应进行相应调整。

有加强层时，本条框架部分分配的楼层地震剪力标准值的最大值不应包括加强层及其上、下层的框架剪力。

【条文解析】

对框架－核心筒结构和筒中筒结构，如果各层框架承担的地震剪力不小于结构底部总地震剪力的20%，则框架地震剪力可不进行调整；否则，应按本条的规定调整框架柱及与之相连的框架梁的剪力和弯矩。

设计恰当时，框架－核心筒结构可以形成外周框架与核心筒协同工作的双重抗侧力结构体系。实际工程中，由于外周框架柱的柱距过大、梁高过小，造成其刚度过低、核心筒刚度过高，结构底部剪力主要由核心筒承担。这种情况，在强烈地震作用下，核心筒墙体可能损伤严重，经内力重分布后，外周框架会承担较大的地震作用。因此，本条第1款对外周框架按弹性刚度分配的地震剪力作了基本要求；对本规程规定的房屋最大适用高度范围的筒体结构，经过合理设计，多数情况应该可以达到此要求。一般情况下，房屋高度越高时，越不容易满足本条第1款的要求。

当框架部分分配的地震剪力不满足本条第1款的要求，即小于结构底部总地震剪力的10%时，意味着筒体结构的外周框架刚度过弱，框架总剪力如果仍按第3款进行调整，框架部分承担的剪力最大值的1.5倍可能过小，因此要求按第2款执行，即各层框架剪力按结构底部总地震剪力的15%进行调整，同时要求对核心筒的设计剪力和抗震构造措施予以加强。

对带加强层的筒体结构，框架部分最大楼层地震剪力可不包括加强层及其相邻上、下楼层的框架剪力。

9.2.2 抗震设计时，核心筒墙体设计尚应符合下列规定：

1 底部加强部位主要墙体的水平和竖向分布钢筋的配筋率均不宜小于0.30%；

2 底部加强部位角部墙体约束边缘构件沿墙肢的长度宜取墙肢截面高度的1/4，约束边缘构件范围内应主要采用箍筋；

3 底部加强部位以上角部墙体宜按本规程第7.2.15条的规定设置约束边缘构件。

【条文解析】

抗震设计时，核心筒为框架－核心筒结构的主要抗侧力构件。本条对其底部加强部位水平和竖向分布钢筋的配筋率、边缘构件设置提出了比一般剪力墙结构更高的要求。

约束边缘构件通常需要一个沿周边的大箍，再加上各个小箍或拉筋，而小箍是无法勾住大箍的，会造成大箍的长边无支长度过大，起不到应有的约束作用。因此，第2款采用箍筋与拉筋相结合的配箍方法。

9.2.5 对内筒偏置的框架－筒体结构，应控制结构在考虑偶然偏心影响的规定地震力作用下，最大楼层水平位移和层间位移不应大于该楼层平均值的1.4倍，结构扭转为主的第一自振周期T_t与平动为主的第一自振周期T_1之比不应大于0.85，且T_1的扭转成分不宜大于30%。

【条文解析】

内筒偏置的框架－筒体结构，其质心与刚心的偏心距较大，导致结构在地震作用下的扭转反应增大。对这类结构，应特别关注结构的扭转特性，控制结构的扭转反应。本条要求对该类结构的位移比和周期比均按B级高度高层建筑从严控制。内筒偏置时，结构的第一自振周期 T_1 中会含有较大的扭转成分，为了改善结构抗震的基本性能，除控制结构扭转为主的第一自振周期 T_t 与平动为主的第一自振周期 T_1 之比不应大于0.85外，尚需控制 T_1 的扭转成分不宜大于平动成分之半。

9.3.7 外框筒梁和内筒连梁的构造配筋应符合下列要求：

1 非抗震设计时，箍筋直径不应小于8mm；抗震设计时，箍筋直径不应小于10mm。

2 非抗震设计时，箍筋间距不应大于150mm；抗震设计时，箍筋间距沿梁长不变，且不应大于100mm，当梁内设置交叉暗撑时，箍筋间距不应大于200mm。

3 框筒梁上、下纵向钢筋的直径均不应小于16mm，腰筋的直径不应小于10mm，腰筋间距不应大于200mm。

【条文解析】

在水平地震作用下，框筒梁和内筒连梁的端部反复承受正、负弯矩和剪力，而一般的弯起钢筋无法承担正、负剪力，必须要加强箍筋配筋构造要求；对框筒梁，由于梁高较大、跨度较小，对其纵向钢筋、腰筋的配置也提出了最低要求。跨高比较小的框筒梁和内筒连梁宜增配对角斜向钢筋或设置交叉暗撑；当梁内设置交叉暗撑时，全部剪力可由暗撑承担，抗震设计时箍筋的间距可由100mm放宽至200mm。

2.6 板柱节点

《建筑抗震设计规范》GB 50011—2010

6.6.2 板柱－抗震墙的结构布置，尚应符合下列要求：

1 抗震墙厚度不应小于180mm，且不宜小于层高或无支长度的1/20；房屋高度大于12m时，墙厚不应小于200mm。

2 房屋的周边应采用有梁框架，楼、电梯洞口周边宜设置边框梁。

3 8度时宜采用有托板或柱帽的板柱节点，托板或柱帽根部的厚度（包括板厚）不宜小于柱纵筋直径的16倍，托板或柱帽的边长不宜小于4倍板厚和柱截面对应边长之和。

4 房屋的地下一层顶板，宜采用梁板结构。

【条文解析】

本条规定了板柱－抗震墙结构中抗震墙的最小厚度；放松了楼、电梯洞口周边设置边框梁的要求。按柱纵筋直径16倍控制托板或柱帽根部的厚度是为了保证板柱节点的抗弯刚度。

6.6.3 板柱－抗震墙结构的抗震计算，应符合下列要求：

1 房屋高度大于12m时，抗震墙应承担结构的全部地震作用；房屋高度不大于12m时，抗震墙宜承担结构的全部地震作用。各层板柱和框架部分应能承担不少于本层地震剪力的20%。

2 板柱结构在地震作用下按等代平面框架分析时，其等代梁的宽度宜采用垂直于等代平面框架方向两侧柱距各1/4。

3 板柱节点应进行冲切承载力的抗震验算，应计入不平衡弯矩引起的冲切，节点处地震作用组合的不平衡弯矩引起的冲切反力设计值应乘以增大系数，一、二、三级板柱的增大系数可分别取1.7、1.5、1.3。

【条文解析】

对高度不超过12m的板柱－抗震墙结构，本条放松了抗震墙所承担的地震剪力的要求；本条还规定了板柱节点冲切承载力的抗震验算要求。

无柱帽平板在柱上板带中设置构造暗梁时，不可把平板作为有边梁的双向板进行设计。

6.6.4 板柱－抗震墙结构的板柱节点构造应符合下列要求：

1 无柱帽平板应在柱上板带中设构造暗梁，暗梁宽度可取柱宽及柱两侧各不大于1.5倍板厚。暗梁支座上部钢筋面积应不小于柱上板带钢筋面积的50%，暗梁下部钢筋不宜少于上部钢筋的1/2；箍筋直径不应小于8mm，间距不宜大于3/4倍板厚，肢距不宜大于2倍板厚，在暗梁两端应加密。

2 无柱帽柱上板带的板底钢筋，宜在距柱面为2倍板厚以外连接，采用搭接时钢筋端部宜有垂直于板面的弯钩。

3 沿两个主轴方向通过柱截面的板底连续钢筋的总截面面积，应符合下式要求：

$$A_s \geq N_G/f_y \tag{6.6.4}$$

式中：A_s——板底连续钢筋总截面面积；

N_G——在本层楼板重力荷载代表值（8度时尚宜计入竖向地震）作用下的柱轴

压力设计值；

f_y——楼板钢筋的抗拉强度设计值。

4 板柱节点应根据抗冲切承载力要求，配置抗剪栓钉或抗冲切钢筋。

【条文解析】

为了防止强震作用下楼板脱落，穿过柱截面的板底两个方向钢筋的受拉承载力应满足该层楼板重力荷载代表值作用下的柱轴压力设计值。试验研究表明，抗剪栓钉的抗冲切效果优于抗冲切钢筋。

《混凝土结构设计规范》GB 50010—2010

11.9.2 8度设防烈度时宜采用有托板或柱帽的板柱节点，柱帽及托板的外形尺寸应符合本规范第9.1.10条的规定。同时，托板或柱帽根部的厚度（包括板厚）不应小于柱纵向钢筋直径的16倍，且托板或柱帽的边长不应小于4倍板厚与柱截面相应边长之和。

【条文解析】

关于柱帽可否在地震区应用，国外有试验及分析研究认为，若抵抗竖向冲切荷载设计的柱帽较小，在地震荷载作用下，较大的不平衡弯矩将在柱帽附近产生反向的冲切裂缝。因此，按竖向冲切荷载设计的小柱帽或平托板不宜在地震区采用。按柱纵向钢筋直径16倍控制板厚是为了保证板柱节点的抗弯刚度。本条给出了平托板或柱帽按抗震设计的边长及板厚要求。

11.9.3 在地震组合下，当考虑板柱节点临界截面上的剪应力传递不平衡弯矩时，其考虑抗震等级的等效集中反力设计值 $F_{l,\mathrm{eq}}$ 可按本规范附录 F 的规定计算，此时，F_l 为板柱节点临界截面所承受的竖向力设计值。由地震组合的不平衡弯矩在板柱节点处引起的等效集中反力设计值应乘以增大系数，对一、二、三级抗震等级板柱结构的节点，该增大系数可分别取1.7、1.5、1.3。

11.9.4 在地震组合下，配置箍筋或栓钉的板柱节点，受冲切截面及受冲切承载力应符合下列要求：

1 受冲切截面

$$F_{l,\mathrm{eq}} \leqslant \frac{1}{\gamma_{\mathrm{RE}}}(1.2 f_t \eta u_m h_0) \qquad (11.9.4-1)$$

2 受冲切承载力

$$F_{l,\mathrm{eq}} \leqslant \frac{1}{\gamma_{\mathrm{RE}}}[(0.3 f_t + 0.15\sigma_{\mathrm{pc,m}})\eta u_m h_0 + 0.8 f_{yv} A_{\mathrm{svu}}] \qquad (11.9.4-2)$$

3 对配置抗冲切钢筋的冲切破坏锥体以外的截面，尚应按下式进行受冲切承载力验算：

$$F_{l,eq} \leqslant \frac{1}{\gamma_{RE}}(0.42f_t + 0.15\sigma_{pc,m})\eta u_m h_0 \tag{11.9.4-3}$$

式中：u_m——临界截面的周长，公式（11.9.4-1）、公式（11.9.4-2）中的 u_m，按本规范第6.5.1条的规定采用；公式（11.9.4-3）中的 u_m，应取最外排抗冲切钢筋周边以外0.5h_0处的最不利周长。

【条文解析】

根据分析研究及工程实践经验，对一级、二级和三级抗震等级板柱节点，分别给出由地震作用组合所产生不平衡弯矩的增大系数，以及板柱节点配置抗冲切钢筋，如箍筋、抗剪栓钉等受冲切承载力计算方法。对板柱－剪力墙结构，除在板柱节点处的板中配置抗冲切钢筋外，也可采用增加板厚、增加结构侧向刚度来减小层间位移角等措施，以避免板柱节点发生冲切破坏。

11.9.5 无柱帽平板宜在柱上板带中设构造暗梁，暗梁宽度可取柱宽加柱两侧各不大于1.5倍板厚。暗梁支座上部纵向钢筋应不小于柱上板带纵向钢筋截面面积的1/2，暗梁下部纵向钢筋不宜少于上部纵向钢筋截面面积的1/2。

暗梁箍筋直径不应小于8mm，间距不宜大于3/4倍板厚，肢距不宜大于2倍板厚；支座处暗梁箍筋加密区长度不应小于3倍板厚，其箍筋间距不宜大于100mm，肢距不宜大于250mm。

11.9.6 沿两个主轴方向贯通节点柱截面的连续预应力筋及板底纵向普通钢筋，应符合下列要求：

1 沿两个主轴方向贯通节点柱截面的连续钢筋的总截面面积，应符合下式要求：

$$f_{py}A_p + f_yA_s \geqslant N_G \tag{11.9.6}$$

式中：A_s——贯通柱截面的板底纵向普通钢筋截面面积；对一端在柱截面对边按受拉弯折锚固的普通钢筋，截面面积按一半计算；

A_p——贯通柱截面连续预应力筋截面面积；对一端在柱截面对边锚固的预应力筋，截面面积按一半计算；

f_{py}——预应力筋抗拉强度设计值，对无粘结预应力筋，应按本规范第10.1.16条取用无粘结预应力筋的抗拉强度设计值 σ_{pu}；

N_G——在本层楼板重力荷载代表值作用下的柱轴向压力设计值。

2 连续预应力筋应布置在板柱节点上部，呈下凹进入板跨中。

3 板底纵向普通钢筋的连接位置，宜在距柱面 l_{aE} 及2倍板厚以外，且应避开板底受拉区范围，采用搭接时钢筋端部宜有垂直于板面的弯钩。

【条文解析】

强调在板柱的柱上板带中宜设置暗梁，并给出暗梁的配筋构造要求。为了有效地传递不平衡弯矩，板柱节点除满足受冲切承载力要求外，其连接构造亦十分重要，设计中应给予充分重视。

公式（11.9.6）是为了防止在极限状态下楼板从柱上脱落，要求两个方向贯通截面的后张预应力筋及板底钢筋受拉承载力之和不小于该层柱承担的楼板重力荷载代表值作用下的柱轴压力设计值。对于边柱及角柱，贯通钢筋在柱截面对边弯折锚固时，在计算中应只取其截面面积的一半。

《预应力混凝土结构抗震设计规程》JGJ 140—2004

5.1.2　当设防烈度为8度时应采用板柱－剪力墙结构；6度、7度时宜采用板柱－剪力墙结构、板柱－框架结构，其剪力墙、柱的抗震构造应符合现行国家标准《建筑抗震设计规范》GB 50011的有关规定。当采用板柱－框架结构时，其单列柱数不得少于3根，房屋高度应按表3.2.1取用，且应符合下列规定：

1　结构周边和楼、电梯洞口周边应采用有梁框架；沿楼板洞口宜设置边梁；

2　当楼板长宽比大于2时，或长度大于32m时，应设置框架结构；

3　在基本振型地震作用下，板柱结构承受的地震剪力应小于结构总地震剪力的50%；

4　板柱的柱及框架的抗震等级，对6度、7度应分别采用三级、二级，并应符合相应的计算和构造措施要求。

【条文解析】

根据我国地震区板柱结构设计、施工经验及震害调查结果，在8度设防地区采用无粘结预应力多层板柱结构，当增设剪力墙后，其吸收地震剪力效果显著。因此，规定板柱结构用于多层及高层建筑时，原则上应采用抗侧力刚度较大的板柱－剪力墙结构。

考虑到在6度、7度抗震设防烈度区建造多层板柱结构的需要，为了加强其抗震能力，本条还对板柱－框架结构做出了抗震应符合的规定。

5.1.3　8度时宜采用有托板或柱帽的板柱节点，托板或柱帽根部的厚度（包括板厚）不宜小于柱纵筋直径的16倍。托板或柱帽的边长不宜小于4倍板厚及柱截面相应边长之和。

【条文解析】

考虑到板柱节点是地震作用下的薄弱环节，当8度设防时，板柱节点宜采用托板或柱帽，托板或柱帽根部的厚度（包括板厚）不小于16倍柱纵筋直径是为了保证板柱节点的抗弯刚度。

5.1.8 后张预应力混凝土板柱－剪力墙结构的周边应设置框架梁，其配筋应满足重力荷载作用下抗扭计算的要求。箍筋间距不应大于150mm，且在离柱边2倍梁高范围内，间距不应大于100mm。平板楼盖的楼、电梯洞口周边应设置与主体结构相连的梁。

【条文解析】

设置边梁的目的是为加强板柱结构边柱的受冲切承载力及增加整个楼板的抗扭能力。边梁可以做成暗梁形式，但其构造仍应满足抗扭要求。

5.2.6 由地震作用在板支座处产生的弯矩应与按第5.2.4条所规定的等代框架梁宽度上的竖向荷载弯相组合，承受该弯矩所需全部钢筋亦应设置在该柱上板带中，且其中不少于50%应配置在有效宽度为在柱或柱帽两侧各1.5h（h为板厚或平托板的厚度）范围内形成暗梁，暗梁下部钢筋不宜少于上部钢筋的1/2（图5.2.6）。支座处暗梁箍筋加密区长度不应小于3h，其箍筋肢距不应大于250mm，箍筋间距不应大于100mm，箍筋直径按计算确定，但不应小于8mm。此外，支座处暗梁的1/2上部纵向钢筋，应连续通长布置。

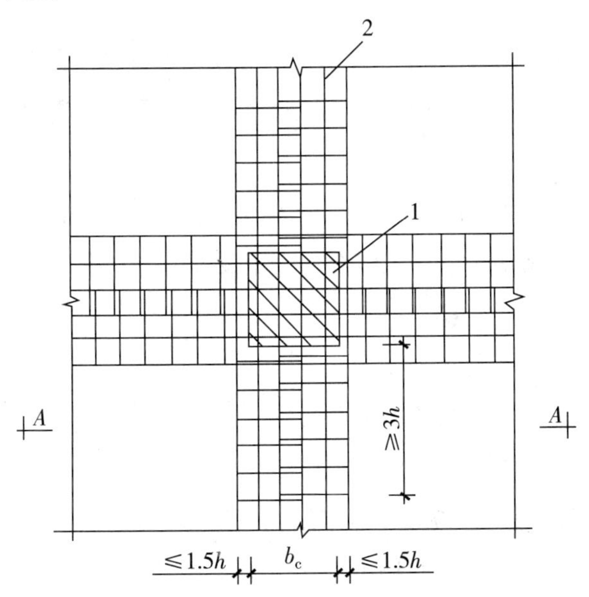

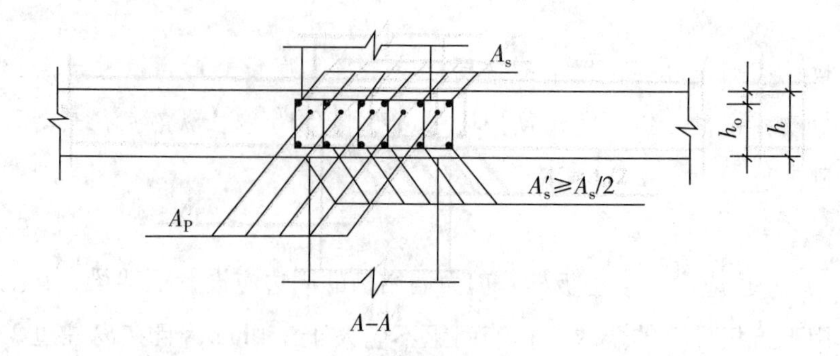

图 5.2.6 暗梁配筋要求

1—柱；2—1/2 的上部钢筋应连续

由弯矩传递的部分不平衡弯矩，应由有效宽度为在柱或柱帽两侧各 1.5h（h 为板厚或平托板的厚度）范围内的板截面受弯传递。配置在此有效范围内的无粘结预应力筋和非预应力钢筋可用以承受这部分弯矩。

5.2.7 板柱节点在竖向荷载和地震作用下的冲切计算，应考虑由板柱节点冲切破坏面上的剪应力传递一部分不平衡弯矩。其受冲切承载力计算中所用的等效集中反力设计值 $F_{l,eq}$，应按现行国家标准《混凝土结构设计规范》GB 50010 的规定执行。

5.2.8 未经加强的板柱节点、配置箍筋的节点，其冲切承载力的计算应符合现行国家标准《混凝土结构设计规范》GB 50010 有关规定；采用型钢剪力架加强的板柱节点的冲切承载力的计算，应按国家现行标准《无粘结预应力混凝土结构技术规程》JGJ 92—2004 的有关规定执行。

【条文解析】

目的是强调在柱上板带上设置暗梁，以及为了有效地传递不平衡弯矩，除满足受冲切承载力计算要求，板柱结构的节点连接构造亦十分重要，设计中应给予充分重视。

5.2.10 考虑地震作用组合的板柱－框架结构底层柱下端截面的弯矩设计值，对二、三级抗震等级应按考虑地震作用组合的弯矩设计值分别乘以增大系数 1.25、1.15。

【条文解析】

为了推迟板柱结构底层柱下端截面出现塑性铰，故本条规定对该部位柱的弯矩设计值乘以增大系数，以提高其正截面受弯承载力。

5.2.11 在地震作用下，板柱－框架结构考虑水平地震作用扭转影响时，其地震作用和作用效应计算，以及对角柱调整后组合弯矩设计值、剪力设计值乘以增大系数的要求等均应按现行国家标准《建筑抗震设计规范》GB 50011 有关规定执行。

【条文解析】

本条指的是未设置或未有效设置剪力墙或垂直支撑的板柱结构。这类结构的柱子既是横向抗侧力构件，又是纵向抗侧力构件，在实际地震作用下，大部分属于双向偏心受压构件，容易发生对角破坏。因此本条规定这类结构柱子的截面设计应该考虑地震作用的正效应。

3 砌体结构抗震设计

3.1 基本规定

《建筑抗震设计规范》GB 50011—2010

7.1.2 多层房屋的层数和高度应符合下列要求：

1 一般情况下，房屋的层数和总高度不应超过表 7.1.2 的规定。

表 7.1.2 房屋的层数和总高度限值

房屋类型		最小抗震墙厚度/mm	烈度和设计基本地震加速度											
			6		7				8				9	
			0.05g		0.10g		0.15g		0.20g		0.30g		0.40g	
			高度/m	层数	高度/m	层数	高度/m	层数	高度/m	层数	高度/m	层数	高度/m	层数
多层砌体房屋	普通砖	240	21	7	21	7	21	7	18	6	15	5	12	4
	多孔砖	240	21	7	21	7	18	6	18	6	15	5	9	3
	多孔砖	190	21	7	18	6	15	5	15	5	12	4	—	—
	小砌块	190	21	7	21	7	18	6	18	6	15	5	9	3
底部框架-抗震墙房屋	普通砖、多孔砖	240	22	7	22	7	19	6	16	5	—	—	—	—
	多孔砖	190	22	7	19	6	16	5	13	4	—	—	—	—
	小砌块	190	22	7	22	7	19	6	16	5	—	—	—	—

注：1 房屋的总高度指室外地面到主要屋面板板顶或檐口的高度，半地下室从地下室室内地面算起，全地下室和嵌固条件好的半地下室应允许从室外地面算起；对带阁楼的坡屋面应算到山尖墙的 1/2 高度处；

2 室内外高差大于 0.6m 时，房屋总高度应允许比表中的数据适当增加，但增加量应少于 1.0m；

3 乙类的多层砌体房屋仍按本地区设防烈度查表，其层数应减少一层且总高度应降低 3m；不应采用底部框架-抗震墙砌体房屋；

4 本表小砌块砌体房屋不包括配筋混凝土小型空心砌块砌体房屋。

2 横墙较少的多层砌体房屋，总高度应比表7.1.2的规定降低3m，层数相应减少一层；各层横墙很少的多层砌体房屋，还应再减少一层。

注：横墙较少是指同一楼层内开间大于4.2m的房间占该层总面积的40%以上；其中，开间不大于4.2m的房间占该层总面积不到20%且开间大于4.8m的房间占该层总面积的50%以上为横墙很少。

3 6、7度时，横墙较少的丙类多层砌体房屋，当按规定采取加强措施并满足抗震承载力要求时，其高度和层数应允许仍按表7.1.2的规定采用。

4 采用蒸压灰砂砖和蒸压粉煤灰砖的砌体的房屋，当砌体的抗剪强度仅达到普通黏土砖砌体的70%时，房屋的层数应比普通砖房减少一层，总高度应减少3m；当砌体的抗剪强度达到普通黏土砖砌体的取值时，房屋层数和总高度的要求同普通砖房屋。

【条文解析】

国内历次地震表明，在一般情况下，砌体房屋层数越多，高度越高，震害程度越严重，破坏率也就越高。因此，国内外抗震设计规范都对多层砌体房屋的层数和总高度加以限制。

砌体房屋的高度限制，是十分敏感且深受关注的规定。基于砌体材料的脆性性质和震害经验，限制其层数和高度是主要的抗震措施。

多层砖房的抗震能力，除依赖于横墙间距、砖和砂浆强度等级、结构的整体性和施工质量等因素外，还与房屋的总高度有直接的联系。

历次地震的宏观调查资料说明：二、三层砖房在不同烈度区的震害，比四、五层的震害轻得多，六层及六层以上的砖房在地震时震害明显加重。海城和唐山地震中，相邻的砖房，四、五层的比二、三层的破坏严重，倒塌的百分比亦高得多。

国外在地震区对砖结构房屋的高度限制较严。不少国家在7度及以上地震区不允许采用无筋砖结构，前苏联等国对配筋和无筋砖结构的高度和层数作了相应的限制。结合我国具体情况，砌体房屋的高度限制是指设置了构造柱的房屋高度。

多层砌块房屋的总高度限制，主要是依据计算分析、部分震害调查和足尺模型试验，并参照多层砖房确定的。

表7.1.2的注2表明，房屋高度按有效数字控制。当室内外高差不大于0.6m时，房屋总高度限值按表中数据的有效数字控制，则意味着可比表中数据增加0.4m；当室内外高差大于0.6m时，虽然房屋总高度允许比表中的数据增加不多于1.0m，实际上其增加量只能少于0.4m。

坡屋面阁楼层一般仍需计入房屋总高度和层数；但属于《建筑抗震设计规范》GB 50011—2010第5.2.4条规定的出屋面小建筑范围时，不计入层数和高度的控制范围。

斜屋面下的“小建筑”通常按实际有效使用面积或重力荷载代表值小于顶层30%控制。

7.1.3　多层砌体承重房屋的层高，不应超过3.6m。

底部框架－抗震墙砌体房屋的底部，层高不应超过4.5m；当底层采用约束砌体抗震墙时，底层的层高不应超过4.2m。

注：当使用功能确有需要时，采用约束砌体等加强措施的普通砖房屋，层高不应超过3.9m。

【条文解析】

约束砌体，大体上指间距接近层高的构造柱与圈梁组成的砌体、同时拉结网片符合相应的构造要求。

7.1.4　多层砌体房屋总高度与总宽度的最大比值，宜符合表7.1.4的要求。

表7.1.4　房屋最大高宽比

烈度	6	7	8	9
最大高宽比	2.5	2.5	2	1.5

注：1　单面走廊房屋的总宽度不包括走廊宽度；

2　建筑平面接近正方形时，其高宽比宜适当减小。

【条文解析】

若砌体房屋考虑整体弯曲进行验算，目前的方法即使在7度时，超过三层就不满足要求，与大量的地震宏观调查结果不符。实际上，多层砌体房屋一般可以不做整体弯曲验算，但为了保证房屋的稳定性，限制了其高宽比。

7.1.5　房屋抗震横墙的间距，不应超过表7.1.5的要求：

表7.1.5　房屋抗震横墙的间距　m

房屋类别		烈　度			
		6	7	8	9
多层砌体房屋	现浇或装配整体式钢筋混凝土楼、屋盖	15	15	11	7
	装配式钢筋混凝土楼、屋盖	11	11	9	4
	木屋盖	9	9	4	—

续表

房屋类别		烈度			
		6	7	8	9
底部框架－抗震墙房屋	上部各层	同多层砌体房屋			—
	底层或底部两层	18	15	11	—

注：1 多层砌体房屋的顶层，除木屋盖外的最大横墙间距应允许适当放宽，但应采取相应加强措施；

2 多孔砖抗震横墙厚度为190mm时，最大横墙间距应比表中数值减少3m。

【条文解析】

多层砌体房屋的横向地震力主要由横墙承担，地震中横墙间距大小对房屋倒塌影响很大，不仅横墙需具有足够的承载力，而且楼盖须具有传递地震力给横墙的水平刚度，因此，为了避免纵墙出现平面破坏，本条规定了满足楼盖对传递水平地震力所需的刚度要求。

多层砌体房屋顶层的横墙最大间距，在采用钢筋混凝土屋盖时允许适当放宽，大致指大房间平面长宽比不大于2.5，最大抗震横墙间距不超过表7.1.5中数值的1.4倍及18m。此时，抗震横墙除应满足抗震承载力计算要求外，相应的构造柱需要加强并至少向下延伸一层。

7.1.6 多层砌体房屋中砌体墙段的局部尺寸限值，宜符合表7.1.6的要求：

表7.1.6 房屋的局部尺寸限值 m

部位	6度	7度	8度	9度
承重窗间墙最小宽度	1.0	1.0	1.2	1.5
承重外墙尽端至门窗洞边的最小距离	1.0	1.0	1.2	1.5
非承重外墙尽端至门窗洞边的最小距离	1.0	1.0	1.0	1.0
内墙阳角至门窗洞边的最小距离	1.0	1.0	1.5	2.0
无锚固女儿墙（非出入口处）的最大高度	0.5	0.5	0.5	0.0

注：1 局部尺寸不足时，应采取局部加强措施弥补，且最小宽度不宜小于1/4层高和表列数据的80%；

2 出入口处的女儿墙应有锚固。

【条文解析】

砌体房屋局部尺寸的限制，在于防止因这些部位的失效，而造成整栋结构的破坏甚至倒塌，本条系根据地震区的宏观调查资料分析规定的，如采用另增设构造柱等措施，可适当放宽。本条进一步明确了尺寸不足的小墙段的最小值限制。

外墙尽端，指建筑物平面凸角处（不包括外墙总长的中部局部凸折处）的外墙端头，以及建筑物平面凹角处（不包括外墙总长的中部局部凹折处）未与内墙相连的外墙端头。

7.1.7 多层砌体房屋的建筑布置和结构体系，应符合下列要求：

1 应优先采用横墙承重或纵横墙共同承重的结构体系。不应采用砌体墙和混凝土墙混合承重的结构体系。

2 纵横向砌体抗震墙的布置应符合下列要求：

1）宜均匀对称，沿平面内宜对齐，沿竖向应上下连续；且纵横向墙体的数量不宜相差过大；

2）平面轮廓凹凸尺寸，不应超过典型尺寸的50%；当超过典型尺寸的25%时，房屋转角处应采取加强措施；

3）楼板局部大洞口的尺寸不宜超过楼板宽度的30%，且不应在墙体两侧同时开洞；

4）房屋错层的楼板高差超过500mm时，应按两层计算；错层部位的墙体应采取加强措施；

5）同一轴线上的窗间墙宽度宜均匀；墙面洞口的面积，6、7度时不宜大于墙面总面积的55%，8、9度时不宜大于50%；

6）在房屋宽度方向的中部应设置内纵墙，其累计长度不宜小于房屋总长度的60%（高宽比大于4的墙段不计入）。

3 房屋有下列情况之一时宜设置防震缝，缝两侧均应设置墙体，缝宽应根据烈度和房屋高度确定，可采用70mm～100mm：

1）房屋立面高差在6m以上；

2）房屋有错层，且楼板高差大于层高的1/4；

3）各部分结构刚度、质量截然不同。

4 楼梯间不宜设置在房屋的尽端或转角处。

5 不应在房屋转角处设置转角窗。

6 横墙较少、跨度较大的房屋，宜采用现浇钢筋混凝土楼、屋盖。

【条文解析】

本条对多层砌体房屋的建筑布置和结构体系作了较详细的规定。

纵墙承重的砌体结构，由于楼板的侧边一般不嵌入横墙内，横向地震作用有很少部分通过板的侧边直接传至横墙，而大部分要通过纵墙经由纵横墙交接面传至横墙。因而，地震时外纵墙因板与墙体的拉结不良而成片向外倒塌，楼板也随之坠落。横墙由于为非承重墙，受剪承载能力降低，其破坏程度也比较重。

地震震害经验表明，由于横墙开洞少，又有纵墙作为侧向支承，所以横墙承重的多层砌体结构具有较好的传递地震作用的能力。

纵横墙共同承重的多层砌体房屋可分为两种，一种是采用现浇板，另一种为采用预制短向板的大房间。其纵横墙共同承重的房屋既能比较直接地传递横向地震作用，也能直接或通过纵横墙的连结传递纵向地震作用。

根据历次地震调查统计，纵墙承重的结构布置方案，因横向支承较少，纵墙较易受弯曲破坏而导致倒塌，为此，要优先采用横墙承重的结构布置方案。

多层砌体房屋的平、立面布置应规则对称，最好为矩形，这样可避免水平地震作用下的扭转影响，然而对于避免水平地震作用下的扭转仅房屋平面布置规则还是不够的，还应做到纵横墙的布置均匀对称，这样可使各墙垛受力基本相同，避免薄弱部位的破坏。

震害调查表明，由于地震作用的复杂性，体形不对称的结构的破坏较体形均匀对称的结构要重一些。但是，由于防震缝在不同程度上影响建筑立面的效果和增加工程造价等，应根据建筑的类型、结构体系和建筑状态以及不同的地震烈度等区别对待。不设防震缝造成的房屋破坏，一般多只是局部的，在7度和8度地区，一些平面较复杂的一、二层房屋，其震害与平面规则的同类房屋相比，并无明显的差别，同时，考虑到设置防震缝所耗的投资较多，所以对设置防震缝的要求有所放宽。

由于水平地震作用为横向和纵向两个方向，在多层砌体房屋转角处纵横两个墙面常出现斜裂缝。不仅房屋两端的四个外墙角容易发生破坏，而且平面上的其他凸出部位的外墙阳角同样容易破坏。

楼梯间比较空旷，墙体缺少各层楼板的侧向支承，有时还因为楼梯踏步削弱楼梯间的墙体，尤其是楼梯间顶层，墙体有一层半楼层的高度，在地震中的破坏比较严重。尤其是楼梯间设置在房屋尽端或房屋转角部位时，其震害更为加剧。因此，在建筑布置时尽量不设在尽端，或对尽端开间采取专门的加强措施。

7.1.8 底部框架－抗震墙砌体房屋的结构布置，应符合下列要求：

1 上部的砌体墙体与底部的框架梁或抗震墙，除楼梯间附近的个别墙段外均应对齐。

2 房屋的底部，应沿纵横两方向设置一定数量的抗震墙，并应均匀对称布置。6度且总层数不超过四层的底层框架－抗震墙砌体房屋，应允许采用嵌砌于框架之间的

约束普通砖砌体或小砌块砌体的砌体抗震墙，但应计入砌体墙对框架的附加轴力和附加剪力并进行底层的抗震验算，且同一方向不应同时采用钢筋混凝土抗震墙和约束砌体抗震墙；其余情况，8度时应采用钢筋混凝土抗震墙，6、7度时应采用钢筋混凝土抗震墙或配筋小砌块砌体抗震墙。

3 底层框架－抗震墙砌体房屋的纵横两个方向，第二层计入构造柱影响的侧向刚度与底层侧向刚度的比值，6、7度时不应大于2.5，8度时不应大于2.0，且均不应小于1.0。

4 底部两层框架－抗震墙砌体房屋纵横两个方向，底层与底部第二层侧向刚度应接近，第三层计入构造柱影响的侧向刚度与底部第二层侧向刚度的比值，6、7度时不应大于2.0，8度时不应大于1.5，且均不应小于1.0。

5 底部框架－抗震墙砌体房屋的抗震墙应设置条形基础、筏形基础等整体性好的基础。

【条文解析】

底层采用砌体抗震墙的情况，仅允许用于6度设防时，且明确应采用约束砌体加强，但不应采用约束多孔砖砌体，有关的构造要求见本章第7.5节；6、7度时，也允许采用配筋小砌块墙体。还需注意，砌体抗震墙应对称布置，避免或减少扭转效应，不作为抗震墙的砌体墙，应按填充墙处理，施工时后砌。

底部抗震墙的基础，不限定具体的基础形式，明确为“整体性好的基础”。

7.1.9 底部框架－抗震墙砌体房屋的钢筋混凝土结构部分，除应符合本章规定外，尚应符合本规范第6章的有关要求；此时，底部混凝土框架的抗震等级，6、7、8度应分别按三、二、一级采用，混凝土墙体的抗震等级，6、7、8度应分别按三、三、二级采用。

【条文解析】

底部框架－抗震墙房屋的钢筋混凝土结构部分，其抗震要求原则上均应符合《建筑抗震设计规范》GB 50011—2010第6章的要求，抗震等级与钢筋混凝土结构的框支层相当。但考虑到底部框架－抗震墙房屋高度较低，底部的钢筋混凝土抗震墙应按低矮墙或开竖缝设计，构造上有所区别。

《砌体结构设计规范》GB 50003—2011

10.1.2 本章适用的多层砌体结构房屋的总层数和总高度，应符合下列规定：

1 房屋的层数和总高度不应超过表10.1.2的规定；

表 10.1.2 多层砌体房屋的层数和总高度限值

房屋类型		最小抗震墙厚度/mm	烈度和设计基本地震加速度											
			6		7				8				9	
			0.05g		0.10g		0.15g		0.20g		0.30g		0.40g	
			高度/m	层数	高度/m	层数	高度/m	层数	高度/m	层数	高度/m	层数	高度/m	层数
多层砌体房屋	普通砖	240	21	7	21	7	21	7	18	6	15	5	12	4
	多孔砖	240	21	7	21	7	18	6	18	6	15	5	9	3
	多孔砖	190	21	7	18	6	15	5	15	5	12	4	—	—
	小砌块	190	21	7	21	7	18	6	18	6	15	5	9	3
底部框架-抗震墙房屋	普通砖、多孔砖	240	22	7	22	7	19	6	16	5	—	—	—	—
	多孔砖	190	22	7	19	6	16	5	13	4	—	—	—	—
	小砌块	190	22	7	22	7	19	6	16	5	—	—	—	—

注：1 房屋的总高度指室外地面到主要屋面板板顶或檐口的高度，半地下室从地下室室内地面算起，全地下室和嵌固条件好的半地下室应允许从室外地面算起；对带阁楼的坡屋面应算到山尖墙的1/2高度处；

2 室内外高差大于0.6m时，房屋总高度应允许比表中的数据适当增加，但增加量应少于1.0m；

3 乙类的多层砌体房屋仍按本地区设防烈度查表，其层数应减少一层且总高度应降低3m；不应采用底部框架-抗震墙砌体房屋。

2 各层横墙较少的多层砌体房屋，总高度应比表10.1.2中的规定降低3m，层数相应减少一层；各层横墙很少的多层砌体房屋，还应再减少一层；

注：横墙较少是指同一楼层内开间大于4.2m的房间占该层总面积的40%以上；其中，开间不大于4.2m的房间占该层总面积不到20%且开间大于4.8m的房间占该层总面积的50%以上为横墙很少。

3 抗震设防烈度为6、7度时，横墙较少的丙类多层砌体房屋，当按现行国家标准《建筑抗震设计规范》GB 50011—2010规定采取加强措施并满足抗震承载力要求时，其高度和层数应允许仍按表10.1.2中的规定采用；

4 采用蒸压灰砂普通砖和蒸压粉煤灰普通砖的砌体房屋，当砌体的抗剪强度仅达到普通黏土砖砌体的70%时，房屋的层数应比普通砖房屋减少一层，总高度应减少3m；当砌体的抗剪强度达到普通黏土砖砌体的取值时，房屋层数和总高度的要求同普通砖房屋。

【条文解析】

多层砌体结构房屋的总层数和总高度的限定，是此类房屋抗震设计的重要依据。

坡屋面阁楼层一般仍需计入房屋总高度和层数；坡屋面下的阁楼层，当其实际有效使用面积或重力荷载代表值小于顶层30%时，可不计入房屋总高度和层数，但按局部突出计算地震作用效应。对不带阁楼的坡屋面，当坡屋面坡度大于45°时，房屋总高度宜算到山尖墙的1/2高度处。

嵌固条件好的半地下室应同时满足下列条件，此时房屋的总高度应允许从室外地面算起，其顶板可视为上部多层砌体结构的嵌固端：

1）半地下室顶板和外挡土墙采用现浇钢筋混凝土。

2）当半地下室开有窗洞处并设置窗井，内横墙延伸至窗井外挡土墙并与其相交。

3）上部外墙均与半地下室墙体对齐，与上部墙体不对齐的半地下室内纵、横墙总量分别不大于30%。

4）半地下室室内地面至室外地面的高度应大于地下室净高的1/2，地下室周边回填土压实系数不小于0.93。

采用蒸压灰砂普通砖和蒸压粉煤灰普通砖砌体的房屋，当砌体的抗剪强度达到普通黏土砖砌体的取值时，按普通砖砌体房屋的规定确定层数和总高度限值；当砌体的抗剪强度介于普通黏土砖砌体抗剪强度的70%～100%之间时，房屋的层数和总高度限值宜比普通砖砌体房屋酌情适当减少。

10.1.3 本章适用的配筋砌块砌体抗震墙结构和部分框支抗震墙结构房屋最大高度应符合表10.1.3的规定。

表10.1.3 配筋砌块砌体抗震墙房屋适用的最大高度 m

结构类型最小墙厚		设防烈度和设计基本地震加速度					
		6度	7度		8度		9度
		0.05g	0.10g	0.15g	0.20g	0.30g	0.40g
配筋砌块砌体抗震墙	0.190	60	55	45	40	30	24
部分框支抗震墙		55	49	40	31	24	—

注：1 房屋高度指室外地面到主要屋面板板顶的高度（不包括局部突出屋顶部分）；

2 某层或几层开间大于6.0m以上的房间建筑面积占相应层建筑面积40%以上时，表中数据相应减少6m；

3 部分框支抗震墙结构指首层或底部两层为框支层的结构，不包括仅个别框支墙的情况；

4 房屋高度超过表内高度时，应进行专门研究和论证，采取有效的加强措施。

【条文解析】

国内外有关试验研究结果表明，配筋砌块砌体抗震墙结构的承载能力明显高于普通砌体，其竖向和水平灰缝使其具有较大的耗能能力，受力性能和计算方法都与钢筋混凝土抗震墙结构相似。本条从安全、经济诸方面综合考虑，并对近年来的试验研究和工程实践经验的分析、总结，规定了7度（0.15g）、8度（0.30g）和9度的适用高度。当横墙较少时，类似多层砌体房屋，也要求其适用高度有所降低。当经过专门研究，有可靠试验依据，采取必要的加强措施，房屋高度可以适当增加。

根据试验研究和理论分析结果，在满足一定设计要求并采取适当抗震构造措施后，底部为部分框支抗震墙的配筋混凝土砌块抗震墙房屋仍具有较好的抗震性能，能够满足6度~8度抗震设防的要求，但考虑到此类结构形式的抗震性能相对不利，因此在最大适用高度限制上给予了较为严格的规定。

10.1.4　砌体结构房屋的层高，应符合下列规定：

1　多层砌体结构房屋的层高，应符合下列规定：

1）多层砌体结构房屋的层高，不应超过3.6m；

注：当使用功能确有需要时，采用约束砌体等加强措施的普通砖房屋，层高不应超过3.9m。

2）底部框架－抗震墙砌体房屋的底部，层高不应超过4.5m；当底层采用约束砌体抗震墙时，底层的层高不应超过4.2m。

2　配筋混凝土空心砌块抗震墙房屋的层高，应符合下列规定：

1）底部加强部位（不小于房屋高度的1/6且不小于底部二层的高度范围）的层高（房屋总高度小于21m时取一层），一、二级不宜大于3.2m，三、四级不应大于3.9m；

2）其他部位的层高，一、二级不应大于3.9m，三、四级不应大于4.8m。

【条文解析】

已有的试验研究表明，抗震墙的高度对抗震墙出平面偏心受压强度和变形有直接关系，因此本条规定配筋砌块砌体抗震墙房屋的层高主要是为了保证抗震墙出平面的承载力、刚度和稳定性。由于砌块的厚度一般为190mm，因此当房屋的层高为3.2m~4.8m时，与普通钢筋混凝土抗震墙的要求基本相当。

10.1.5　考虑地震作用组合的砌体结构构件，其截面承载力应除以承载力抗震调整系数 γ_{RE}，承载力抗震调整系数应按表10.1.5采用。当仅计算竖向地震作用时，各类结构构件承载力抗震调整系数均应采用1.0。

表 10.1.5　承载力抗震调整系数

结构构件	受力状态	γ_{RE}
两端均设有构造柱、芯柱的砌体抗震墙	受剪	0.9
组合砖墙	偏压、大偏拉和受剪	0.9
配筋砌块砌体抗震墙	偏压、大偏拉和受剪	0.85
自承重墙	受剪	1.0
其他砌体	受剪和受压	1.0

【条文解析】

承载力抗震调整系数是结构抗震的重要依据。表中配筋砌块砌体抗震墙的偏压、大偏拉和受剪承载力抗震调整系数与抗震规范中钢筋混凝土墙相同，为 0.85。对于灌孔率达不到 100% 的配筋砌块砌体，如果承载力抗震调整系数采用 0.85，抗力偏大，因此建议取 1.0。对两端均设有构造柱、芯柱的砌块砌体抗震墙，受剪承载力抗震调整系数取 0.9。

10.1.6　配筋砌块砌体抗震墙结构房屋抗震设计时，结构抗震等级应根据设防烈度和房屋高度按表 10.1.6 采用。

表 10.1.6　配筋砌块砌体抗震墙结构房屋的抗震等级

<table>
<tr><th colspan="2" rowspan="2">结构类型</th><th colspan="7">设防烈度</th></tr>
<tr><th colspan="2">6</th><th colspan="2">7</th><th colspan="2">8</th><th>9</th></tr>
<tr><td rowspan="2">配筋砌块砌体抗震墙</td><td>高度/m</td><td>≤24</td><td>>24</td><td>≤24</td><td>>24</td><td>≤24</td><td>>24</td><td>≤24</td></tr>
<tr><td>抗震墙</td><td>四</td><td>三</td><td>三</td><td>二</td><td>二</td><td>一</td><td>一</td></tr>
<tr><td rowspan="3">部分框支抗震墙</td><td>非底部加强部位抗震墙</td><td>四</td><td>三</td><td>三</td><td>二</td><td>二</td><td colspan="2" rowspan="3">不应采用</td></tr>
<tr><td>底部加强部位抗震墙</td><td>三</td><td>二</td><td>二</td><td>一</td><td>一</td></tr>
<tr><td>框支框架</td><td colspan="2">二</td><td>二</td><td>一</td><td>一</td></tr>
</table>

注：1　对于四级抗震等级，除本章有规定外，均按非抗震设计采用。

2　接近或等于高度分界时，可结合房屋不规则程度及场地、地基条件确定抗震等级。

【条文解析】

配筋砌块砌体结构的抗震等级是考虑了结构构件的受力性能和变形性能，同时参照了钢筋混凝土房屋的抗震设计要求而确定的，主要是根据抗震设防分类、烈度和房屋高度等因素划分配筋砌块砌体结构的不同抗震等级。考虑到底部为部分框支抗震墙的配筋混凝土砌块抗震墙房屋的抗震性能相对不利并影响安全，规定对于8度时房屋总高度大于24m及9度时不应采用此类结构形式。

10.1.7　结构抗震设计时，地震作用应按现行国家标准《建筑抗震设计规范》GB 50011—2010的规定计算。结构的截面抗震验算，应符合下列规定：

1　抗震设防烈度为6度时，规则的砌体结构房屋构件，应允许不进行抗震验算，但应有符合现行国家标准《建筑抗震设计规范》GB 50011—2010和本章规定的抗震措施；

2　抗震设防烈度为7度和7度以上的建筑结构，应进行多遇地震作用下的截面抗震验算。6度时，下列多层砌体结构房屋的构件，应进行多遇地震作用下的截面抗震验算。

1）平面不规则的建筑；

2）总层数超过三层的底部框架－抗震墙砌体房屋；

3）外廊式和单面走廊式底部框架－抗震墙砌体房屋；

4）托梁等转换构件。

【条文解析】

根据现行《建筑抗震设计规范》GB 50011—2010的相关规定，进一步明确6度时对规则建筑局部托墙梁及支承其的柱子等重要构件尚应进行截面抗震验算。

多层砌体房屋不符合下列要求之一时可视为平面不规则，6度时仍要求进行多遇地震作用下的构件截面抗震验算。

1）平面轮廓凹凸尺寸，不超过典型尺寸的50%。

2）纵横向砌体抗震墙的布置均匀对称，沿平面内基本对齐；且同一轴线上的门、窗间墙宽度比较均匀；墙面洞口的面积，6、7度时不宜大于墙面总面积的55%，8、9度时不宜大于50%。

3）房屋纵横向抗震墙体的数量相差不大；横墙的间距和内纵墙累计长度满足现行《建筑抗震设计规范》GB 50011—2010的要求。

4）有效楼板宽度不小于该层楼板典型宽度的50%，或开洞面积不大于该层楼面面积的30%。

5）房屋错层的楼板高差不超过500mm。

6度且总层数不超过三层的底层框架－抗震墙砌体房屋，由于地震作用小，根据以往设计经验，底层的抗震验算均满足要求，因此可以不进行包括底层在内的截面抗震验算。如果外廊式和单面走廊式的多层房屋采用底层框架－抗震墙，其高宽比较大且进深大多为一跨，单跨底层框架－抗震墙的安全冗余度小于多跨，此时应对其进行抗震验算。

10.1.8 配筋砌块砌体抗震墙结构应进行多遇地震作用下的抗震变形验算，其楼层内最大的层间弹性位移角不宜超过1/1000。

【条文解析】

作为中高层、高层配筋砌块砌体抗震墙结构应和钢筋混凝土抗震墙结构一样需对地震作用下的变形进行验算，参照钢筋混凝土抗震墙结构和配筋砌体材料结构的特点，本条规定了层间弹性位移角的限值。

配筋砌块砌体抗震墙存在水平灰缝和垂直灰缝，在地震作用下具有较好的耗能能力，而且灌孔砌体的强度和弹性模量也要低于相对应的混凝土，其变形比普通钢筋混凝土抗震墙大。根据有关的试验研究结果，综合参考了钢筋混凝土抗震墙弹性层间位移角限值，本条规定了配筋砌块砌体抗震墙结构在多遇地震作用下的弹性层间位移角限值为1/1000。

10.1.9 底部框架－抗震墙砌体房屋的钢筋混凝土结构部分，除应符合本章规定外，尚应符合现行国家标准《建筑抗震设计规范》GB 50011—2010第6章的有关要求；此时，底部钢筋混凝土框架的抗震等级，6、7、8度时应分别按三、二、一级采用；底部钢筋混凝土抗震墙和配筋砌块砌体抗震墙的抗震等级，6、7、8度时应分别按三、三、二级采用。多层砌体房屋局部有上部砌体墙不能连续贯通落地时，托梁、柱的抗震等级，6、7、8度时应分别按三、三、二级采用。

【条文解析】

本条补充了多层砌体房屋局部有上部砌体墙不能连续贯通落地时，托墙梁、柱的抗震等级，考虑其对整体建筑抗震性能的影响相对小，因此比底部框架－抗震墙砌体房屋中托墙梁、柱的抗震等级适当降低。

10.1.10 配筋砌块砌体短肢抗震墙及一般抗震墙设置，应符合下列规定：

1 抗震墙宜沿主轴方向双向布置，各向结构刚度、承载力宜均匀分布。高层建筑不宜采用全部为短肢墙的配筋砌块砌体抗震墙结构，应形成短肢抗震墙与一般抗震墙共同抵抗水平地震作用的抗震墙结构。9度时不宜采用短肢墙。

2 纵横方向的抗震墙宜拉通对齐；较长的抗震墙可采用楼板或弱连梁分为若干个独立的墙段，每个独立墙段的总高度与长度之比不宜小于2，墙肢的截面高度也不宜大于8m。

3 抗震墙的门窗洞口宜上下对齐，成列布置。

4 一般抗震墙承受的第一振型底部地震倾覆力矩不应小于结构总倾覆力矩的50%，且两个主轴方向，短肢抗震墙截面面积与同一层所有抗震墙截面面积比例不宜大于20%。

5 短肢抗震墙宜设翼缘。一字形短肢墙平面外不宜布置与之单侧相交的楼面梁。

6 短肢墙的抗震等级应比表10.1.6的规定提高一级采用；已为一级时，配筋应按9度的要求提高。

7 配筋砌块砌体抗震墙的墙肢截面高度不宜小于墙肢截面宽度的5倍。

注：短肢抗震墙是指墙肢截面高度与宽度之比为5~8的抗震墙，一般抗震墙是指墙肢截面高度与宽度之比大于8的抗震墙。L形、T形、十形等多肢墙截面的长短肢性质应由较长一肢确定。

【条文解析】

根据房屋抗震设计的规则性要求，提出配筋混凝土砌块房屋平面和竖向布置简单、规则、抗震墙拉通对直的要求，从结构体型的设计上保证房屋具有较好的抗震性能。对墙肢长度的要求，是考虑到抗震墙结构应具有延性，高宽比大于2的延性抗震墙，可避免脆性的剪切破坏，要求墙段的长度（即墙段截面高度）不宜大于8m。当墙很长时，可通过开设洞口将长墙分成长度较小、较均匀的超静定次数较高的联肢墙，洞口连梁宜采用约束弯矩较小的弱连梁（其跨高比宜大于6）。

由于配筋砌块砌体抗震墙的竖向钢筋设置在砌块孔洞内（距墙端约100mm），墙肢长度很短时很难充分发挥作用，尽管短肢抗震墙结构有利于建筑布置，能扩大使用空间，减轻结构自重，但是其抗震性能较差，因此一般抗震墙不能过少，墙肢不宜过短，不应设计多数为短肢抗震墙的建筑，而要求设置足够数量的一般抗震墙，形成以一般抗震墙为主、短肢抗震墙与一般抗震墙相结合的共同抵抗水平力的结构，保证房屋的抗震能力。本条对短肢抗震墙截面面积与同一层内所有抗震墙截面面积比例作了规定。

一字形短肢抗震墙延性及平面外稳定均十分不利，因此规定不宜布置单侧楼面梁与之平面外垂直或斜交，同时要求短肢抗震墙应尽可能设置翼缘，保证短肢抗震墙具有适当的抗震能力。

10.1.11 部分框支配筋砌块砌体抗震墙房屋的结构布置，应符合下列规定：

1 上部的配筋砌块砌体抗震墙与框支层落地抗震墙或框架应对齐或基本对齐。

2 框支层应沿纵横两方向设置一定数量的抗震墙，并均匀布置或基本均匀布置。框支层抗震墙可采用配筋砌块砌体抗震墙或钢筋混凝土抗震墙，但在同一层内不应混用。

3 矩形平面的部分框支配筋砌块砌体抗震墙房屋结构的楼层侧向刚度比和底层框架部分承担的地震倾覆力矩，应符合现行国家标准《建筑抗震设计规范》GB 50011—2010 第6.1.9条的有关要求。

【条文解析】

对于部分框支配筋砌块砌体抗震墙房屋，保持纵向受力构件的连续性是防止结构纵向刚度突变而产生薄弱层的主要措施，对结构抗震有利。在结构平面布置时，由于配筋砌块砌体抗震墙和钢筋混凝土抗震墙在承载力、刚度和变形能力方面都有一定差异，因此应避免在同一层面上混合使用。与框支层相邻的上部楼层担负结构转换，在地震时容易遭受破坏，因此除在计算时应满足有关规定之外，在构造上也应予以加强。框支层抗震墙往往要承受较大的弯矩、轴力和剪力，应选用整体性能好的基础，否则抗震墙不能充分发挥作用。

10.1.12 结构材料性能指标，应符合下列规定：

1 砌体材料应符合下列规定：

1）普通砖和多孔砖的强度等级不应低于 MU10，其砌筑砂浆强度等级不应低于 M5；蒸压灰砂普通砖、蒸压粉煤灰普通砖及混凝土砖的强度等级不应低于 MU15，其砌筑砂浆强度等级不应低于 Ms5（Mb5）；

2）混凝土砌块的强度等级不应低于 MU7.5，其砌筑砂浆强度等级不应低于 Mb7.5；

3）约束砖砌体墙，其砌筑砂浆强度等级不应低于 M10 或 Mb10；

4）配筋砌块砌体抗震中，其混凝土空心砌块的强度等级不应低于 MU10，其砌筑砂浆强度等级不应低于 Mb10。

2 混凝土材料，应符合下列规定：

1）托梁，底部框架－抗震墙砌体房屋中的框架梁、框架柱、节点核芯区、混凝土墙和过渡层底板，部分框支配筋砌块砌体抗震墙结构中的框支梁和框支柱等转换构件、节点核芯区、落地混凝土墙和转换层楼板，其混凝土的强度等级不应低于 C30；

2）构造柱、圈梁、水平现浇钢筋混凝土带及其他各类构件不应低于 C20，砌块砌体芯柱和配筋砌块砌体抗震墙的灌孔混凝土强度等级不应低于 Cb20。

3 钢筋材料应符合下列规定：

1）钢筋宜选用 HRB400 级钢筋和 HRB335 级钢筋，也可采用 HPB300 级钢筋；

2）托梁、框架梁、框架柱等混凝土构件和落地混凝土墙，其普通受力钢筋宜优先选用 HRB400 钢筋。

【条文解析】

配筋砌块砌体抗震墙的灌孔混凝土强度与混凝土砌块块材的强度应该匹配，这样才能充分发挥灌孔砌体的结构性能，因此砌块的强度和灌孔混凝土的强度不应过低，而且低强度的灌孔混凝土其和易性也较差，施工质量无法保证。试验结果表明，砂浆强度对配筋砌块砌体抗震墙的承载能力影响不大，但考虑到浇灌混凝土时砌块砌体应具有一定的强度，因此砌筑砂浆的强度等级宜适当高一些。

10.1.13 考虑地震作用组合的配筋砌体结构构件，其配置的受力钢筋的锚固和接头，除应符合本规范第 9 章的要求外，尚应符合下列规定：

1 纵向受拉钢筋的最小锚固长度 l_{ae}，抗震等级为一、二级时，l_{ae} 取 $1.15l_a$，抗震等级为三级时，l_{ae} 取 $1.05l_a$，抗震等级为四级时，l_{ae} 取 $1.0l_a$，l_a 为受拉钢筋的锚固长度，按第 9.4.3 条的规定确定。

2 钢筋搭接接头，对一、二级抗震等级不小于 $1.2l_a+5d$；对三、四级不小于 $1.2l_a$。

3 配筋砌块砌体剪力墙的水平分布钢筋沿墙长应连续设置，两端的锚固应符合下列规定：

1）一、二级抗震等级剪力墙，水平分布钢筋可绕主筋弯 180°弯钩，弯钩端部直段长度不宜小于 $12d$；水平分布钢筋亦可弯入端部灌孔混凝土中，锚固长度不应小于 $30d$，且不应小于 250mm；

2）三、四级剪力墙，水平分钢筋可弯入端部灌孔混凝土中，锚固长度不应小于 $20d$，且不应小于 200mm；

3）当采用焊接网片作为剪力墙水平钢筋时，应在钢筋网片的弯折端部加焊两根直径与抗剪钢筋相同的横向钢筋，弯入灌孔混凝土的长度不应小于 150mm。

【条文解析】

本条参照钢筋混凝土结构并结合配筋砌体的特点，提出了受力钢筋的锚固和接头要求。

根据我国的试验研究，在配筋砌体灌孔混凝土中的钢筋锚固和搭接，远远小于本条规定的长度就能达到屈服或流限，不比在混凝土中锚固差，一种解释是位于砌块灌孔混凝土中的钢筋的锚固受到的周围材料的约束更大些。

配筋砌块砌体抗震墙水平钢筋端头锚固的要求是根据国内外试验研究成果和经验提出的。配筋砌块砌体抗震墙的水平钢筋，当采用围绕墙端竖向钢筋180°加12d延长段锚固时，对施工造成较大的难度，而一般作法是将该水平钢筋在末端弯钩锚于灌孔混凝土中，弯入长度为200mm，在试验中发现这样的弯折锚固长度已能保证该水平钢筋能达到屈服。因此，考虑不同的抗震等级和施工因素，给出该锚固长度规定。对焊接网片，一般钢筋直径较细均在ϕ5以下，加上较密的横向钢筋锚固较好，末端弯折并锚入混凝土的做法可增加网片的锚固作用。

底部框架－抗震墙砌体房屋中，底部配筋砌体墙边框梁、柱混凝土强度不低于C30，因此建议抗震墙中水平或竖向钢筋在边框梁、柱中的锚固长度，按现行国家标准《混凝土结构设计规范》GB 50010—2010的规定确定。

《底部框架－抗震墙砌体房屋抗震技术规程》JGJ 248—2012

3.0.2　底部框架－抗震墙砌体房屋的总高度和层数应符合下列要求：

1　抗震设防类别为重点设防类时，不应采用底部框架－抗震墙砌体房屋。标准设防类的底部框架－抗震墙砌体房屋，房屋的总高度和层数不应超过表3.0.2的规定。

表3.0.2　底部框架－抗震墙砌体房屋总高度和层数限值

上部砌体抗震墙类别	上部砌体抗震墙最小厚度/mm	烈度和设计基本地震加速度							
		6		7				8	
		0.05g		0.10g		0.15g		0.20g	
		高度/m	层数	高度/m	层数	高度/m	层数	高度/m	层数
普通砖多孔砖	240	22	7	22	7	19	6	16	5
多孔砖	190	22	7	19	6	16	5	13	4
小砌块	190	22	7	22	7	19	6	16	5

注：1　房屋的总高度指室外地面到主要屋面板板顶或檐口的高度，半地下室可从地下室室内地面算起，全地下室和嵌固条件好的半地下室应允许从室外地面算起；对带阁楼的坡屋面应算到山尖墙的1/2高度处；

2　室内外高差大于0.6m时，房屋总高度应允许比表中数值适当增加，但增加量应少于1.0m；

3　表中上部小砌块砌体房屋不包括配筋小砌块砌体房屋。

2　上部为横墙较少时，底部框架－抗震墙砌体房屋的总高度，应比表3.0.2的规

定降低3m，层数相应减少一层；上部砌体房屋不应采用横墙很少的结构。

注：横墙较少指同一楼层内开间大于4.2m的房间面积占该层总面积的40%以上；当开间不大于4.2m的房间面积占该层总面积不到20%且开间大于4.8m的房间面积占该层总面积的50%以上时为横墙很少。

3 6度、7度时，底部框架－抗震墙砌体房屋的上部为横墙较少时，当按规定采取加强措施并满足抗震承载力要求时，房屋的总高度和层数应允许仍按表3.0.2的规定采用。

【条文解析】

这类房屋的抗震能力不仅取决于底部框架－抗震墙和上部砌体房屋各自的抗震能力，而且还取决于两者抗震能力是否相匹配；在多层房屋中，存在着薄弱楼层，存在薄弱楼层的房屋的抗震能力，主要取决于其薄弱楼层的承载能力、变形能力以及与相邻楼层承载能力的相对比值。大量的震害表明，在强烈地震作用下，结构首先从最薄弱的楼层率先开裂、屈服、破坏，形成弹塑性变形和破坏集中的楼层，并将危及整个房屋的安全。对于底部框架－抗震墙砌体房屋，底部为钢筋混凝土框架－抗震墙体系，具有较好的承载能力、变形能力和耗能能力；上部为设置钢筋混凝土构造柱和圈梁的砌体房屋，具有一定的承载能力，其变形能力和耗能能力相对比较差，但构造柱与圈梁对脆性砌体的约束能提高其变形能力和耗能能力。本条依据这类房屋的抗震能力，给出了总层数和总高度的要求。

3.2 砖砌体构件

《建筑抗震设计规范》GB 50011—2010

7.3.1 各类多层砖砌体房屋，应按下列要求设置现浇钢筋混凝土构造柱（以下简称构造柱）：

1 构造柱设置部位，一般情况下应符合表7.3.1的要求。

2 外廊式和单面走廊式的多层房屋，应根据房屋增加一层的层数，按表7.3.1的要求设置构造柱，且单面走廊两侧的纵墙均应按外墙处理。

3 横墙较少的房屋，应根据房屋增加一层的层数，按表7.3.1的要求设置构造柱。当横墙较少的房屋为外廊式或单面走廊式时，应按本条2款要求设置构造柱；但6度不超过四层、7度不超过三层和8度不超过二层时，应按增加二层的层数对待。

4 各层横墙很少的房屋，应按增加二层的层数设置构造柱。

5 采用蒸压灰砂砖和蒸压粉煤灰砖的砌体房屋，当砌体的抗剪强度仅达到普通黏

土砖砌体的70%时，应根据增加一层的层数按本条1~4款要求设置构造柱；但6度不超过四层、7度不超过三层和8度不超过二层时，应按增加二层的层数对待。

表7.3.1 多层砖砌体房屋构造柱设置要求

<table>
<tr><th colspan="4">房屋层数</th><th colspan="2" rowspan="2">设置部位</th></tr>
<tr><th>6度</th><th>7度</th><th>8度</th><th>9度</th></tr>
<tr><td>四、五</td><td>三、四</td><td>二、三</td><td></td><td rowspan="3">楼、电梯间四角、楼梯斜梯段上下端对应的墙体处
外墙四角和对应转角
错层部位横墙与外纵墙交接处
较大洞口两侧</td><td>隔12m或单元横墙与外纵墙交接处
楼梯间对应的另一侧内横墙与外纵墙交接处</td></tr>
<tr><td>六</td><td>五</td><td>四</td><td>二</td><td>隔开间横墙（轴线）与外墙交接处
山墙与内纵墙交接处</td></tr>
<tr><td>七</td><td>≥六</td><td>≥五</td><td>≥三</td><td>内墙（轴线）与外墙交接处
内横墙的局部较小墙垛处
内纵墙与横墙（轴线）交接处</td></tr>
</table>

注：较大洞口，内墙指不小于2.1m的洞口；外墙在内外墙交接处已设置构造柱时应允许适当放宽，但洞侧墙体应加强。

【条文解析】

本条规定，根据房屋的用途、结构部位、烈度和承担地震作用的大小来设置构造柱。

当6、7度房屋的层数少于《建筑抗震设计规范》GB 50011—2010表7.2.1规定时，如6度二、三层和7度二层且横墙较多的丙类房屋，只要合理设计、施工质量好，在地震时可到达预期的设防目标，本规范对其构造柱设置未作强制性要求。注意到构造柱有利于提高砌体房屋抗地震倒塌能力，这些低层、小规模且设防烈度低的房屋，可根据具体条件和可能适当设置构造柱。

本条提出了不规则平面的外墙对应转角（凸角）处设置构造柱的要求；楼梯斜段上下端对应墙体处增加四根构造柱，与在楼梯间四角设置的构造柱合计有八根构造柱，再与《建筑抗震设计规范》GB 50011—2010之7.3.8条规定的楼层半高的钢筋混凝土带等可组成应急疏散安全岛。

7.3.2 多层砖砌体房屋的构造柱应符合下列构造要求：

1 构造柱最小截面可采用 180mm×240mm（墙厚 190mm 时为 180mm×190mm），纵向钢筋宜采用 4ϕ12，箍筋间距不宜大于 250mm，且在柱上下端应适当加密；6、7 度时超过六层、8 度时超过五层和 9 度时，构造柱纵向钢筋宜采用 4ϕ14，箍筋间距不应大于 200mm；房屋四角的构造柱应适当加大截面及配筋。

2 构造柱与墙连接处应砌成马牙槎，沿墙高每隔 500mm 设 2ϕ6 水平钢筋和 ϕ4 分布短筋平面内点焊组成的拉结网片或 ϕ4 点焊钢筋网片，每边伸入墙内不宜小于 1m。6、7 度时底部 1/3 楼层，8 度时底部 1/2 楼层，9 度时全部楼层，上述拉结钢筋网片应沿墙体水平通长设置。

3 构造柱与圈梁连接处，构造柱的纵筋应在圈梁纵筋内侧穿过，保证构造柱纵筋上下贯通。

4 构造柱可不单独设置基础，但应伸入室外地面下 500mm，或与埋深小于 500mm 的基础圈梁相连。

5 房屋高度和层数接近本规范表 7.1.2 的限值时，纵、横墙内构造柱间距尚应符合下列要求：

1）横墙内的构造柱间距不宜大于层高的 2 倍；下部 1/3 楼层的构造柱间距适当减小；

2）当外纵墙开间大于 3.9m 时，应另设加强措施。内纵墙的构造柱间距不宜大于 4.2m。

【条文解析】

本条规定，当房屋高度接近《建筑抗震设计规范》GB 50011—2010 表 7.1.2 的总高度和层数限值时，纵、横墙中构造柱间距的要求不变。对较长的纵、横墙需有构造柱来加强墙体的约束和抗倒塌能力。

由于钢筋混凝土构造柱的作用主要在于对墙体的约束，构造上截面不必很大，但需与各层纵横墙的圈梁或现浇楼板连接，才能发挥约束作用。

为保证钢筋混凝土构造柱的施工质量，构造柱须有外露面。一般利用马牙槎外露即可。

7.3.3 多层砖砌体房屋的现浇钢筋混凝土圈梁设置应符合下列要求：

1 装配式钢筋混凝土楼、屋盖或木屋盖的砖房，应按表 7.3.3 的要求设置圈梁；纵墙承重时，抗震横墙上的圈梁间距应比表内要求适当加密。

2 现浇或装配整体式钢筋混凝土楼、屋盖与墙体有可靠连接的房屋，应允许不另设圈梁，但楼板沿抗震墙体周边均应加强配筋并应与相应的构造柱钢筋可靠连接。

表 7.3.3　多层砖砌体房屋现浇钢筋混凝土圈梁设置要求

墙类	烈度		
	6、7	8	9
外墙和内纵墙	屋盖处及每层楼盖处	屋盖处及每层楼盖处	屋盖处及每层楼盖处
内横墙	同上 屋盖处间距不应大于 4.5m 楼盖处间距不应大于 7.2m 构造柱对应部位	同上 各层所有横墙，且间距不应大于 4.5m 构造柱对应部位	同上 各层所有横墙

【条文解析】

钢筋混凝土圈梁是多层砖房有效的抗震措施之一，钢筋混凝土圈梁有如下功能：

1）增强房屋的整体性，提高房屋的抗震能力。由于圈梁的约束，预制板散开以及砖墙出平面倒塌的危险性大大减小了，使纵、横墙能够保持一个整体的箱形结构，充分地发挥各片砖墙在平面内抗剪承载力。

2）作为楼（屋）盖的边缘构件，提高了楼盖的水平刚度，使局部地震作用能够分配给较多的砖墙来承担，也减轻了大房间纵、横墙平面外破坏的危险性。

3）圈梁还能限制墙体斜裂缝的开展和延伸，使砖墙裂缝仅在两道圈梁之间的墙段内发生，斜裂缝的水平夹角减小，砖墙抗剪承载力得以充分地发挥和提高。

本条提高了对楼层内横墙圈梁间距的要求，以增强房屋的整体性能。

钢筋混凝土圈梁设置要求：

1）现浇钢筋混凝土楼盖不需要设置圈梁。

2）现浇或装配整体式钢筋混凝土楼、屋盖与墙体有可靠连接的房屋，允许不另设圈梁，但为加强砌体房屋的整体性，楼板沿抗震墙体周边均应加强配筋并应与相应的构造柱钢筋可靠连接。

7.3.4　多层砖砌体房屋现浇混凝土圈梁的构造应符合下列要求：

1　圈梁应闭合，遇有洞口圈梁应上下搭接。圈梁宜与预制板设在同一标高处或紧靠板底。

2　圈梁在本规范第 7.3.3 条要求的间距内无横墙时，应利用梁或板缝中配筋替代圈梁。

3　圈梁的截面高度不应小于 120mm，配筋应符合表 7.3.4 的要求；按本规范第 3.3.4 条 3 款要求增设的基础圈梁，截面高度不应小于 180mm，配筋不应少于 4ϕ12。

表 7.3.4 多层砖砌体房屋圈梁配筋要求

配筋	烈度		
	6、7	8	9
最小纵筋	4 φ 10	4 φ 12	4 φ 14
箍筋最大间距/mm	250	200	150

【条文解析】

钢筋混凝土圈梁应闭合，遇有洞口应上下搭接。圈梁的截面高度不应小于120mm，箍筋可采用 φ6，纵筋和箍筋间距要求见表 7.3.4。当在要求间距无横墙时，应利用梁或板缝中配筋替代圈梁。

当多层砌体房屋的地基为软弱黏性土、液化土、新近填土或严重不均匀，且基础圈梁作为减少地基不均匀沉降影响的措施时，基础圈梁的高度不应小于180mm，配筋不应小于4 φ 12。

圈梁宜与预制板设在同一标高处或紧靠板底，按其与预制板的相对位置又可分为“板侧圈梁”“板底圈梁”和“混合圈梁”三种。三种圈梁各有利弊，也各有适用范围，应视预制板的端头构造、砖墙的厚度和施工程序而定。

1 板侧圈梁

一般来说，圈梁设在板的侧边（见图 3.1），整体性更强一些，抗震作用会更好一些，且方便施工，可以缩短工期。但要求搁置预制板的外墙厚度不小于370mm，板端最好伸出钢筋，在接头中相互搭接。由于先搁板，后浇圈梁，对于短向板房屋，外纵墙上圈梁与板的侧边结合较好。

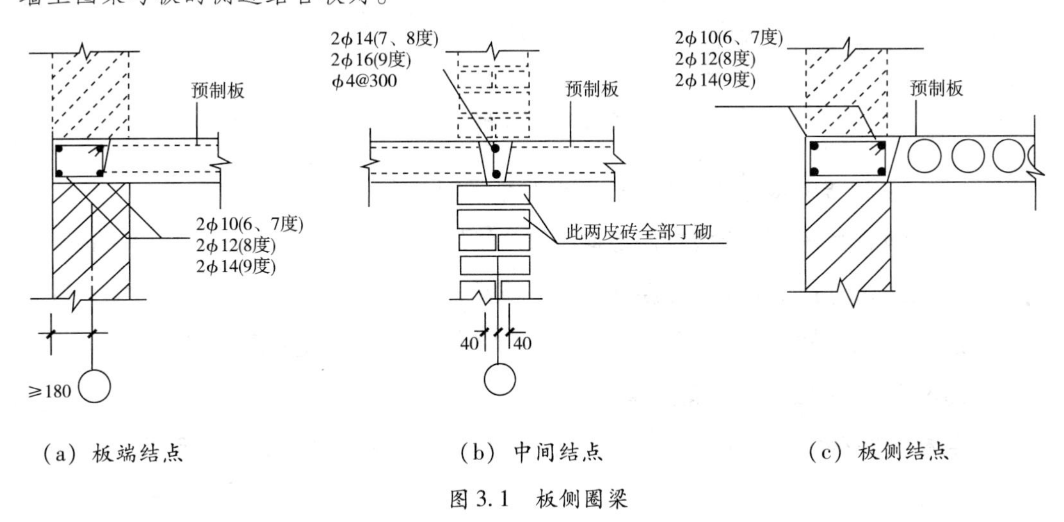

(a) 板端结点 (b) 中间结点 (c) 板侧结点

图 3.1 板侧圈梁

2　板底圈梁

板底圈梁是传统做法。圈梁设在板底（见图3.2），适用于各种墙厚和各种预制板构造。

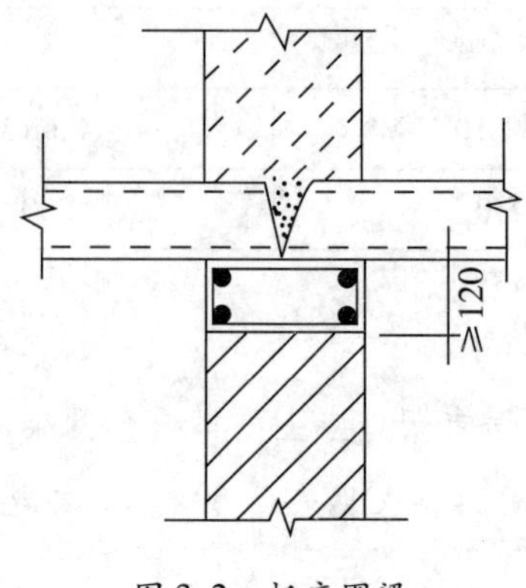

图3.2　板底圈梁

3　混合圈梁

混合圈梁是板底圈梁的一种改进做法。内墙上，圈梁设在板底；外墙上，圈梁设在板的侧边（见图3.3）。

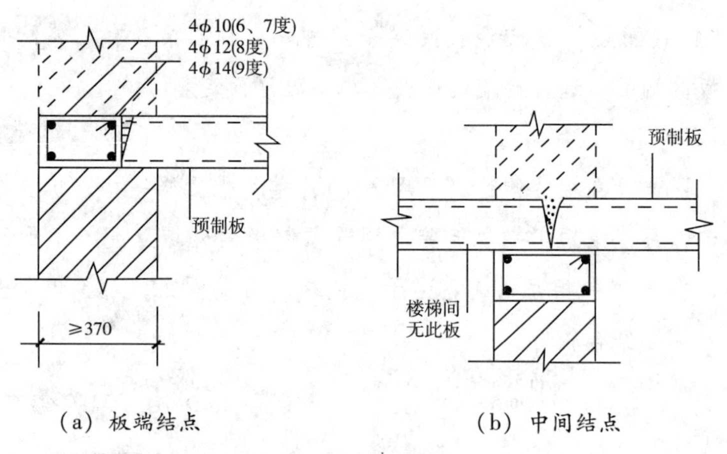

（a）板端结点　　（b）中间结点

图3.3　高低圈梁

7.3.5　多层砖砌体房屋的楼、屋盖应符合下列要求：

1　现浇钢筋混凝土楼板或屋面板伸进纵、横墙内的长度，均不应小于120mm。

2　装配式钢筋混凝土楼板或屋面板，当圈梁未设在板的同一标高时，板端伸进外墙的长度不应小于120mm，伸进内墙的长度不应小于100mm或采用硬架支模连接，在梁上不应小于80mm或采用硬架支模连接。

3　当板的跨度大于4.8m并与外墙平行时，靠外墙的预制板侧边应与墙或圈梁拉结。

4　房屋端部大房间的楼盖，6度时房屋的屋盖和7~9度时房屋的楼、屋盖，当圈

梁设在板底时，钢筋混凝土预制板应相互拉结，并应与梁、墙或圈梁拉结。

【条文解析】

楼、屋盖是房屋的重要横隔，除了保证本身刚度整体性外，其抗震构造要求还包括楼板搁置长度，楼板与圈梁、墙体的拉结，屋架（梁）与墙、柱的锚固、拉结等，是保证楼、屋盖与墙体整体性的重要措施。

楼、屋盖的钢筋混凝土梁或屋架，应与墙、柱（包括构造柱）或圈梁可靠连接。梁与砖柱的连接不应削弱柱截面。坡屋顶房屋的尾架应与屋顶圈梁可靠连接，檩条或屋面板应与墙及屋架可靠连接。

预制阳台应与圈梁和楼板的现浇板带可靠连接。

本条提高了6~8度时预制板相互拉结的要求，同时取消了独立砖柱的做法。在装配式楼板伸入墙（梁）内长度的规定中，明确了硬架支模的做法（硬架支模的施工方法是：先架设梁或圈梁的模板，再将预制楼板支承在具有一定刚度的硬支架上，然后浇筑梁或圈梁、现浇叠合层等的混凝土）。

7.3.6　楼、屋盖的钢筋混凝土梁或屋架应与墙、柱（包括构造柱）或圈梁可靠连接；不得采用独立砖柱。跨度不小于6m大梁的支承构件应采用组合砌体等加强措施，并满足承载力要求。

【条文解析】

由砖、石或各种砌块等块体通过砂浆铺缝砌筑而成的结构称为砌体结构。它包括砖结构、石结构和其他材料的砌块结构。

砖砌体结构是世界上应用最广、历史最悠久的建筑结构，因其具有取材方便、价格便宜、保温隔热性能好、经久耐用等优点而广泛地应用于各类建筑中。但是，目前随着楼层的不断增高，砖砌体结构由于其强度低、截面尺寸较大而受到限制。为此，可以在充分利用砌体材料抗压性能的情况下，在砌体中配以钢筋或钢筋混凝土等弹塑性较好的材料，以改善砌体结构的受力性能，从而扩大其应用范围。目前主要采用的有水平加筋的网状配筋砖砌体和竖向加筋的组合砖砌体。

由砖砌体和钢筋混凝土面层或钢筋砂浆面层组成的组合砖砌体构件，多用于荷载偏心较大，单纯使用无筋砌体较难满足使用要求的情况。

7.3.7　6、7度时长度大于7.2m的大房间，以及8、9度时外墙转角及内外墙交接处，应沿墙高每隔500mm配置2ϕ6的通长钢筋和ϕ4分布短筋平面内点焊组成的拉结网片或ϕ4点焊网片。

【条文解析】

地震作用除使外墙阳角容易产生双向斜裂缝外，有时在纵横相交处也会产生竖向裂缝。因此，对于墙体的这些部位宜设置拉结钢筋。本条就此提出了具体要求。

由于砌体材料的特性，较大的房间在地震中会加重破坏程度，需要局部加强墙体的连接构造要求。

7.3.8 楼梯间尚应符合下列要求：

1 顶层楼梯间墙体应沿墙高每隔500mm设2ϕ通长钢筋和ϕ4分布短钢筋平面内点焊组成的拉结网片或ϕ4点焊网片；7~9度时其他各层楼梯间墙体应在休息平台或楼层半高处设置60mm厚、纵向钢筋不应少于2ϕ10的钢筋混凝土带或配筋砖带，配筋砖带不少于3皮，每皮的配筋不少于2ϕ6，砂浆强度等级不应低于M7.5且不低于同层墙体的砂浆强度等级。

2 楼梯间及门厅内墙阳角处的大梁支承长度不应小于500mm，并应与圈梁连接。

3 装配式楼梯段应与平台板的梁可靠连接，8、9度时不应采用装配式楼梯段；不应采用墙中悬挑式踏步或踏步竖肋插入墙体的楼梯，不应采用无筋砖砌栏板。

4 突出屋顶的楼、电梯间，构造柱应伸到顶部，并与顶部圈梁连接，所有墙体应沿墙高每隔500mm设2ϕ6通长钢筋和ϕ4分布短筋平面内点焊组成的拉结网片或ϕ4点焊网片。

【条文解析】

历次地震震害表明，楼梯间的横墙，由于楼梯踏步板的斜撑作用而引来较大的水平地震作用，破坏程度常比其他横墙稍重一些。横墙与纵墙相接处的内墙阳角，如同外墙阳角一样，纵横墙面因两个方向地面运动的作用都出现斜向裂缝。楼梯间的大梁，由于搁进内纵墙的长度只有240mm，角部破碎后，梁落下。另外，楼梯踏步斜板因钢筋伸入休息平台梁内的长度很短而在相接处拉裂或拉断。因此，楼梯间常常破坏严重，必须采取一系列有效措施。为了保证楼梯间在地震时能作为安全疏散通道，其内墙阳角至门窗洞边的距离应符合规范要求。

突出屋顶的楼、电梯间，地震中受到较大的地震作用，因此在构造措施上也需要特别加强。

7.3.9 坡屋顶房屋的屋架应与顶层圈梁可靠连接，檩条或屋面板应与墙、屋架可靠连接，房屋出入口处的檐口瓦应与屋面构件锚固。采用硬山搁檩时，顶层内纵墙顶宜增砌支承山墙的踏步式墙垛，并设置构造柱。

【条文解析】

坡屋顶与平屋顶相比，震害有明显差别。硬山搁檩的做法不利于抗震，《建筑抗震设计规范》GB 50011—2010 提高了硬山搁檩的构造要求。屋架的支撑应保证屋架的纵向稳定。出入口处要加强屋盖构件的连接和锚固，以防脱落伤人。

7.3.10 门窗洞处不应采用砖过梁；过梁支承长度，6～8 度时不应小于 240mm，9 度时不应小于 360mm。

【条文解析】

砌体结构中的过梁应采用钢筋混凝土过梁，本条明确规定不能采用砖过梁，不论是配筋还是无筋。

7.3.11 预制阳台，6、7 度时应与圈梁和楼板的现浇板带可靠连接，8、9 度时不应采用预制阳台。

【条文解析】

预制的悬挑构件，特别是较大跨度时，需要加强与现浇构件的连接，以增强稳定性。本条对预制阳台的限制有所加严。

7.3.13 同一结构单元的基础（或桩承台），宜采用同一类型的基础，底面宜埋置在同一标高上，否则应增设基础圈梁并应按 1∶2 的台阶逐步放坡。

【条文解析】

房屋的同一独立单元中，基础底面最好处于同一标高，否则易因地面运动传递到基础不同标高处而造成震害。如有困难时，则应设基础圈梁并放坡逐步过渡，不宜有高差上的过大突变。

对于软弱地基上的房屋，按《建筑抗震设计规范》GB 50011—2010 第 3 章的原则，应在外墙及所有承重墙下设置基础圈梁，以增强抵抗不均匀沉陷和加强房屋基础部分的整体性。

7.3.14 丙类的多层砖砌体房屋，当横墙较少且总高度和层数接近或达到本规范表 7.1.2 规定限值时，应采取下列加强措施：

1　房屋的最大开间尺寸不宜大于 6.6m。

2　同一结构单元内横墙错位数量不宜超过横墙总数的 1/3，且连续错位不宜多于两道；错位的墙体交接处均应增设构造柱，且楼、屋面板应采用现浇钢筋混凝土板。

3　横墙和内纵墙上洞口的宽度不宜大于1.5m；外纵墙上洞口的宽度不宜大于2.1m或开间尺寸的一半；且内外墙上洞口位置不应影响内外纵墙与横墙的整体连接。

4　所有纵横墙均应在楼、屋盖标高处设置加强的现浇钢筋混凝土圈梁：圈梁的截面高度不宜小于150mm，上下纵筋各不应少于3ϕ10，箍筋不小于ϕ6，间距不大于300mm。

5　所有纵横墙交接处及横墙的中部，均应增设满足下列要求的构造柱：在纵、横墙内的柱距不宜大于3.0m，最小截面尺寸不宜小于240mm×240mm（墙厚190mm时为240mm×190mm），配筋宜符合表7.3.14的要求。

表7.3.14　增设构造柱的纵筋和箍筋设置要求

<table>
<tr><th rowspan="2">位置</th><th colspan="3">纵向钢筋</th><th colspan="3">箍　筋</th></tr>
<tr><th>最大配筋率/%</th><th>最小配筋率/%</th><th>最小直径/mm</th><th>加密区范围/mm</th><th>加密区间距/mm</th><th>最小直径/mm</th></tr>
<tr><td>角柱</td><td rowspan="2">1.8</td><td rowspan="2">0.8</td><td>14</td><td>全高</td><td rowspan="3">100</td><td rowspan="3">6</td></tr>
<tr><td>边柱</td><td>14</td><td rowspan="2">上端700
下端500</td></tr>
<tr><td>中柱</td><td>1.4</td><td>0.6</td><td>12</td></tr>
</table>

6　同一结构单元的楼、屋面板应设置在同一标高处。

7　房屋底层和顶层的窗台标高处，宜设置沿纵横墙通长的水平现浇钢筋混凝土带；其截面高度不小于60mm，宽度不小于墙厚，纵向钢筋不少于2ϕ10，横向分布筋的直径不小于ϕ6且其间距不大于200mm。

【条文解析】

本条对应于《建筑抗震设计规范》GB 50011—2010第7.1.2条第3款所规定的所有丙类建筑中横墙较少的多层砌体房屋（6、7度时）。对于横墙间距大于4.2m的房间超过楼层总面积40%且房屋总高度和层数接近表7.1.2规定限值的砌体房屋，其抗震设计方法大致包括以下方面：

1）墙体的布置和开洞大小不妨碍纵横墙的整体连接的要求。

2）楼、屋盖结构采用现浇钢筋混凝土板等加强整体性的构造要求。

3）增设满足截面和配筋要求的钢筋混凝土构造柱并控制其间距，在房屋底层和顶层沿楼层半高处设置现浇钢筋混凝土带，并增大配筋数量，以形成约束砌体墙段的要求。

4）按《建筑抗震设计规范》GB 50011—2010之7.2.7条第3款计入墙段中部钢筋混凝土构造柱的承载力。

根据试验设计结果，本条要求横墙较少时构造柱的间距，纵横墙均不大于3m。

《砌体结构设计规范》GB 50003—2011

10.2.4 各类砖砌体房屋的现浇钢筋混凝土构造柱（以下简称构造柱），其设置应符合现行国家标准《建筑抗震设计规范》GB 50011—2010 的有关规定，并应符合下列规定：

1 构造柱设置部位应符合表 10.2.4 的规定；

2 外廊式和单面走廊式的房屋，应根据房屋增加一层的层数，按表 10.2.4 的要求设置构造柱，且单面走廊两侧的纵墙均应按外墙处理；

3 横墙较少的房屋，应根据房屋增加一层的层数，按表 10.2.4 的要求设置构造柱。当横墙较少的房屋为外廊式或单面走廊式时，应按本条 2 款要求设置构造柱；但 6 度不超过四层、7 度不超过三层和 8 度不超过二层时应按增加二层的层数对待；

表 10.2.4 砖砌体房屋构造柱设置要求

<table>
<tr><th colspan="4">房屋层数</th><th colspan="2" rowspan="2">设置部位</th></tr>
<tr><th>6 度</th><th>7 度</th><th>8 度</th><th>9 度</th></tr>
<tr><td>≤五</td><td>≤四</td><td>≤三</td><td></td><td rowspan="3">楼、电梯间四角，楼梯斜梯段上下端对应的墙体处
外墙四角和对应转角
错层部位横墙与外纵墙交接处
大房间内外墙交接处
较大洞口两侧</td><td>隔 12m 或单元横墙与外纵墙交接处
楼梯间对应的另一侧内横墙与外纵墙交接处</td></tr>
<tr><td>六</td><td>五</td><td>四</td><td>二</td><td>隔开间横墙（轴线）与外墙交接处
山墙与内纵墙交接处</td></tr>
<tr><td>七</td><td>六、七</td><td>五、六</td><td>三、四</td><td>内墙（轴线）与外墙交接处
内墙的局部较小墙垛处
内纵墙与横墙（轴线）交接处</td></tr>
</table>

注：1 较大洞口，内墙指不小于 2.1m 的洞口；外墙在内外墙交接处已设置构造柱时应允许适当放宽，但洞侧墙体应加强；

2 当按本条第 2～5 款规定确定的层数超出表 10.2.4 的范围，构造柱设计要求不应低于表中相应烈度的最高要求且宜适当提高。

4 各层横墙很少的房屋，应按增加二层的层数设置构造柱；

5 采用蒸压灰砂普通砖和蒸压粉煤灰普通砖的砌体房屋，当砌体的抗剪强度仅达到普通黏土砖砌体的 70% 时（普通砂浆砌筑），应根据增加一层的层数按本条 1～4 款要求设置构造柱；但6度不超过四层、7度不超过三层和8度不超过二层时应按增加二层的层数对待；

6 有错层的多层房屋，在错层部位应设置墙，其与其他墙交接处应设置构造柱；在错层部位的错层楼板位置应设置现浇钢筋混凝土圈梁；当房屋层数不低于四层时，底部1/4楼层处错层部位墙中部的构造柱间距不宜大于2m。

【条文解析】

对于抗震规范没有涵盖的层数较少的部分房屋，建议在外墙四角等关键部位适当设置构造柱。对6度时三层及以下房屋，建议楼梯间墙体也应设置构造柱以加强其抗倒塌能力。

当砌体房屋有错层部位时，宜对错层部位墙体采取增加构造柱等加强措施。本条适用于错层部位所在平面位置可能在地震作用下对错层部位及其附近结构构件产生较大不利影响，甚至影响结构整体抗震性能的砌体房屋，必要时尚应对结构其他相关部位采取有效措施进行加强。对于局部楼板板块略降标高处，不必按本条采取加强措施。错层部位两侧楼板板顶高差大于1/4层高时，应按规定设置防震缝。

10.2.5 多层砖砌体房屋的构造柱应符合下列构造规定：

1 构造柱的最小截面可为180mm×240mm（墙厚190mm时为180mm×190mm）；构造柱纵向钢筋宜采用4ϕ12，箍筋直径可采用6mm，间距不宜大于250mm，且在柱上、下端适当加密；当6、7度超过六层、8度超过五层和9度时，构造柱纵向钢筋宜采用4ϕ14，箍筋间距不应大于200mm；房屋四角的构造柱应适当加大截面及配筋；

2 构造柱与墙连接处应砌成马牙槎，沿墙高每隔500mm设2ϕ6水平钢筋和ϕ4分布短筋平面内点焊组成的拉结网片或ϕ4点焊钢筋网片，每边伸入墙内不宜小于1m。6、7度时，底部1/3楼层，8度时底部1/2楼层，9度时全部楼层，上述拉结钢筋网片应沿墙体水平通长设置；

3 构造柱与圈梁连接处，构造柱的纵筋应在圈梁纵筋内侧穿过，保证构造柱纵筋上下贯通；

4 构造柱可不单独设置基础，但应伸入室外地面下500mm，或与埋深小于500mm的基础圈梁相连；

5 房屋高度和层数接近本规范表10.1.2的限值时，纵、横墙内构造柱间距尚应符合下列规定：

1）横墙内的构造柱间距不宜大于层高的二倍；下部1/3楼层的构造柱间距适当减小；

2）当外纵墙开间大于3.9m时，应另设加强措施。内纵墙的构造柱间距不宜大于4.2m。

【条文解析】

本条规定，当房屋高度接近《建筑抗震设计规范》GB 50011—2010表7.1.2的总高度和层数限值时，纵、横墙中构造柱间距的要求不变。对较长的纵、横墙需有构造柱来加强墙体的约束和抗倒塌能力。

由于钢筋混凝土构造柱的作用主要在于对墙体的约束，构造上截面不必很大，但需与各层纵横墙的圈梁或现浇楼板连接，才能发挥约束作用。

为保证钢筋混凝土构造柱的施工质量，构造柱须有外露面。一般利用马牙槎外露即可。

10.2.6 约束普通砖墙的构造，应符合下列规定：

1 墙段两端设有符合现行国家标准《建筑抗震设计规范》GB 50011—2010要求的构造柱，且墙肢两端及中部构造柱的间距不大于层高或3.0m，较大洞口两侧应设置构造柱；构造柱最小截面尺寸不宜小于240mm×240mm（墙厚190mm时为240mm×190mm），边柱和角柱的截面宜适当加大；构造柱的纵筋和箍筋设置宜符合表10.2.6的要求。

2 墙体在楼、屋盖标高处均设置满足现行国家标准《建筑抗震设计规范》GB 50011—2010要求的圈梁，上部各楼层处圈梁截面高度不宜小于150mm；圈梁纵向钢筋应采用强度等级不低于HRB335的钢筋，6、7度时不小于4ϕ10；8度时不小于4ϕ12；9度时不小于4ϕ14；箍筋不小于ϕ6。

表10.2.6 构造柱的纵筋和箍筋设置要求

位置	纵向钢筋			箍筋		
	最大配筋率/%	最小配筋率/%	最小直径/mm	加密区范围/mm	加密区间距/mm	最小直径/mm
角柱	1.8	0.8	14	全高	100	6
边柱			14	上端700		
中柱	1.4	0.6	12	下端500		

【条文解析】

根据抗震规范相关规定，提出约束普通砖墙构造要求。

10.2.7 房屋的楼、屋盖与承重墙构件的连接，应符合下列规定：

1 钢筋混凝土预制楼板在梁、承重墙上必须具有足够的搁置长度。当圈梁未设在板的同一标高时，板端的搁置长度，在外墙上不应小于120mm，在内墙上，不应小于100mm，在梁上不应小于80mm，当采用硬架支模连接时，搁置长度允许不满足上述要求。

2 当圈梁设在板的同一标高时，钢筋混凝土预制楼板端头应伸出钢筋，与墙体的圈梁相连接。当圈梁设在板底时，房屋端部大房间的楼盖，6度时房屋的屋盖和7～9度时房屋的楼、屋盖，钢筋混凝土预制板应相互拉结，并应与梁、墙或圈梁拉结。

3 当板的跨度大于4.8m并与外墙平行时，靠外墙的预制板侧边应与墙或圈梁拉结。

4 钢筋混凝土预制楼板侧边之间应留有不小于20mm的空隙，相邻跨预制楼板板缝宜贯通，当板缝宽度不小于50mm时应配置板缝钢筋。

5 装配整体式钢筋混凝土楼、屋盖，应在预制板叠合层上双向配置通长的水平钢筋，预制板应与后浇的叠合层有可靠的连接。现浇板和现浇叠合层应跨越承重内墙或梁，伸入外墙内长度应不小于120mm和1/2墙厚。

6 现浇或装配整体式钢筋混凝土楼、屋盖与墙体有可靠连接的房屋，应允许不另设圈梁，但楼板沿抗震墙体周边均应加强配筋并应与相应的构造柱钢筋可靠连接。

【条文解析】

当采用硬架支模连接时，预制楼板的搁置长度可以小于条文中的规定。硬架支模的施工方法是，先架设梁或圈梁的模板，再将预制楼板支承在具有一定刚度的硬支架上，然后浇筑梁或圈梁、现浇叠合层等的混凝土。

采用预制楼板时，预制板端支座位置的圈梁顶应尽可能设在板顶的同一标高或采用L形圈梁，便于预制楼板端头钢筋伸入圈梁内。

当板的跨度大于4.8m并与外墙平行时，靠外墙的预制板侧边应与墙或圈梁拉结，可在预制板顶面上放置间距不少于300mm，直径不少于6mm的短钢筋，短钢筋一端钩在靠外墙预制板的内侧纵向板间缝隙内，另一端锚固在墙或圈梁内。

《底部框架－抗震墙砌体房屋抗震技术规程》JGJ 248—2012

6.2.1 上部砖砌体房屋，应按下列要求设置现浇钢筋混凝土构造柱（以下简称构造柱）：

1 构造柱设置部位应符合表6.2.1的要求；

表 6.2.1 上部砖砌体房屋构造柱设置要求

<table>
<tr><th colspan="3">房屋总层数</th><th colspan="2" rowspan="2">设置部位</th></tr>
<tr><th>6 度</th><th>7 度</th><th>8 度</th></tr>
<tr><td>≤五</td><td>≤四</td><td>二、三</td><td rowspan="3">楼、电梯间四角，楼梯踏步段上下端对应的墙体处
建筑物平面凹凸角处对应的外墙转角
错层部位横墙与外纵墙交接处
大房间内外墙交接处
较大洞口两侧</td><td>隔 12m 或单元横墙与外纵墙交接处
楼梯间对应的另一侧内横墙与外纵墙交接处</td></tr>
<tr><td>六</td><td>五</td><td>四</td><td>隔开间横墙（轴线）与外墙交接处
山墙与内纵墙交接处</td></tr>
<tr><td>七</td><td>六、七</td><td>≥五</td><td>内墙（轴线）与外墙交接处
内墙的局部较小墙垛处
内纵墙与横墙（轴线）交接处</td></tr>
</table>

注：较大洞口，内墙指不小于 2.1m 的洞口；外墙在内外墙交接处已设置构造柱时应允许适当放宽，但洞侧墙体应加强。

2 上部砖砌体房屋为横墙较少情况时，应根据房屋增加一层后的总层数，按表 6.2.1 的要求设置构造柱。

6.2.2 上部砖砌体房屋的构造柱，应符合下列要求：

1 过渡楼层的构造柱设置，除应符合本规程表 6.2.1 的要求外，尚应在底部框架柱、混凝土墙或配筋小砌块墙、约束砌体墙构造柱所对应处，以及所有横墙（轴线）与内外纵墙交接处设置构造柱，墙体内的构造柱间距不宜大于层高。过渡楼层墙体中凡宽度不小于 1.2m 的门洞和 2.1m 的窗洞，洞口两侧宜增设截面不小于 240mm × 120mm（墙厚 190mm 时为 190mm × 120mm）的边框柱。

2 构造柱截面不宜小于 240mm × 240mm（墙厚 190mm 时为 190mm × 240mm）。

3 构造柱纵向钢筋不宜少于 4 ϕ 14，箍筋间距不宜大于 200mm 且在柱上下端应适当加密；外墙转角的构造柱应适当加大截面及配筋。过渡楼层构造柱的纵向钢筋，6 度、7 度时不宜少于 4 ϕ 16，8 度时不宜少于 4 ϕ 18；纵向钢筋应锚入下部的框架柱、混凝土墙或配筋小砌块墙、托墙梁内，当纵向钢筋锚固在托墙梁内时，托墙梁的相应位置应采取加强措施。

4 构造柱与墙体连接处应砌成马牙槎，且应沿墙高每隔 500mm 设置 2 ϕ 6 水平钢筋和 ϕ 5 分布短筋平面内点焊组成的拉结网片或 ϕ 5 点焊钢筋网片，每边伸入墙内长度不宜小于 1m。6 度、7 度时下部 1/3 楼层（上部砖砌体房屋部分），8 度时下部 1/2 楼层（上部砖砌体房屋部分），上述拉结钢筋网片应沿墙体水平通长设置；过渡楼层中的上述拉结钢筋网片应沿墙高每隔 360mm 设置。

5 构造柱应与每层圈梁连接，或与现浇楼板可靠拉结。构造柱与圈梁连接处，构造柱的纵筋应在圈梁纵筋内侧穿过，保证构造柱纵筋上下贯通。

6 当整体房屋总高度和总层数接近本规程表3.0.2规定的限值时，纵、横墙内构造柱间距尚应符合下列要求：

1）横墙内的构造柱间距不宜大于层高的两倍；下部1/3楼层（上部砖砌体房屋部分）的构造柱间距适当减少；

2）当外纵墙开间大于3.9m时，应另设加强措施；内纵墙的构造柱间距不宜大于4.2m。

【条文解析】

构造柱对于墙体的约束作用，主要是依靠与各层墙体的圈梁或现浇楼板的整体性连接来实现，其截面尺寸并不要求很大。为保证其施工质量，构造柱需用马牙槎与墙体连接，同时应先砌墙后浇筑构造柱。底部框架－抗震墙砌体房屋比多层砌体房屋抗震性能稍弱，因此构造柱的设置要求更严格。

构造柱有利于提高房屋在地震时的抗倒塌能力，对于低层数、小规模且设防烈度低的底部框架－抗震墙砌体房屋（如房屋总层数为6度二层、三层和7度二层），仍应按要求设置构造柱。

对楼梯间要求的加强，是为了保证在地震中具有应急疏散安全通道的作用。

表6.2.1中，间隔12m和楼梯间相对的内外墙交接处二者取一。

对于内外墙交接处的外墙小墙段，其两端存在较大洞口时，应在内外墙交接处按规定设置构造柱，考虑到施工时难以在一个不大的墙段内设置三根构造柱，墙体两端可不再设置构造柱，但小墙段的墙体需要加强，如拉结钢筋网片通长设置，间距加密。

上部砖砌体房屋部分的下部楼层加强构造柱与墙体之间的拉结措施，提高抗倒塌能力。

底部框架－抗震墙砖房的过渡楼层（底层框架－抗震墙砖房的第二层和底部两层框架－抗震墙砖房的第三层）与底部框架－抗震墙相连，受力比较复杂。要求这两类房屋的上部与底部的抗震能力大体相等或变化比较缓慢，既包括层间极限承载能力、又包括楼层的变形能力和耗能能力。对上部砖房部分的墙体设置钢筋混凝土构造柱和圈梁，除了能够提高墙体的抗震能力外，还可以大大提高墙体的变形能力和耗能能力。因此，对过渡楼层的构造柱设置和构造柱截面、配筋等提出了更为严格的要求。

6.2.3 上部砖砌体房屋的现浇钢筋混凝土圈梁设置，应符合下列要求：

1 装配式钢筋混凝土楼盖、屋盖，应按表6.2.3的要求设置圈梁；纵墙承重时，抗震横墙上的圈梁间距应比表内要求适当加密；

表 6.2.3 上部砖砌体房屋现浇钢筋混凝土圈梁设置要求

墙类	烈度	
	6、7	8
外墙和内纵墙	屋盖处及每层楼盖处	屋盖处及每层楼盖处
内横墙	同上 屋盖处间距不应大于 4.5m 楼盖处间距不应大于 7.2m 构造柱对应部位	同上 各层所有横墙，且间距不应大于 4.5m 构造柱对应部位

2 现浇或装配整体式钢筋混凝土楼盖、屋盖与墙体有可靠连接的房屋，应允许不另设圈梁，但楼板沿抗震墙周边均应加强配筋并应与相应的构造柱钢筋可靠连接。

6.2.4 上部砖砌体房屋现浇钢筋混凝土圈梁的构造，应符合下列要求：

1 过渡楼层圈梁设置部位，除应符合本规程表 6.2.3 的要求外，尚应沿纵、横向各轴线均设置。

2 圈梁应闭合，遇有洞口时圈梁应上下搭接。圈梁宜与预制板设在同一标高处或紧靠板底。

3 楼盖、屋盖为预制板时，圈梁在本规程第 6.2.3 条要求的间距内无横墙时，应利用梁或板缝中配筋代替圈梁；纵墙中无横墙处构造柱对应的圈梁，应在楼板处预留宽度不小于构造柱沿纵墙方向截面尺寸的板缝，做成现浇混凝土带，并与构造柱混凝土同时浇筑，现浇混凝土带的纵向钢筋不应少于 4 ϕ 12，箍筋间距不宜大于 200mm。

4 圈梁的截面高度不应小于 120mm，配筋应符合表 6.2.4 的要求；过渡楼层圈梁的截面高度宜采用 240mm、屋顶圈梁的截面高度不应小于 180mm，配筋均不应少于 4ϕ12 。

表 6.2.4 上部砖砌体房屋圈梁配筋要求

配筋	6 度、7 度	8 度
最小纵筋	4 ϕ 10	4 ϕ 12
最大箍筋间距/mm	250	200

【条文解析】

采用现浇板时，可不另设圈梁，但必须保证楼板与构造柱的连接，楼板沿抗震墙体周边均应加强配筋，应有足够数量的楼板内钢筋伸入构造柱内并满足锚固要求。

底部框架－抗震墙砖房过渡楼层圈梁截面和配筋比多层砖房严格，其原因是为了增强过渡楼层的抗震能力，使过渡楼层墙体开裂后也能起到支承上部楼层的竖向荷载的作用，不至于使上部楼层的竖向荷载直接作用到底层框架－抗震墙砖房的底层和底部两层框架－抗震墙砖房第二层的框架梁上。过渡楼层除按表 6.2.3 设置圈梁外，要求沿纵横向所有轴线均设置圈梁。

对于无横墙处纵墙中构造柱对应部位，给出了具体的圈梁做法要求。

底部框架－抗震墙砖房侧移比多层砖房大一些，为了使其具有较好的整体抗震性能，对其顶层圈梁的截面高度提出了较严格的要求。

3.3 砌块砌体构件

《建筑抗震设计规范》GB 50011—2010

7.4.1 多层小砌块房屋应按表7.4.1的要求设置钢筋混凝土芯柱。对外廊式和单面走廊式的多层房屋、横墙较少的房屋、各层横墙很少的房屋，尚应分别按本规范第7.3.1条第2、3、4款关于增加层数的对应要求，按表7.4.1的要求设置芯柱。

表7.4.1 多层小砌块房屋芯柱设置要求

<table>
<tr><th colspan="4">房屋层数</th><th rowspan="2">设置部位</th><th rowspan="2">设置数量</th></tr>
<tr><th>6度</th><th>7度</th><th>8度</th><th>9度</th></tr>
<tr><td>四、五</td><td>三、四</td><td>二、三</td><td></td><td>外墙转角，楼、电梯间四角、楼梯斜梯段上下端对应的墙体处；
大房间内外墙交接处；
错层部位横墙与外纵墙交接处；
隔12m或单元横墙与外纵墙交接处</td><td rowspan="2">外墙转角，灌实3个孔；
内外墙交接处，灌实4个孔；
楼梯斜梯段上下端对应的墙体处，灌实2个孔</td></tr>
<tr><td>六</td><td>五</td><td>四</td><td></td><td>同上；
隔开间横墙（轴线）与外纵墙交接处</td></tr>
<tr><td>七</td><td>六</td><td>五</td><td>二</td><td>同上；
各内墙（轴线）与外纵墙交接处；
内纵墙与横墙（轴线）交接处和洞口两侧</td><td>外墙转角，灌实5个孔；
内外墙交接处，灌实4个孔；
内墙交接处，灌实2个孔；
洞口两侧各灌实1个孔</td></tr>
<tr><td></td><td>七</td><td>≥六</td><td>≥三</td><td>同上；
横墙内芯柱间距不大于2m</td><td>外墙转角，灌实7个孔；
内外墙交接处，灌实5个孔；
内墙交接处，灌实4～5个孔；
洞口两侧各灌实1个孔</td></tr>
</table>

注：外墙转角、内外墙交接处、楼电梯间四角等部位，应允许采用钢筋混凝土构造柱替代部分芯柱。

【条文解析】

为了增加混凝土小型空心砌块砌体房屋的整体性和延性，提高其抗震能力，结合空心砌块的特点，规定了在墙体的适当部位设置钢筋混凝土芯柱的构造措施。这些芯柱设置要求均比砖房构造柱设置严格，且芯柱与墙体的连接要采用钢筋网片。

芯柱伸入室外地面下500mm，地下部分为砖砌体时，可采用类似于构造柱的方法。

本条按多层砖房的《建筑抗震设计规范》GB 50011—2010 表 7.3.1 的要求，增加了楼、电梯间的芯柱或构造柱的布置要求。

7.4.2 多层小砌块房屋的芯柱，应符合下列构造要求：

1 小砌块房屋芯柱截面不宜小于 120mm×120mm。

2 芯柱混凝土强度等级，不应低于 Cb20。

3 芯柱的竖向插筋应贯通墙身且与圈梁连接；插筋不应小于 1 ϕ 12，6、7 度时超过五层、8 度时超过四层和 9 度时，插筋不应小于 1 ϕ 14。

4 芯柱应伸入室外地面下 500mm 或与埋深小于 500mm 的基础圈梁相连。

5 为提高墙体抗震受剪承载力而设置的芯柱，宜在墙体内均匀布置，最大净距不宜大于 2.0m。

6 多层小砌块房屋墙体交接处或芯柱与墙体连接处应设置拉结钢筋网片，网片可采用直径 4mm 的钢筋点焊而成，沿墙高间距不大于 600mm，并应沿墙体水平通长设置。6、7 度时底部 1/3 楼层，8 度时底部 1/2 楼层，9 度时全部楼层，上述拉结钢筋网片沿墙高间距不大于 400mm。

【条文解析】

砌块房屋墙体交接处、墙体与构造柱、芯柱的连接，均要设钢筋网片，保证连接的有效性。要求拉结钢筋网片沿墙体水平通长设置。为加强下部楼层墙体的抗震性能，应将下部楼层墙体的拉结钢筋网片沿墙高的间距加密，提高抗倒塌能力。

7.4.3 小砌块房屋中替代芯柱的钢筋混凝土构造柱，应符合下列构造要求：

1 构造柱截面不宜小于 190mm×190mm，纵向钢筋宜采用 4 ϕ 12，箍筋间距不宜大于 250mm，且在柱上下端应适当加密；6、7 度时超过五层、8 度时超过四层和 9 度时，构造柱纵向钢筋宜采用 4 ϕ 14，箍筋间距不应大于 200mm；外墙转角的构造柱可适当加大截面及配筋。

2 构造柱与砌块墙连接处应砌成马牙槎，与构造柱相邻的砌块孔洞，6 度时宜填实，7 度时应填实，8、9 度时应填实并插筋。构造柱与砌块墙之间沿墙高每隔 600mm

设置 ϕ4 点焊拉结钢筋网片，并应沿墙体水平通长设置。6、7 度时底部 1/3 楼层，8 度时底部 1/2 楼层，9 度全部楼层，上述拉结钢筋网片沿墙高间距不大于 400mm。

3　构造柱与圈梁连接处，构造柱的纵筋应在圈梁纵筋内侧穿过，保证构造柱纵筋上下贯通。

4　构造柱可不单独设置基础，但应伸入室外地面下 500mm，或与埋深小于 500mm 的基础圈梁相连。

【条文解析】

本条规定了替代芯柱的构造柱的基本要求，与砖房的构造柱规定大致相同。小砌块墙体在马牙槎部位浇灌混凝土后，需形成无插筋的芯柱。

试验表明，在墙体交接处用构造柱代替芯柱，可较大程度地提高对砌块砌体的约束能力，也为施工带来方便。

7.4.4　多层小砌块房屋的现浇钢筋混凝土圈梁的设置位置应按本规范第 7.3.3 条多层砖砌体房屋圈梁的要求执行，圈梁宽度不应小于 190mm，配筋不应少于 4 ϕ 12，箍筋间距不应大于 200mm。

【条文解析】

本条规定小砌块房屋的圈梁设置位置的要求同砖砌体房屋，直接引用而不重复。

7.4.5　多层小砌块房屋的层数，6 度时超过五层、7 度时超过四层、8 度时超过三层和 9 度时，在底层和顶层的窗台标高处，沿纵横墙应设置通长的水平现浇钢筋混凝土带；其截面高度不小于 60mm，纵筋不少于 2 ϕ 10，并应有分布拉结钢筋；其混凝土强度等级不应低于 C20。

水平现浇混凝土带亦可采用槽形砌块替代模板，其纵筋和拉结钢筋不变。

【条文解析】

根据振动台模拟试验的结果，作为砌块房屋的层数和高度达到与普通砖房屋相同的加强措施之一，在房屋的底层和顶层，沿楼层半高处增设一道通长的现浇钢筋混凝土带，以增强结构抗震的整体性。

本条规定了可采用槽形砌块作为模板的做法，便于施工。

7.4.6　丙类的多层小砌块房屋，当横墙较少且总高度和层数接近或达到本规范表 7.1.2 规定限值时，应符合本规范第 7.3.14 条的相关要求；其中，墙体中部的构造柱可采用芯柱替代，芯柱的灌孔数量不应少于 2 孔，每孔插筋的直径不应小于 18mm。

【条文解析】

与多层砖砌体横墙较少的房屋一样，当房屋高度和层数接近或达到《建筑抗震设计规范》GB 50011—2010 表 7. 1. 2 的规定限值，丙类建筑中横墙较少的多层小砌块房屋应满足本章第 7. 3. 14 条的相关要求。本条对墙体中部替代增设构造柱的芯柱给出了具体规定。

7. 4. 7 小砌块房屋的其他抗震构造措施，尚应符合本规范第 7. 3. 5 条至第 7. 3. 13 条有关要求。其中，墙体的拉结钢筋网片间距应符合本节的相应规定，分别取 600mm 和 400mm。

【条文解析】

砌块砌体房屋楼盖、屋盖、楼梯间、门窗过梁和基础等的抗震构造要求，则基本上与多层砖房相同。其中，墙体的拉结构造，沿墙体竖向间距按砌块模数修改。

《砌体结构设计规范》GB 50003—2011

10. 3. 4 混凝土砌块房屋应按表 10. 3. 4 的要求设置钢筋混凝土芯柱。对外廊式和单面走廊式的房屋、横墙较少的房屋、各层横墙很少的房屋，尚应分别按本规范第 10. 2. 4 条第 2、3、4 款关于增加层数的对应要求，按表 10. 3. 4 的要求设置芯柱。

表 10. 3. 4 混凝土砌块房屋芯柱设置要求

<table>
<tr><th colspan="4">房屋层数</th><th rowspan="2">设置部位</th><th rowspan="2">设置数量</th></tr>
<tr><th>6 度</th><th>7 度</th><th>8 度</th><th>9 度</th></tr>
<tr><td>≤五</td><td>≤四</td><td>≤三</td><td></td><td>外墙四角和对应转角
楼、电梯间四角；楼梯斜梯段上下端对应的墙体处
大房间内外墙交接处
错层部位横墙与外纵墙交接处
隔 12m 或单元横墙与外纵墙交接处</td><td rowspan="2">外墙转角，灌实 3 个孔
内外墙交接处，灌实 4 个孔
楼梯斜梯段上下端对应的墙体处，灌实 2 个孔</td></tr>
<tr><td>六</td><td>五</td><td>四</td><td>一</td><td>同上
隔开间横墙（轴线）与外纵墙交接处</td></tr>
</table>

续表

房屋层数				设置部位	设置数量
6度	7度	8度	9度		
七	六	五	二	同上 各内墙（轴线）与外纵墙交接处 内纵墙与横墙（轴线）交接处和洞口两侧	外墙转角，灌实5个孔 内外墙交接处，灌实4个孔 内墙交接处，灌实4~5个孔 洞口两侧各灌实1个孔
	七	六	三	同上 横墙内芯柱间距不大于2m	外墙转角，灌实7个孔 内外墙交接处，灌实5个孔 内墙交接处，灌实4~5个孔 洞口两侧各灌实1个孔

注：1　外墙转角、内外墙交接处、楼电梯间四角等部位，应允许采用钢筋混凝土构造柱替代部分芯柱。

2　当按10.2.4条第2~4款规定确定的层数超出表10.3.4范围，芯柱设计要求不应低于表中相应烈度的最高要求且宜适当提高。

10.3.5　混凝土砌块房屋混凝土芯柱，尚应满足下列要求：

1　混凝土砌块砌体墙纵横墙交接处、墙段两端和较大洞口两侧宜设置不少于单孔的芯柱。

2　有错层的多层房屋，错层部位应设置墙，墙中部的钢筋混凝土芯柱间距宜适当加密，在错层部位纵横墙交接处宜设置不少于4孔的芯柱；在错层部位的错层楼板位置尚应设置现浇钢筋混凝土圈梁。

3　为提高墙体抗震受剪承载力而设置的芯柱，宜在墙体内均匀布置，最大间距不宜大于2.0m。当房屋层数或高度等于或接近表10.1.2中限值时，纵、横墙内芯柱间距尚应符合下列要求：

1）底部1/3楼层横墙中部的芯柱间距，7、8度时不宜大于1.5m；9度时不宜大于1.0m；

2）当外纵墙开间大于3.9m时，应另设加强措施。

【条文解析】

为加强砌块砌体抗震性能，应按《建筑抗震设计规范》GB 50011—2010第7.4.1条及其他相关要求的部位设置芯柱。除此之外，对其他部位砌块砌体墙，考虑芯柱间距过大时芯柱对砌块砌体墙抗震性能的提高作用很小，因此明确提出其他部位砌块砌体墙的最低芯柱密度设置要求。

当房屋层数或高度等于或接近表10.1.2中限值时，对底部芯柱密度需要适当加大的楼层范围，按6、7度和8、9度不同烈度分别加以规定。

10.3.6 梁支座处墙内宜设置芯柱，芯柱灌实孔数不少于3个。当8、9度房屋采用大跨梁或井字梁时，宜在梁支座处墙内设置构造柱，并应考虑梁端弯矩对墙体和构造柱的影响。

【条文解析】

本条主要对梁支座处墙内设置芯柱或构造柱作了相应的规定。

10.3.7 混凝土砌块砌体房屋的圈梁，除应符合现行国家标准《建筑抗震设计规范》GB 50011—2010要求外，尚应符合下述构造要求：

圈梁的截面宽度宜取墙宽且不应小于190mm，配筋宜符合表10.3.7的要求，箍筋直径不小于ϕ6；基础圈梁的截面宽度宜取墙宽，截面高度不应小于200mm，纵筋不应少于4ϕ14。

表10.3.7 混凝土砌块砌体房屋圈梁配筋要求

配筋	烈度		
	6、7	8	9
最小纵筋	4ϕ10	4ϕ12	4ϕ14
箍筋最大间距/mm	250	200	150

【条文解析】

由于各层砌块砌体均配置水平拉结筋，因此，相对砖砌体房屋，对圈梁高度和纵筋作了适当调整，对圈梁的纵筋根据不同烈度进行了进一步规定。

10.3.8 楼梯间墙体构件除按规定设置构造柱或芯柱外，尚应通过墙体配筋增强其抗震能力，墙体应沿墙高每隔400mm水平通长设置ϕ4点焊拉结钢筋网片；楼梯间墙体中部的芯柱间距，6度时不宜大于2m；7、8度时不宜大于1.5m；9度时不宜大于1.0m；房屋层数或高度等于或接近表10.1.2中限值时，底部1/3楼层芯柱间距适当减小。

【条文解析】

楼梯间为逃生重要通道，但该处又是结构薄弱部位，因此其抗倒塌能力应特别注意加强。本条通过设置楼梯间周围墙体的配筋，增强其抗震能力。

《混凝土小型空心砌块建筑技术规程》JGJ/T 14—2011

7.1.6 多层小砌块砌体房屋的层数和总高度应符合下列要求：

1 一般情况下，房屋的层数和总高度不应超过表7.1.6的规定。

表7.1.6 房屋的层数和总高度限值

房屋类别	最小抗震墙厚度/mm	烈度和设计基本地震加速度											
		6度		7度				8度				9度	
		0.05g		0.10g		0.15g		0.20g		0.30g		0.40g	
		高度/m	层数	高度/m	层数	高度/m	层数	高度/m	层数	高度/m	层数	高度/m	层数
多层混凝土小砌块砌体房屋	190	21	7	21	7	18	6	18	6	15	5	9	3
底部框架-抗震墙混凝土小砌块砌体房屋	190	22	7	22	7	19	6	16	5	—	—	—	—

注：1 房屋的总高度指室外地面到主要屋面板板顶或檐口的高度，半地下室从地下室室内地面算起，全地下室和嵌固条件好的半地下室应允许从室外地面算起；对带阁楼的坡屋面应算到山尖墙的1/2高度处；

2 室内外高差大于0.6m时，房屋总高度应允许比表中的数据适当增加，但增加量应少于1.0m；

3 乙类的多层砌体房屋仍按本地区设防烈度查表，其层数应减少一层且总高度应降低3m；不应采用底部框架-抗震墙砌体房屋；

4 本表小砌块砌体房屋不包括配筋小砌块砌体抗震墙房屋。

2 各层横墙较少的多层砌体房屋，总高度应比表7.1.6的规定降低3m，层数相应减少一层；各层横墙很少的多层砌体房屋，还应再减少一层。

注：横墙较少是指同一楼层内开间大于4.2m的房间占该层总面积的40%以上；其中，开间不大于4.2m的房间占该层总面积不到20%且开间大于4.8m的房间占该层总面积的50%以上为横墙很少。

3 6、7度时，横墙较少的丙类多层砌体房屋，当按第7.3.14条规定采取加强措施并满足抗震承载力要求时，其高度和层数应允许仍按表7.1.6的规定采用。

【条文解析】

小砌块砌体房屋地震作用时的破坏与房屋的层数和高度成正比。所以，要控制房屋的层数和高度，以避免遭到严重破坏或倒塌。根据有关科研资料和抗震设计规范的规定，混凝土小砌块多层房屋基本与其他砌体结构类同。对底部框架－墙结构，均取与一般砌体房屋相同的层数和高度，考虑该结构体系不利于抗震，8度（0.20g）设防时适当降低层数和高度，8度（0.30g）和9度设防时及乙类建筑不允许采用。

对要求设置大开间的多层小砌块砌体房屋，在符合横墙较少条件的情况下，通过多方面的加强措施，可以弥补大开间带来的削弱作用，而使多层小砌块砌体房屋不降低层数和总高度。

7.1.8 多层小砌块砌体房屋总高度与总宽度的最大比值，宜符合表7.1.8的要求。

表7.1.8 房屋最大高宽比

烈度	6度	7度	8度	9度
最大高宽比	2.5	2.5	2.0	1.5

注：1 单面走廊房屋的总宽度不包括走廊宽度；

2 建筑平面接近正方形时，其高宽比宜适当减小。

【条文解析】

若砌体房屋考虑整体弯曲进行验算，目前的方法即使在7度时，超过3层就不满足要求，与大量的地震宏观调查结果不符。实际上，多层砌体房屋一般可以不做整体弯曲验算，但为了保证房屋的稳定性，限制了其高宽比。

7.1.9 多层小砌块砌体房屋抗震横墙的间距，不应超过表7.1.9的要求。

表7.1.9 房屋抗震横墙的间距 m

配筋		烈度			
		6度	7度	8度	9度
多层砌体房屋	现浇或装配整体式钢筋混凝土楼、屋盖	15	15	11	7
	装配式钢筋混凝土楼、屋盖	11	11	9	4
底部框架－抗震墙砌体房屋	上部各层	同多层砌体房屋			—
	底层或底部两层	18	15	11	—

注：多层砌体房屋的顶层，最大横墙间距应允许适当放宽，但应采取相应加强措施。

【条文解析】

小砌块砌体房屋的主要抗震构件是各道墙体。因此，作为横向地震作用的主要承力构件就是横墙。横墙的分布决定了房屋横向的抗震能力。为此，要求限制横墙的最大间距，以保证横向地震作用的满足。

7.1.10　多层小砌块砌体房屋中砌体墙段的局部尺寸限值，宜符合表 7.1.10 的要求。

表 7.1.10　房屋的局部尺寸限值　m

部位	6 度	7 度	8 度	9 度
承重窗间墙最小宽度	1.0	1.0	1.2	1.5
承重外墙尽端至门窗洞边的最小距离	1.0	1.0	1.2	1.5
非承重外墙尽端至门窗洞边的最小距离	1.0	1.0	1.0	1.0
内墙阳角至门窗洞边的最小距离	1.0	1.0	1.5	2.0
无锚固女儿墙（非出入口处）的最大高度	0.5	0.5	0.5	0.0

注：1　局部尺寸不足时，应采取增加构造柱或芯柱及增大配筋等局部加强措施弥补，且最小宽度不宜小于 1/4 层高和表列数据的 80%；

2　当表中部位采用全灌孔配筋小砌块或钢筋混凝土墙垛时，其局部尺寸不受本表限制；

3　出入口处的女儿墙应有锚固。

【条文解析】

小砌块砌体房屋的局部尺寸规定，主要是为防止由于局部尺寸的不足引起连锁反应，导致房屋整体破坏倒塌。当然，小砌块的局部墙垛尺寸还要符合自身的模数；当局部尺寸不能满足规定要求，也可以采取增加构造柱或芯柱及增大配筋来弥补；当表中部位采用全灌孔配筋小砌块或钢筋混凝土墙垛时，其局部尺寸可不受表 7.1.10 限制，但其截面尺寸和配筋应满足稳定和承载力要求。

承重外墙尽端指建筑物平面凸角处（不包括外墙总长的中部局部凸折处）的外墙端头，以及建筑物平面凹角处（不包括外墙总长的中部局部凹折处）未与内墙相连的外墙端头。

7.3.1　小砌块砌体房屋同时设置构造柱和芯柱时，应按下列要求设置现浇钢筋混凝土构造柱（以下简称构造柱）：

1　构造柱设置部位，应符合表 7.3.1 的要求。

表 7.3.1 多层小砌块砌体房屋构造柱设置要求

<table>
<tr><th colspan="4">房屋层数</th><th colspan="2" rowspan="2">设置部位</th></tr>
<tr><th>6 度</th><th>7 度</th><th>8 度</th><th>9 度</th></tr>
<tr><td>≤5</td><td>≤4</td><td>≤3</td><td>1</td><td rowspan="3">外墙四角和对应转角
楼、电梯间四角，楼梯斜梯段上下端对应的墙体处
错层部位横墙与外纵墙交接处
大房间内外墙交接处
较大洞口两侧</td><td>隔 12m 或单元横墙与外纵墙交接处
楼梯间对应的另一侧内横墙与外纵墙交接处</td></tr>
<tr><td>6</td><td>5</td><td>4</td><td>2</td><td>隔开间横墙（轴线）与外墙交接处
山墙与内纵墙交接处</td></tr>
<tr><td>7</td><td>6、7</td><td>5、6</td><td>3、4</td><td>内墙（轴线）与外墙交接处
内墙的局部较小墙垛处
内纵墙与横墙（轴线）交接处</td></tr>
</table>

注：1 较大洞口，内墙指不小于 2.1m 的洞口；外墙在内外墙交接处已设置构造柱时允许适当放宽，但洞侧墙体应加强；

2 当按本条第 2~4 款规定确定的层数超出表 7.3.1 范围，构造柱设置要求不应低于表中相应烈度的最高要求且宜适当提高。

2 外廊式和单面走廊式的多层小砌块砌体房屋，应根据房屋增加一层后的层数，按表 7.3.1 的要求设置构造柱，且单面走廊两侧的纵墙均应按外墙处理。

3 横墙较少的房屋，应根据房屋增加一层的层数，按表 7.3.1 的要求设置构造柱。当横墙较少的房屋为外廊式或单面走廊式时，应按本条 2 款要求设置构造柱；但 6 度不超过 4 层、7 度不超过 3 层和 8 度不超过 2 层时，应按增加 2 层的层数设置。

4 各层横墙很少的房屋，应按增加两层的层数设置构造柱。

5 有错层的多层房屋，错层部位应设置墙，墙中部构造柱间距不宜大于 2m，在错层部位的纵横墙交接处应设置构造柱。

【条文解析】

在小砌块砌体房屋中，国外和国内以往的做法中均采用芯柱，即在规定的部位内，设置若干个芯柱来加强小砌块墙段的抗压、抗剪以及整体性，对于抗震而言，可以增大变形能力和延性。

但是，芯柱做法存在要求设置的数量多，施工浇灌混凝土不易密实，浇灌的混凝土质量难以检查，多排孔小砌块无法做芯柱等不足，因此有待改进和完善这种构造做法。

7.3.2 小砌块砌体房屋的构造柱，应符合下列构造要求：

1 构造柱截面不宜小于190mm×190mm，纵向钢筋不宜少于4ϕ12，箍筋间距不宜大于250mm，且在柱上下端应适当加密；6、7度时超过5层、8度时超过4层和9度时，构造柱纵向钢筋宜采用4ϕ14，箍筋间距不应大于200mm；外墙转角的构造柱应适当加大截面及配筋；

2 构造柱与小砌块墙连接处应砌成马牙槎；与构造柱相邻的砌块孔洞，6度时宜填实，7度时应填实，8、9度时应填实并插筋1ϕ12；

3 构造柱与圈梁连接处，构造柱的纵筋应在圈梁纵筋内侧穿过，保证构造柱纵筋上下贯通；

4 构造柱可不单独设置基础，但应伸入室外地面下500mm，或与埋深小于500mm的基础圈梁相连；

5 必须先砌筑小砌块墙体，再浇筑构造柱混凝土。

【条文解析】

小砌块砌体房屋中设置的构造柱需符合小砌块墙的特点，包括构造柱截面尺寸及与墙的拉结。

7.3.3 小砌块砌体房屋采用芯柱做法时，应按表7.3.3的要求设置钢筋混凝土芯柱，并应满足下列要求：

1 混凝土砌块砌体墙纵横墙交接处、墙段两端和较大洞口两侧宜设置不少于单孔的芯柱。

2 有错层的多层房屋，错层部位应设置墙，墙中部的钢筋混凝土芯柱间距宜适当加密，在错层部位纵横墙交接处宜设置不少于4孔的芯柱。

3 房屋层数或高度等于或接近本规程表7.1.6中限值时，纵、横墙内芯柱间距尚应符合下列要求：

1）底部1/3楼层横墙中部的芯柱间距，6度时不宜大于2m；7、8度时不宜大于1.5m；9度时不宜大于1.0m；

2）当外纵墙开间大于3.9m时，应另设加强措施。

4 对外廊式和单面走廊式的房屋、横墙较少的房屋、各层横墙很少的房屋，尚应分别按本规程第7.3.1条第2、3、4款关于增加层数的对应要求，按表7.3.3的要求设置芯柱。

表 7.3.3 小砌块砌体房屋芯柱设置要求

房屋层数				设置部位	设置数量
6 度	7 度	8 度	9 度		
≤5	≤4	≤3	—	外墙转角和对应转角 楼、电梯间四角，楼梯斜梯段上下端对应的墙体处（单层房屋除外） 大房间内外墙交接处 错层部位横墙与外纵墙交接处 隔 12m 或单元横墙与外纵墙交接处	外墙转角，灌实 3 个孔 内外墙交接处，灌实 4 个孔 楼梯斜段上下端对应的墙体处，灌实 2 个孔
6	5	4	1	同上 隔开间横墙（轴线）与外纵墙交接处	
7	6	5	2	同上 各内墙（轴线）与外纵墙交接处 内纵墙与横墙（轴线）交接处和洞口两侧	外墙转角，灌实 5 个孔 内外墙交接处，灌实 4 个孔 内墙交接处，灌实 4 个孔 ~5 个孔；洞口两侧各灌实 1 个孔
—	7	6	3	同上 横墙内芯柱间距不大于 2m	外墙转角，灌实 7 个孔 内外墙交接处，灌实 5 个孔 内墙交接处，灌实 4 个孔 ~5 个孔；洞口两侧各灌实 1 个孔

注：1 外墙转角、内外墙交接处、楼电梯间四角等部位，应允许采用钢筋混凝土构造柱替代部分芯柱；

2 当按本规程第 7.3.1 条第 2 ~4 款规定确定的层数超出表 7.3.3 范围，芯柱设置要求不应低于表中相应烈度的最高要求且宜适当提高。

【条文解析】

小砌块砌体房屋采用芯柱做法时，对芯柱的间距适当减小，可减少墙体裂缝的发生。因此，对房屋顶层和底部一、二层墙体的芯柱间距要求更为严格，以减少相应部位的墙体开裂。

芯柱伸入室外地面下500mm，地下部分为砖砌体时，可采用类似于构造柱的方法。

7.3.5 小砌块砌体房屋墙体交接处或芯柱、构造柱与墙体连接处应设置拉结钢筋网片，网片可采用直径4mm的钢筋点焊而成，沿墙高间距不大于600mm，并应沿墙体水平通长设置。6、7度时底部1/3楼层，8度时底部1/2楼层，9度时全部楼层，上述拉结钢筋网片沿墙高间距不大于400mm。

【条文解析】

小砌块墙体交接处，不论采用芯柱做法还是构造柱做法，为了加强墙体之间的连接，沿墙高设置拉结钢筋网片，以保证房屋有较好的整体性。

7.3.6 小砌块砌体房屋各楼层均应设置现浇钢筋混凝土圈梁，不得采用槽形砌块代作模板，并应按表7.3.6的要求设置；纵墙承重时，抗震横墙上的圈梁间距应比表内要求适当加密。现浇或装配整体式钢筋混凝土楼、屋盖与墙体有可靠连接的房屋，应允许不另设圈梁，但楼板沿抗震墙体周边均应加强配筋并应与相应的构造柱、芯柱钢筋可靠连接。有错层的多层小砌块砌体房屋，在错层部位的错层楼板位置应设置现浇钢筋混凝土圈梁。

表7.3.6 小砌块砌体房屋现浇钢筋混凝土圈梁设置要求

墙类	烈度		
	6、7度	8度	9度
外墙和内纵墙	屋盖处及每层楼盖处	屋盖处及每层楼盖处	屋盖处及每层楼盖处
内横墙	同上； 屋盖处间距不应大于4.5m，楼盖处间距不应大于7.2m； 构造柱对应部位	同上； 各层所有横墙，且间距不应大于4.5m； 构造柱对应部位	同上； 各层所有横墙

【条文解析】

小砌块多层房屋楼层要设置现浇钢筋混凝土圈梁，不允许采用槽形砌块代替现浇圈梁。

根据震害调查结果，现浇钢筋混凝土楼盖不需要设置圈梁。现浇或装配整体式钢筋混凝土楼、屋盖与墙体有可靠连接的房屋，允许不另设圈梁，但为加强砌体房屋的整体性，楼板沿抗震墙体周边均应加强配筋并应与相应的构造柱钢筋可靠连接。

有错层的多层小砌块砌体房屋，即使采用现浇或装配整体式钢筋混凝土楼、屋盖，在错层部位的错层楼板位置均应设置现浇钢筋混凝土圈梁。

7.3.8 多层小砌块砌体房屋的层数，6度时超过5层、7度时超过4层、8度时超过3层和9度时，在底层和顶层的窗台标高处，沿纵横墙应设置通长的水平现浇钢筋混凝土带；其截面高度不小于60mm，纵筋不少于2ϕ10，并应有分布拉结钢筋；其混凝土强度等级不应低于C20。

水平现浇混凝土带亦可采用槽形砌块替代模板，其纵筋和拉结钢筋不变。

【条文解析】

小砌块多层房屋，在房屋层数相对较高时，为了防止小砌块砌体房屋在顶层和底层墙体发生开裂现象，因此，要求在顶层和底层窗台标高处，沿纵、横墙设置通长的现浇钢筋混凝土带，截面高度不小于60mm，纵筋不小于2ϕ10，混凝土强度等级不低于C20。此时也可利用砌块开槽的做法现浇混凝土。

7.3.9 楼梯间应符合下列要求：

1 楼梯间墙体中部的芯柱间距，6度时不宜大于2m；7、8度时不宜大于1.5m；9度时不宜大于1.0m；房屋层数或高度等于或接近本规程表7.1.6中限值时，底部1/3楼层芯柱间距宜适当减少。突出屋顶的楼梯间和电梯间，构造柱、芯柱应伸到顶部，并与顶部圈梁连接。

2 楼梯间墙体，应沿墙高每隔400mm水平通长设置ϕ4点焊拉结钢筋网片。

3 楼梯间及门厅内墙阳角处的大梁支承长度不应小于500mm，并应与圈梁连接。

4 装配式楼梯段应与平台板的梁可靠连接，8、9度时不应采用装配式楼梯段；不应采用墙中悬挑式踏步或踏步竖肋插入墙体的楼梯，不应采用无筋砖砌栏板。

【条文解析】

楼梯间墙体是抗震的薄弱环节，为了保证其安全，提出了对楼梯间墙体的特殊要求。如减小芯柱间距，加强楼梯段的连接，加大楼梯间梁的支承长度等措施。

7.3.10 小砌块砌体房屋的楼、屋盖应符合下列要求：

1 装配式钢筋混凝土楼板或屋面板，当板的跨度大于4.8m并与外墙平行时，靠外墙的预制板侧边应与墙或圈梁拉结。

2 房屋端部大房间的楼盖，6度时房屋的屋盖和7度~9度时房屋的楼、屋盖，当圈梁设在板底时，钢筋混凝土预制板应相互拉结，并应与梁、墙或圈梁拉结。

3 楼、屋盖的钢筋混凝土梁和屋架应与墙、柱（包括构造柱）或圈梁可靠连接。在梁支座处墙内不少于3个孔洞应设置芯柱。当8、9度房屋采用大跨梁或井字梁时，宜在梁支座处墙内设置构造柱；在梁端支座处构造柱和墙体的承载力，尚应考虑梁端弯矩对墙体和构造柱的影响。

4 坡屋顶房屋的屋架应与顶层圈梁可靠连接，檩条或屋面板应与墙及屋架可靠连接，房屋出入口处的檐口瓦应与屋面构件锚固；采用硬山搁檩时，顶层内纵墙顶，8度和9度时，应增砌支撑山墙的踏步式墙垛，7度时，宜增砌支撑山墙的踏步式墙垛，并设构造柱。

【条文解析】

坡屋顶房屋逐年增加，做法亦不尽相同。对于檩条或屋面板应与墙或屋架有可靠的连接，以保证坡屋顶的整体性能。对于房屋出入口的檐口瓦，为防止地震时首先脱落，应与屋面构件有可靠锚固。

对于硬山搁檩的坡屋顶房屋，为了保证各道山墙的侧面稳定和扩大安全，要求在山墙两侧增砌踏步式的扶墙垛。

7.3.11 预制阳台，6、7度时应与圈梁和楼板的现浇板带可靠连接；8、9度时不应采用预制阳台。

【条文解析】

预制的悬挑构件，特别是较大跨度的，需要加强与圈梁和楼板等现浇构件的可靠连接，以增强稳定性。

7.3.12 小砌块砌体女儿墙高度超过0.5m时，应在墙中增设锚固于顶层圈梁构造柱或芯柱做法，构造柱间距不大于3m，芯柱间距不大于1.6m；女儿墙顶应设置压顶圈梁，其截面高度不应小于60mm，纵向钢筋不应少于2ϕ10。

【条文解析】

小砌块砌体女儿墙高度超过0.5m时，应在女儿墙中增设构造柱或芯柱做法；构造柱间距不大于3m，芯柱间距不大于1m。并在女儿墙顶设压顶圈梁，与构造柱或芯柱相连，保证女儿墙地震时的安全。

7.3.13 同一结构单元的基础或桩承台，宜采用同一类型的基础，底面宜埋置在同一标高上，否则应增设基础圈梁并应按1∶2的台阶逐步放坡。

【条文解析】

同一结构单元的基础宜采用同一类型的基础形式，底标高亦宜一致。否则必须按1：2的台阶放坡。

7.3.14 丙类的多层小砌块砌体房屋，当横墙较少且总高度和层数接近或达到本规程表7.1.6规定限值，应采取下列加强措施：

1 房屋的最大开间尺寸不宜大于6.6m；

2 同一结构单元内横墙错位数量不宜超过横墙总数的1/3，且连续错位不宜多于两道；错位的墙体交接处均应增设构造柱或芯柱，且楼、屋面板应采用现浇钢筋混凝土板；

3 横墙和内纵墙上洞口的宽度不宜大于1.5m，外纵墙上洞口的宽度不宜大于2.1m或开间尺寸的一半，且内外墙上洞口位置不应影响内外纵墙与横墙的整体连接；

4 所有纵横墙均应在楼、屋盖标高处设置加强的现浇钢筋混凝土圈梁：圈梁的截面高度不宜小于150mm，上下纵筋各不应少于3ϕ10，箍筋不小于ϕ6，间距不大于300mm；

5 所有纵横墙交接处及横墙的中部，均应增设构造柱或2个芯柱，在纵、横墙内的柱距不宜大于3.0m；芯柱每孔插筋的直径不应小于18mm；构造柱截面尺寸不宜小于240mm×240mm（墙厚190mm时为240mm×190mm），配筋宜符合表7.3.14的要求；

表7.3.14 增设构造柱的纵筋和箍筋设置要求

<table>
<tr><th rowspan="2">位置</th><th colspan="3">纵向钢筋</th><th colspan="3">箍 筋</th></tr>
<tr><th>最大配筋率/%</th><th>最小配筋率/%</th><th>最小直径/mm</th><th>加密区范围/mm</th><th>加密区间距/mm</th><th>最小直径/mm</th></tr>
<tr><td>角柱</td><td rowspan="2">1.8</td><td rowspan="2">0.8</td><td>14</td><td>全高</td><td rowspan="3">100</td><td rowspan="3">6</td></tr>
<tr><td>边柱</td><td>14</td><td rowspan="2">上端700
下端500</td></tr>
<tr><td>中柱</td><td>1.4</td><td>0.6</td><td>12</td></tr>
</table>

6 同一结构单元的楼、屋面板应设置在同一标高处；

7 房屋底层和顶层的窗台标高处，宜设置沿纵横墙通长的水平现浇钢筋混凝土带；其截面高度不小于60mm，宽度不小于190mm，纵向钢筋不少于3ϕ10，横向分布筋的直径不小于ϕ6且其间距不大于200mm；

8 所有门窗洞口两侧，均应设置一个芯柱，钢筋不应少于1ϕ12。

【条文解析】

对于横墙较少的丙类多层小砌块砌体房屋，由于开间加大，横墙减少，各道墙体的承载面积加大，要求墙体抗侧能力相应提高，为此，除限定最大开间为6.6m以外，还要相应增大圈梁和构造柱的截面和配筋，限定一个单元内横墙错位数量不宜大于总墙数的1/3，连续错位墙不宜多于两道等措施，以保持横墙较少的小砌块砌体房屋可以不降低层数和高度。

7.3.16 过渡层墙体的构造，应符合下列要求：

1 上部抗震墙的中心线宜与底部的框架梁、抗震墙的中心线相重合；构造柱或芯柱宜与框架柱或墙贯通。

2 过渡层应在底部框架柱、混凝土墙或约束砌体墙所对应处设置构造柱或芯柱；墙体内的构造柱间距不宜大于层高；芯柱除应按本规程表7.3.3设置外，最大间距不宜大于1m。

3 过渡层构造柱的纵向钢筋，6、7度时不宜少于4ϕ16，8度时不宜少于4ϕ18。过渡层芯柱的纵向钢筋，6、7度时不宜少于每孔1ϕ16，8度时不宜少于每孔1ϕ18。一般情况下，纵向钢筋应锚入下部的框架柱或混凝土墙内；当纵向钢筋锚固在托墙梁或次梁内时，梁的相应位置应加强。

4 过渡层的小砌块墙在窗台标高处，应设置沿纵横墙通长的水平现浇钢筋混凝土带或系梁块；现浇钢筋混凝土带的截面高度不应小于60mm，宽度不应小于墙厚，纵向钢筋不应少于2ϕ10，横向分布筋的直径不小于6mm且其间距不大于200mm。此外，小砌块砌体墙芯柱之间沿墙高应每隔100mm设置ϕ4通长水平点焊钢筋网片。

5 过渡层的砌体墙，凡宽度不小于1.2m的门洞和2.1m的窗洞，洞口两侧宜增设截面不小于120mm×190mm的构造柱或单孔芯柱。

6 当过渡层的砌体抗震墙与底部框架梁、墙体不对齐时，应在底部框架内设置托墙转换梁，并且过渡层小砌块墙应采取比本条4款更高的加强措施。

【条文解析】

过渡层指与底部框架－抗震墙相邻的上一小砌块砌体楼层。对过渡层应采取加强措施，以保证上下层的抗侧移刚度的变化不宜过大。

《底部框架－抗震墙砌体房屋抗震技术规程》JGJ 248—2012

6.2.5 上部小砌块房屋，应按表6.2.5的要求设置钢筋混凝土芯柱。对上部小砌块房屋为横墙较少的情况，应根据房屋增加一层后的总层数，按表6.2.5的要求设置芯柱。

表 6.2.5　上部小砌块房屋芯柱设置要求

房屋总层数			设置部位	设置数量
6 度	7 度	8 度		
≤五	≤四	二、三	建筑物平面凹凸角处对应的外墙转角 楼、电梯间四角，楼梯踏步段上下端对应的墙体处 大房间内外墙交接处 错层部位横墙与外纵墙交接处 隔 12m 或单元横墙与外纵墙交接处	外墙转角，灌实 3 个孔 内外墙交接处，灌实 4 个孔 楼梯踏步段上下端对应的墙体处，灌实 2 个孔
六	五	四	同上 隔开间横墙（轴线）与外纵墙交接处	
七	六	五	同上 各内墙（轴线）与外纵墙交接处 内纵墙与横墙（轴线）交接处和洞口两侧	外墙转角，灌实 5 个孔 内外墙交接处，灌实 4 个孔 内墙交接处，灌实 4～5 个孔 洞口两侧各灌实 1 个孔
—	七	>五	同上 横墙内芯柱间距不应大于 2m	外墙转角，灌实 7 个孔 内外墙交接处，灌实 5 个孔 内墙交接处，灌实 4～5 个孔 洞口两侧各灌实 1 个孔

注：外墙转角、内外墙交接处、楼电梯间四角等部位，应允许采用钢筋混凝土构造柱替代部分芯柱。

6.2.6　上部小砌块房屋的芯柱，应符合下列要求：

1　过渡楼层的芯柱设置，除应符合本规程表 6.2.5 的要求外，尚应在底部框架柱、混凝土墙或配筋小砌块墙、约束砌体墙构造柱所对应处，以及所有横墙（轴线）与内外纵墙交接处设置芯柱；墙体内的芯柱最大间距不宜大于 1m。过渡楼层墙体中凡宽度不小于 1.2m 的门洞和 2.1m 的窗洞，洞口两侧宜增设单孔芯柱。

2　芯柱截面不宜小于 120mm × 120mm。

3　芯柱混凝土强度等级，不应低于 Cb20。

4　芯柱的竖向插筋应贯通墙身且与每层圈梁连接，或与现浇楼板可靠拉结；芯柱每孔插筋不应小于1ϕ14。过渡楼层芯柱的插筋，6度、7度时不宜少于每孔1ϕ16，8度时不宜少于每孔1ϕ18；插筋应锚入下部的框架柱、混凝土墙或配筋小砌块墙、托墙梁内，当插筋锚固在托墙梁内时，托墙梁的相应位置应采取加强措施。

5　为提高墙体抗震受剪承载力而设置的芯柱，宜在墙体内均匀布置，最大净跨不宜大于2.0m。

6.2.7　上部小砌块房屋中替代芯柱的钢筋混凝土构造柱，应符合下列构造要求：

1　构造柱截面不宜小于190mm×190mm。

2　构造柱的钢筋配置应符合本规程第6.2.2条第3款的规定。

3　构造柱与砌块墙连接处应砌成马牙槎，与构造柱相邻的砌块孔洞，6度时宜填实，7度时应填实，8度时应填实并插筋。

4　构造柱应与每层圈梁连结，或与现浇楼板可靠拉结。构造柱与圈梁连接处，构造柱的纵筋应在圈梁纵筋内侧穿过，保证构造柱纵筋上下贯通。

6.2.8　上部小砌块房屋的现浇钢筋混凝土圈梁的设置位置，应按本规程第6.2.3条上部砖砌体房屋圈梁的规定执行；圈梁宽度不应小于190mm，配筋不应少于4ϕ12，箍筋间距不应大于200mm。

6.2.9　上部小砌块房屋现浇混凝土圈梁的构造，尚应符合本规程第6.2.4条的相关规定。

【条文解析】

条文对上部为混凝土小砌块房屋的芯柱、构造柱、圈梁的设置和配筋给出了规定，为提高过渡楼层的抗震能力，对过渡楼层的相应构造措施提出了更为严格的要求。

芯柱的设置要求比砖砌体房屋构造柱设置要严格。一般情况下，可在外墙转角、墙体交接处等部位，用构造柱替代芯柱，可较大程度地提高对砌块砌体的约束作用，也为施工带来方便。

砌块房屋的圈梁的要求要稍高于砖砌体房屋，主要是因为砌块砌体的竖缝间距大，砂浆不易饱满，且墙体受剪承载力低于砖砌体。

6.2.10　上部小砌块房屋墙体交接处或芯柱（构造柱）与墙体连接处应设置拉结钢筋网片，网片可采用ϕ5的钢筋点焊而成，沿墙高每隔400mm并沿墙体水平通长设置。

【条文解析】

对于底部框架－抗震墙上部小砌块房屋的拉结措施，比一般多层小砌块房屋的要求要严格，拉结钢筋网片沿墙高度的间距加密为400mm。

6.2.11　房屋总层数在6度时超过五层、7度时超过四层、8度时超过三层时，上部小砌块房屋在顶层的窗台标高处，沿纵横墙应设置通长的水平现浇钢筋混凝土带；其截面高度不应小于60mm，纵筋不应少于2ϕ10，并应有分布拉结钢筋；其混凝土强度等级不应低于C20。

水平现浇钢筋混凝土带亦可采用槽形砌块替代模板，其截面尺寸不宜小于120mm×120mm，其纵筋和拉结钢筋不变。

【条文解析】

上部小砌块房屋的底层（过渡楼层）和顶层沿楼层半高处设置通长现浇钢筋混凝土带，是作为砌块房屋总层数和高度达到与普通砖砌体房屋相同的加强措施之一。本条主要强调了顶层的加强措施。另外，水平现浇钢筋混凝土带可采用槽形砌块作为模板，以便于施工。

3.4　底部框架－抗震墙砌体构件

《建筑抗震设计规范》GB 50011—2010

7.2.4　底部框架－抗震墙砌体房屋的地震作用效应，应按下列规定调整：

1　对底层框架－抗震墙砌体房屋，底层的纵向和横向地震剪力设计值均应乘以增大系数；其值应允许在1.2～1.5范围内选用，第二层与底层侧向刚度比大者应取大值。

2　对底部两层框架－抗震墙砌体房屋，底层和第二层的纵向和横向地震剪力设计值亦均应乘以增大系数；其值应允许在1.2～1.5范围内选用，第三层与第二层侧向刚度比大者应取大值。

3　底层或底部两层的纵向和横向地震剪力设计值应全部由该方向的抗震墙承担，并按各墙体的侧向刚度比例分配。

【条文解析】

底部框架－抗震墙砌体房屋是我国现阶段经济条件下特有的一种结构。强烈地震的震害表明，这类房屋设计不合理时，其底部可能发生变形集中，出现较大的侧移而破坏，甚至坍塌。近十多年来，各地进行了许多试验研究和分析计算，对这类结构有进一步的认识。但总体上仍需持谨慎的态度。

按第二层与底层侧移刚度的比例相应地增大底层的地震剪力，比例越大，增加越多，以减少底层的薄弱程度。通常，增大系数可依据刚度比用线性插值法近似确定。

7.2.5　底部框架－抗震墙砌体房屋中，底部框架的地震作用效应宜采用下列方法确定：

1　底部框架柱的地震剪力和轴向力，宜按下列规定调整：

1）框架柱承担的地震剪力设计值，可按各抗侧力构件有效侧向刚度比例分配确定；有效侧向刚度的取值，框架不折减；混凝土墙或配筋混凝土小砌块砌体墙可乘以折减系数0.30；约束普通砖砌体或小砌块砌体抗震墙可乘以折减系数0.20；

2）框架柱的轴力应计入地震倾覆力矩引起的附加轴力，上部砖房可视为刚体，底部各轴线承受的地震倾覆力矩，可近似按底部抗震墙和框架的有效侧向刚度的比例分配确定；

3）当抗震墙之间楼盖长宽比大于2.5时，框架柱各轴线承担的地震剪力和轴向力，尚应计入楼盖平面内变形的影响。

2　底部框架－抗震墙砌体房屋的钢筋混凝土托墙梁计算地震组合内力时，应采用合适的计算简图。若考虑上部墙体与托墙梁的组合作用，应计入地震时墙体开裂对组合作用的不利影响，可调整有关的弯矩系数、轴力系数等计算参数。

【条文解析】

底部框架－抗震墙砌体房屋抗震计算上需注意：

1）底层框架－抗震墙砌体房屋，二层以上全部为砌体墙承重结构，仅底层为框架－抗震墙结构，水平地震剪力要根据对应的单层的框架－抗震墙结构中各构件的侧移刚度比例，并考虑塑性内力重分布来分配。

作用于房屋二层以上的各楼层水平地震力对底层引起的倾覆力矩，将使底层抗震墙产生附加弯矩，并使底层框架柱产生附加轴力。倾覆力矩引起构件变形的性质与水平剪力不同，考虑实际运算的可操作性，本条近似地将倾覆力矩在底层框架和抗震墙之间按它们的有效侧移刚度比例分配。需注意，框架部分的倾覆力矩近似按有效侧向刚度分配计算，所承担的倾覆力矩略偏少。

2）底部两层框架－抗震墙砌体房屋的地震作用效应调整原则，同底层框架－抗震墙砌体房屋。

3）该类房屋底部托墙梁在抗震设计中的组合弯矩计算方法：

考虑到大震时墙体严重开裂，托墙梁与非抗震的墙梁受力状态有所差异，当按静力的方法考虑两端框架柱落地的托梁与上部墙体组合作用时，若计算系数不变会导致不安全，应调整计算参数。作为简化计算，偏于安全，在托墙梁上部各层墙体不开洞和跨中1/3范围内开一个洞口的情况，也可采用折减荷载的方法：托墙梁弯矩计算时，由重力荷载代表值产生的弯矩，四层以下全部计入组合，四层以上可有所折减，取不小于四层的数值计入组合；对托墙梁剪力计算时，由重力荷载产生的剪力不折减。

7.5.1 底部框架–抗震墙砌体房屋的上部墙体应设置钢筋混凝土构造柱或芯柱，并应符合下列要求：

1 钢筋混凝土构造柱、芯柱的设置部位，应根据房屋的总层数分别按本规范第7.3.1条、7.4.1条的规定设置。

2 构造柱、芯柱的构造，除应符合下列要求外，尚应符合本规范第7.3.2、7.4.2、7.4.3条的规定：

1）砖砌体墙中构造柱截面不宜小于240mm×240mm（墙厚190mm时为240mm×190mm）；

2）构造柱的纵向钢筋不宜少于4ϕ14，箍筋间距不宜大于200mm；芯柱每孔插筋不应小于1ϕ14，芯柱之间沿墙高应每隔400mm设ϕ4焊接钢筋网片。

3 构造柱、芯柱应与每层圈梁连接，或与现浇楼板可靠拉接。

【条文解析】

总体上看，底部框架–抗震墙砌体房屋比多层砌体房屋抗震性能稍弱，因此构造柱的设置要求更严格。上部小砌块墙体内代替芯柱的构造柱，考虑到模数的原因，构造柱截面不再加大。

7.5.2 过渡层墙体的构造，应符合下列要求：

1 上部砌体墙的中心线宜与底部的框架梁、抗震墙的中心线相重合；构造柱或芯柱宜与框架柱上下贯通。

2 过渡层应在底部框架柱、混凝土墙或约束砌体墙的构造柱所对应处设置构造柱或芯柱；墙体内的构造柱间距不宜大于层高；芯柱除按本规范表7.4.1设置外，最大间距不宜大于1m。

3 过渡层构造柱的纵向钢筋，6、7度时不宜少于4ϕ16，8度时不宜少于4ϕ18。过渡层芯柱的纵向钢筋，6、7度时不宜少于每孔1ϕ16，8度时不宜少于每孔1ϕ18。一般情况下，纵向钢筋应锚入下部的框架柱或混凝土墙内；当纵向钢筋锚固在托墙梁内时，托墙梁的相应位置应加强。

4 过渡层的砌体墙在窗台标高处，应设置沿纵横墙通长的水平现浇钢筋混凝土带；其截面高度不小于60mm，宽度不小于墙厚，纵向钢筋不少于2ϕ10，横向分布筋的直径不小于6mm且其间距不大于200mm。此外，砖砌体墙在相邻构造柱间的墙体，应沿墙高每隔360mm设置2ϕ6通长水平钢筋和ϕ4分布短筋平面内点焊组成的拉结网片或ϕ4点焊钢筋网片，并锚入构造柱内；小砌块砌体墙芯柱之间沿墙高应每隔400mm设置ϕ4通长水平点焊钢筋网片。

5 过渡层的砌体墙，凡宽度不小于1.2m的门洞和2.1m的窗洞，洞口两侧宜增设截面不小于120mm×240mm（墙厚190mm时为120mm×190mm）的构造柱或单孔芯柱。

6 当过渡层的砌体抗震墙与底部框架梁、墙体不对齐时，应在底部框架内设置托墙转换梁，并且过渡层砖墙或砌块墙应采取比本条4款更高的加强措施。

【条文解析】

过渡层即与底部框架－抗震墙相邻的上一砌体楼层，其在地震时破坏较重，因此，本条将关于过渡层的要求集中在一条内叙述并予以特别加强。

7.5.3 底部框架－抗震墙砌体房屋的底部采用钢筋混凝土墙时，其截面和构造应符合下列要求：

1 墙体周边应设置梁（或暗梁）和边框柱（或框架柱）组成的边框；边框梁的截面宽度不宜小于墙板厚度的1.5倍，截面高度不宜小于墙板厚度的2.5倍；边框柱的截面高度不宜小于墙板厚度的2倍。

2 墙板的厚度不宜小于160mm，且不应小于墙板净高的1/20；墙体宜开设洞口形成若干墙段，各墙段的高宽比不宜小于2。

3 墙体的竖向和横向分布钢筋配筋率均不应小于0.30%，并应采用双排布置；双排分布钢筋间拉筋的间距不应大于600mm，直径不应小于6mm。

4 墙体的边缘构件可按本规范第6.4节关于一般部位的规定设置。

【条文解析】

底框房屋中的钢筋混凝土抗震墙，是底部的主要抗侧力构件，而且往往为低矮抗震墙。条文对其构造上提出了更为严格的要求，以加强抗震能力。

由于底框中的混凝土抗震墙为带边框的抗震墙且总高度不超过二层，其边缘构件只需要满足构造边缘构件的要求。

7.5.4 当6度设防的底层框架－抗震墙砖房的底层采用约束砖砌体墙时，其构造应符合下列要求：

1 砖墙厚不应小于240mm，砌筑砂浆强度等级不应低于M10，应先砌墙后浇框架。

2 沿框架柱每隔300mm配置2ϕ8水平钢筋和ϕ4分布短筋平面内点焊组成的拉结网片，并沿砖墙水平通长设置；在墙体半高处尚应设置与框架柱相连的钢筋混凝土水平系梁。

3 墙长大于4m时和洞口两侧，应在墙内增设钢筋混凝土构造柱。

【条文解析】

对6度底层采用砌体抗震墙的底框房屋，本条补充了约束砖砌体抗震墙的构造要求，以切实加强砖抗震墙的抗震能力，并在使用中不致随意拆除更换。

7.5.5 当6度设防的底层框架－抗震墙砌块房屋的底层采用约束小砌块砌体墙时，其构造应符合下列要求：

1 墙厚不应小于190mm，砌筑砂浆强度等级不应低于Mb10，应先砌墙后浇框架。

2 沿框架柱每隔400mm配置2ϕ8水平钢筋和ϕ4分布短筋平面内点焊组成的拉结网片，并沿砌块墙水平通长设置；在墙体半高处尚应设置与框架柱相连的钢筋混凝土水平系梁，系梁截面不应小于190mm×190mm，纵筋不应小于4ϕ12，箍筋直径不应小于ϕ6，间距不应大于200mm。

3 墙体在门、窗洞口两侧应设置芯柱，墙长大于4m时，应在墙内增设芯柱，芯柱应符合本规范第7.4.2条的有关规定；其余位置，宜采用钢筋混凝土构造柱替代芯柱，钢筋混凝土构造柱应符合本规范第7.4.3条的有关规定。

【条文解析】

本条主要适用于6度设防时上部为小砌块墙体的底层框架－抗震墙砌体房屋。

7.5.6 底部框架－抗震墙砌体房屋的框架柱应符合下列要求：

1 柱的截面不应小于400mm×400mm，圆柱直径不应小于450mm。

2 柱的轴压比，6度时不宜大于0.85，7度时不宜大于0.75，8度时不宜大于0.65。

3 柱的纵向钢筋最小总配筋率，当钢筋的强度标准值低于400MPa时，中柱在6、7度时不应小于0.9%，8度时不应小于1.1%；边柱、角柱和混凝土抗震墙端柱在6、7度时不应小于1.0%，8度时不应小于1.2%。

4 柱的箍筋直径，6、7度时不应小于8mm，8度时不应小于10mm，并应全高加密箍筋，间距不大于100mm。

5 柱的最上端和最下端组合的弯矩设计值应乘以增大系数，一、二、三级的增大系数应分别按1.5、1.25和1.15采用。

【条文解析】

本条规定底框房屋的框架柱不同于一般框架－抗震墙结构中的框架柱的要求，大体上接近框支柱的有关要求。

7.5.7 底部框架-抗震墙砌体房屋的楼盖应符合下列要求：

1 过渡层的底板应采用现浇钢筋混凝土板，板厚不应小于120mm；并应少开洞、开小洞，当洞口尺寸大于800mm时，洞口周边应设置边梁。

2 其他楼层，采用装配式钢筋混凝土楼板时均应设现浇圈梁；采用现浇钢筋混凝土楼板时应允许不另设圈梁，但楼板沿抗震墙体周边均应加强配筋并应与相应的构造柱可靠连接。

【条文解析】

底部框架-抗震墙房屋的底部与上部各层的抗侧力结构体系不同，为使楼盖具有传递水平地震力的刚度，要求过渡层的底板为现浇钢筋混凝土板。

底部框架-抗震墙砌体房屋上部各层对楼盖的要求，同多层砖房。

7.5.8 底部框架-抗震墙砌体房屋的钢筋混凝土托墙梁，其截面和构造应符合下列要求：

1 梁的截面宽度不应小于300mm，梁的截面高度不应小于跨度的1/10。

2 箍筋的直径不应小于8mm，间距不应大于200mm；梁端在1.5倍梁高且不小于1/5梁净跨范围内，以及上部墙体的洞口处和洞口两侧各500mm且不小于梁高的范围内，箍筋间距不应大于100mm。

3 沿梁高应设腰筋，数量不应少于2ϕ14，间距不应大于200mm。

4 梁的纵向受力钢筋和腰筋应按受拉钢筋的要求锚固在柱内，且支座上部的纵向钢筋在柱内的锚固长度应符合钢筋混凝土框支梁的有关要求。

【条文解析】

底部框架的托墙梁是极其重要的受力构件，根据有关试验资料和工程经验，对其构造作了较多的规定。

7.5.9 底部框架-抗震墙砌体房屋的材料强度等级，应符合下列要求：

1 框架柱、混凝土墙和托墙梁的混凝土强度等级，不应低于C30。

2 过渡层砌体块材的强度等级不应低于MU10，砖砌体砌筑砂浆强度的等级不应低于M10，砌块砌体砌筑砂浆强度的等级不应低于Mb10。

【条文解析】

针对底框房屋在结构上的特殊性，提出了有别于一般多层房屋的材料强度等级要求。本条提高了过渡层砌筑砂浆强度等级的要求。

《砌体结构设计规范》GB 50003—2011

10.4.2 底部框架－抗震墙砌体房屋中，计算由地震剪力引起的柱端弯矩时，底层柱的反弯点高度比可取0.55。

【条文解析】

底部框架－抗震墙砌体房屋底层柱是在柱顶和柱底同时发生破坏，进一步验证了底层柱反弯点在层高一半附近，底层柱的反弯点高度比取0.55还是合理的。

10.4.3 底部框架－抗震墙砌体房屋中，底部框架、托梁和抗震墙组合的内力设计值尚应按下列要求进行调整：

1 柱的最上端和最下端组合的弯矩设计值应乘以增大系数，一、二、三级的增大系数应分别按1.5、1.25和1.15采用。

2 底部框架梁或托梁尚应按现行国家标准《建筑抗震设计规范》GB 50011—2010第6章的相关规定进行内力调整。

3 抗震墙墙肢不应出现小偏心受拉。

【条文解析】

参照抗震规范关于钢筋混凝土部分框支抗震墙结构的规定，应对底部框架柱上下端的弯矩设计值进行适当放大，避免地震作用下底部框架柱上下端很快形成塑性铰造成倒塌。

考虑底部抗震墙已承担全部地震剪力，不必再按抗震规范对底部加强部位抗震墙的组合弯矩计算值进行放大，因此只建议按一般部位抗震墙进行强剪弱弯的调整。

10.4.6 底部框架－抗震墙砌体房屋中底部抗震墙的厚度和数量，应由房屋的竖向刚度分布来确定。当采用约束普通砖墙时其厚度不得小于240mm；配筋砌块砌体抗震墙厚度，不应小于190mm；钢筋混凝土抗震墙厚度，不宜小于160mm；且均不宜小于层高或无支长度的1/20。

【条文解析】

本条对底部框架－抗震墙砌体房屋中底部抗震墙的厚度和数量作了相应的规定。

10.4.7 底部框架－抗震墙砌体房屋的底部采用钢筋混凝土抗震墙或配筋砌块砌体抗震墙时，其截面和构造应符合现行国家标准《建筑抗震设计规范》GB 50011—2010的有关规定。配筋砌块砌体抗震墙尚应符合下列规定：

1 墙体的水平分布钢筋应采用双排布置；

2 墙体的分布钢筋和边缘构件，除应满足承载力要求外，可根据墙体抗震等级，按10.5节关于底部加强部位配筋砌块砌体抗震墙的分布钢筋和边缘构件的规定设置。

【条文解析】

本条对配筋砌块砌体抗震墙作了相应的规定。

10.4.8 6度设防的底层框架－抗震墙房屋的底层采用约束普通砖墙时，其构造除应同时满足10.2.6要求外，尚应符合下列规定：

1 墙长大于4m时和洞口两侧，应在墙内增设钢筋混凝土构造柱。构造柱的纵向钢筋不宜少于4ϕ14。

2 沿墙高每隔300mm设置2ϕ8水平钢筋与ϕ4分布短筋平面内点焊组成的通长拉结网片，并锚入框架柱内。

3 在墙体半高附近尚应设置与框架柱相连的钢筋混凝土水平系梁，系梁截面宽度不应小于墙厚，截面高度不应小于120mm，纵筋不应小于4ϕ12，箍筋直径不应小于ϕ6，箍筋间距不应大于200mm。

【条文解析】

本条补充了墙体半高附近尚应设置与框架柱相连的钢筋混凝土水平系梁的最小截面尺寸和最小配筋量限值。

底层墙体构造柱的纵向钢筋直径不宜小于过渡层的构造柱，因此补充规定底层墙体构造柱的纵向钢筋不应少于4ϕ14。

当底层层高较高时，门窗等大洞口顶距地高度不超过层高的1/2.5时，可将钢筋混凝土水平系梁设置在洞顶标高，洞口顶处可与洞口过梁合并。

10.4.9 底部框架－抗震墙砌体房屋的框架柱和钢筋混凝土托梁，其截面和构造除应符合现行国家标准《建筑抗震设计规范》GB 50011—2010的有关要求外，尚应符合下列规定：

1 托梁的截面宽度不应小于300mm，截面高度不应小于跨度的1/10，当墙体在梁端附近有洞口时，梁截面高度不宜小于跨度的1/8；

2 托梁上、下部纵向贯通钢筋最小配筋率，一级时不应小于0.4%，二、三级时分别不应小于0.3%；当托墙梁受力状态为偏心受拉时，支座上部纵向钢筋至少应有50%沿梁全长贯通，下部纵向钢筋应全部直通到柱内；

3 托梁箍筋的直径不应小于10mm，间距不应大于200mm；梁端在1.5倍梁高且不小于1/5净跨范围内，以及上部墙体的洞口处和洞口两侧各500mm且不小于梁高的范围内，箍筋间距不应大于100mm；

4 托梁沿梁高每侧应设置不小于1 ϕ 14 的通长腰筋，间距不应大于200mm。

【条文解析】

考虑托墙梁在上部墙体未破坏前可能受拉，适当加大了梁上、下部纵向贯通钢筋最小配筋率。

10.4.10 底部框架－抗震墙砌体房屋的上部墙体，对构造柱或芯柱的设置及其构造应符合多层砌体房屋的要求，同时应符合下列规定：

1 构造柱截面不宜小于240mm×240mm（墙厚190mm时为240mm×190mm），纵向钢筋不宜少于4 ϕ 14，箍筋间距不宜大于200mm；

2 芯柱每孔插筋不应小于1 ϕ 14；芯柱间应沿墙高设置间距不大于400mm的 ϕ 4 焊接水平钢筋网片；

3 顶层的窗台标高处，宜沿纵横墙通长设置的水平现浇钢筋混凝土带；其截面高度不小于60mm，宽度不小于墙厚，纵向钢筋不少于2 ϕ 10，横向分布筋的直径不小于6mm且其间距不大于200mm。

【条文解析】

总体上看，底部框架－抗震墙砌体房屋比多层砌体房屋抗震性能稍弱，因此构造柱的设置要求更严格。上部小砌块墙体内代替芯柱的构造柱，考虑到模数的原因，构造柱截面不再加大。

10.4.11 过渡层墙体的材料强度等级和构造要求，应符合下列规定：

1 过渡层砌体块材的强度等级不应低于MU10，砖砌体砌筑砂浆强度的等级不应低于M10，砌块砌体砌筑砂浆强度的等级不应低于Mb10。

2 上部砌体墙的中心线宜同底部的托梁、抗震墙的中心线相重合。当过渡层砌体墙与底部框架梁、抗震墙不对齐时，应另设置托墙转换梁，并且应对底层和过渡层相关结构构件另外采取加强措施。

3 托梁上过渡层砌体墙的洞口不宜设置在框架柱或抗震墙边框柱的正上方。

4 过渡层应在底部框架柱、抗震墙边框柱、砌体抗震墙的构造柱或芯柱所对应处设置构造柱或芯柱，并宜上下贯通。过渡层墙体内的构造柱间距不宜大于层高；芯柱除按本规范第10.3.4条和10.3.5条规定外，砌块砌体墙体中部的芯柱宜均匀布置，最大间距不宜大于1m。

构造柱截面不宜小于240mm×240mm（墙厚190mm时为240mm×190mm），其纵向钢筋，6、7度时不宜少于4ϕ16，8度时不宜少于4ϕ18。芯柱的纵向钢筋，6、7度时不宜少于每孔1ϕ16，8度时不宜少于每孔1ϕ18。一般情况下，纵向钢筋应锚入下部的框架柱或混凝土墙内；当纵向钢筋锚固在托墙梁内时，托墙梁的相应位置应加强。

5 过渡层的砌体墙，凡宽度不小于1.2m的门洞和2.1m的窗洞，洞口两侧宜增设截面不小于120mm×240mm（墙厚190mm时为120mm×190mm）的构造柱或单孔芯柱。

6 过渡层砖砌体墙，在相邻构造柱间应沿墙高每隔360mm设置2ϕ6通长水平钢筋与ϕ4分布短筋平面内点焊组成的拉结网片或ϕ4点焊钢筋网片；过渡层砌块砌体墙，在芯柱之间沿墙高应每隔400mm设置ϕ4通长水平点焊钢筋网片。

7 过渡层的砌体墙在窗台标高处，应设置沿纵横墙通长的水平现浇钢筋混凝土带。

【条文解析】

过渡层即与底部框架－抗震墙相邻的上一砌体楼层。过渡层构造柱纵向钢筋配置的最小要求，增加了6度时的加强要求。

上部墙体与底部框架梁、抗震墙不对齐时，需设置支承在框架梁或抗震墙上的托墙转换次梁，其对底部框架梁或抗震墙以及过渡层相关墙体都会产生影响，应予以考虑。

对于上部墙体为砌块砌体墙时，对应下部钢筋混凝土框架柱或抗震墙边框柱及构造柱的位置，过渡层砌块墙体宜设置构造柱。当底部采用配筋砌块砌体抗震墙时，过渡层砌块墙体中部的芯柱宜与底部墙体芯柱对齐，上下贯通。

10.4.12 底部框架－抗震墙砌体房屋的楼盖应符合下列规定：

1 过渡层的底板应采用现浇钢筋混凝土楼板，且板厚不应小于120mm，并应采用双排双向配筋，配筋率分别不应小于0.25%；应少开洞、开小洞，当洞口尺寸大于800mm时，洞口周边应设置边梁；

2 其他楼层，采用装配式钢筋混凝土楼板时均应设现浇圈梁，采用现浇钢筋混凝土楼板时应允许不另设圈梁，但楼板沿抗震墙体周边均应加强配筋并应与相应的构造柱、芯柱可靠连接。

【条文解析】

为加强过渡层底板抗剪能力，参考抗震规范关于转换层楼板的要求，补充了该楼板配筋要求。

《混凝土小型空心砌块建筑技术规程》JGJ/T 14—2011

7.3.17 底部框架－抗震墙房屋的楼盖应符合下列要求：

1 过渡层的底板应采用现浇钢筋混凝土板，板厚不应小于120mm；并应少开洞、开小洞，当洞口尺寸大于800mm时，洞口周边应设置边梁；

2 其他楼层，采用装配式钢筋混凝土楼板时均应设置现浇圈梁；采用现浇钢筋混凝土楼板时应允许不另设圈梁，但楼板沿抗震墙体周边均应加强配筋并应与相应的构造柱可靠连接。

7.3.18 底部框架－抗震墙房屋的钢筋混凝土托墙梁，其截面和构造应符合下列要求：

1 梁的截面宽度不应小于300mm，梁的截面高度不应小于跨度的1/10。

2 梁上、下部纵向钢筋最小配筋率，一、二级时不应小于0.4%，三、四级时不应小于0.3%。

3 箍筋的直径不应小于10mm，间距不应大于200mm；梁端在1.5倍梁高且不小于1/5梁净跨范围内，以及上部墙体的洞口处和洞口两侧各500mm且不小于梁高的范围内，箍筋间距不应大于100mm。对托墙梁支承在框架梁的一端，梁端箍筋可不设置箍筋加密区；支承托墙次梁的框架梁，全跨箍筋间距不应大于100mm，且在托墙次梁两侧设置附加横向钢筋。

4 沿梁高应设腰筋，数量不应少于2ϕ14，间距不应大于200mm。

5 梁的纵向受力钢筋和腰筋应按受拉钢筋的要求锚固在柱内，且支座上部的纵向钢筋在柱内的锚固长度应符合钢筋混凝土框支梁的有关要求。

7.3.19 底部框架－抗震墙房屋的底部采用配筋小砌块砌体抗震墙时，抗震墙水平向或竖向钢筋在边框梁、柱中的锚固长度，应按现行国家标准《混凝土结构设计规范》GB 50010—2010的规定确定。

7.3.20 底部框架－抗震墙砌体房屋的底部采用钢筋混凝土墙时，其截面和构造应符合下列要求：

1 抗震墙周边应设置梁（或暗梁）和边框柱（或框架柱）组成的边框；边框梁的截面宽度不宜小于墙板厚度的1.5倍，截面高度不宜小于墙板厚度的2.5倍；边框柱的截面高度不宜小于墙板厚度的2倍；

2 抗震墙的厚度不宜小于160mm，且不应小于墙板净高的1/20；抗震墙宜设竖缝或洞口形成若干墙段，各墙段的高宽比不宜小于2；

3 抗震墙的竖向和横向分布钢筋配筋率均不应小于0.30%，并应采用双排布置；双排分布钢筋间拉筋的间距不应大于600mm，直径不应小于6mm；

4 墙体的边缘构件可按国家标准《建筑抗震设计规范》GB 50011—2010第6.4节关于一般部位的规定设置。

7.3.21 对6度设防且层数不超过4层的底层框架－抗震墙房屋，可采用嵌砌于框架之间的小砌块抗震墙，但应计入小砌块墙对框架的附加轴力和附加剪力，并应符合下列构造要求：

1 墙厚不应小于190mm，砌筑砂浆强度等级不应低于Mb10，应先砌墙后浇框架；

2 沿框架柱每隔400mm配置ϕ4点焊拉结钢筋网片，并沿小砌块墙水平通长设置；在墙体半高处尚应设置与框架柱相连的钢筋混凝土水平系梁，系梁截面不应小于190mm×190mm，纵筋不应小于4ϕ12，箍筋直径不应小于ϕ6，间距不应大于200mm；

3 墙体在门、窗洞口两侧应设置芯柱；墙长大于4m时，应在墙内增设芯柱，芯柱应符合本规程第7.3.4条的有关规定；其余位置，宜采用钢筋混凝土构造柱替代芯柱，钢筋混凝土构造柱应符合本规程第7.3.2条的有关规定。

7.3.22 底部框架－抗震墙房屋的框架柱应符合下列要求：

1 柱的截面不应小于400mm×400mm，圆柱直径不应小于450mm；

2 柱的轴压比，6度时不宜大于0.85，7度时不宜大于0.75，8度时不宜大于0.65；

3 柱的纵向钢筋最小总配筋率，当钢筋的强度标准值低于400MPa时，中柱在6、7度时不应小于0.9%，8度时不应小于1.1%；边柱、角柱和混凝土抗震墙端柱在6、7度时不应小于1.0%，8度时不应小于1.2%；

4 柱的箍筋直径，6、7度时不应小于8mm，8度时不应小于10mm，并应全高加密箍筋，间距不应大于100mm；

5 柱的最上端和最下端组合的弯矩设计值应乘以增大系数，一、二、三级的增大系数应分别按1.5、1.25和1.15采用。

【条文解析】

底部框架－抗震墙小砌块砌体房屋，对于楼板、屋盖、托墙梁、框架柱、抗震墙以及其他有关抗震构造措施，可以参照现行国家标准《建筑抗震设计规范》GB 50011—2010。

以上几条规定底框房屋的框架柱不同于一般框架－抗震墙结构中的框架柱的要求，大体上接近框支柱的有关要求。柱的轴压比、纵向钢筋和箍筋要求，参照国家标准《建筑抗震设计规范》GB 50011—2010第6章对框架结构柱的要求，同时箍筋全高加密。

《底部框架－抗震墙砌体房屋抗震技术规程》JGJ 248—2012

5.5.15 底部钢筋混凝土托墙梁应符合下列要求：

1 梁截面宽度不应小于300mm，截面高度不应小于跨度的1/10；

2 箍筋直径不应小于 8mm，间距不应大于 200mm；梁端在 1.5 倍梁高且不小于 1/5梁净跨范围内，以及上部墙体的洞口处和洞口两侧各 500mm 且不小于梁高的范围内，箍筋间距不应大于 100mm；

3 沿梁截面高度应设置通长腰筋，数量不应少于 2 ϕ 14，间距不应大于 200mm；

4 梁的纵向受力钢筋和腰筋应按受拉钢筋的要求锚固在柱内，且支座上部的纵向钢筋在柱内的锚固长度应符合钢筋混凝土框支梁的有关要求。

5.5.16 底部钢筋混凝土托墙梁尚应符合下列要求：

1 当托墙梁上部墙体在梁端附近有洞口时，梁截面高度不宜小于跨度的 1/8，且不宜大于跨度的 1/6；

2 底部的纵向钢筋应通长设置，不得在跨中弯起或截断；每跨顶部通长设置的纵向钢筋面积，不应小于底部纵向钢筋面积的 1/3，且不宜小于 2 ϕ 18。

【条文解析】

在底部框架－抗震墙砌体房屋中，底部框架梁分为两类，第一类是底部两层框架－抗震墙砌体房屋的第一层框架梁，这类梁与一般多层框架结构中的框架梁要求相同；第二类为底层框架－抗震墙砌体房屋的底层框架托墙梁和底部两层框架－抗震墙砌体房屋的第二层框架托墙梁，这类梁是极其重要的受力构件，受力情况复杂，对其构造措施作出了专门的加强规定。

托墙梁由于承受上部多层砌体墙传递的竖向荷载，其梁截面的正应力分布与一般框架梁有差异，其正应力分布的中和轴上移或下移较为明显，其拉应力大于压应力 3 倍左右，其中和轴已移至离顶部 1/4 ~ 1/3 处，针对这类梁的应力分布特点，提出了腰筋的配置要求。

对比《建筑抗震设计规范》GB 50011—2010 对托墙梁的构造要求，本条对托墙梁在上部墙体靠梁端开洞时的跨高比提出了更严格的要求（为了使过渡楼层墙体的水平受剪承载力不致降低过多），同时对梁中通长纵向钢筋的配置给出了加强要求。

5.5.18 底部钢筋混凝土抗震墙的截面尺寸，应符合下列规定：

1 抗震墙墙板周边应设置梁（或暗梁）和端柱组成的边框。边框梁的截面宽度不宜小于墙板厚度的 1.5 倍，截面高度不宜小于墙板厚度的 2.5 倍；端柱的截面高度不宜小于墙板厚度的 2 倍，且其截面宜与同层框架柱相同。

2 抗震墙墙板的厚度不宜小于 160mm，且不应小于墙板净高的 1/20。

5.5.19 钢筋混凝土抗震墙的水平和竖向分布钢筋的配筋率，均不应小于 0.30%，钢筋直径不宜小于 10mm，间距不宜大于 250mm，且应采用双排布置；双排分布钢筋间拉筋的间距不应大于600mm，直径不应小于6mm；墙体水平和竖向分布钢筋的直径，均不宜大于墙厚的1/10。

【条文解析】

从提高底部钢筋混凝土墙的变形能力出发，给出了底部钢筋混凝土墙的抗震措施。由于底部钢筋混凝土墙是底部的主要抗侧力构件，对其构造上提出了更为严格的要求，以加强抗震能力。

端柱的截面宜与本层的框架柱相同，并应符合框架柱的有关要求。

5.5.20 钢筋混凝土抗震墙两端和洞口两侧应设置构造欠缺，边缘构件包括暗柱、端柱和翼墙。构造边缘构件的范围可按图5.5.20采用，其配筋除应满足受弯承载力要求外，并宜符合表5.5.20的要求。

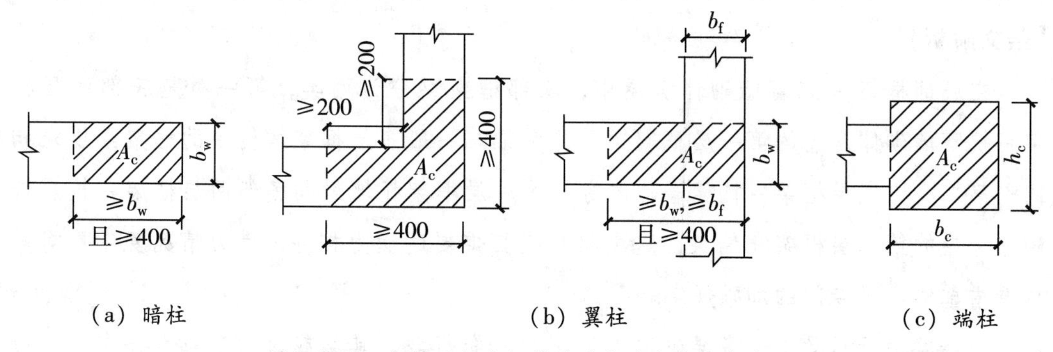

图5.5.20 钢筋混凝土抗震墙的构造边缘构件范围

表5.5.20 钢筋混凝土抗震墙构造边缘构件的配筋要求

抗震等级	纵向钢筋最小时（取较大值）	箍筋和拉筋	
		最小直径/mm	沿竖向最大间距/mm
二	$0.006A_c$，$6\phi12$	8	200
三	$0.005A_c$，$4\phi12$	6	200

注：1 A_c为边缘构件的截面面积；

2 拉筋水平间距不应大于纵筋间距的2倍；转角处宜采用箍筋；

3 当端柱为框架柱或承受集中荷载时，其纵向钢筋、箍筋直径和间距应满足柱的相关要求。

【条文解析】

底部钢筋混凝土抗震墙为带框架的抗震墙且总高度不超过两层，其边缘构件可按一般部位的规定设置，只需要满足构造边缘构件的要求。

5.5.22 开竖缝的钢筋混凝土抗震墙，应符合下列规定：

1 墙体水平钢筋在竖缝处断开，竖缝两侧墙板的高宽比应大于1.5；

2 竖缝两侧应设暗柱，暗柱的截面范围为1.5倍墙体厚度；暗柱的纵筋不宜少于4ϕ16，箍筋可采用ϕ8，箍筋间距不宜大于200mm；

3 竖缝内可放置两块预制隔板，隔板宽度应与墙体厚度相同。

【条文解析】

根据对开竖缝墙的试验和分析研究，专门给出了开竖缝钢筋混凝土抗震墙的构造措施，提出开竖缝墙应在竖缝处断开和应设置暗柱的要求。竖缝宽度一般可取70～100mm，预制隔板可采用钢筋混凝土隔板或其他材料的隔板，每块板厚可取35～50mm。

5.5.24 楼面梁与抗震墙平面外连接时，不宜支承在洞口连梁上；沿梁轴线方向宜设置与梁连接的抗震墙，梁的纵筋应锚固在墙内；也可在支承梁的位置设置扶壁柱或暗柱，并应按计算确定其截面尺寸和配筋。

【条文解析】

钢筋混凝土抗震墙体支承平面外的抗侧力楼面大梁时，其构造措施应加强，以保证墙体出平面的性能，同时，保证梁的纵筋在墙内的有效锚固，防止在往复荷载作用下梁纵筋产生滑移和与梁连接的墙面混凝土拉脱。

5.5.25 6度设防且总层数不超过四层的底层框架－抗震墙砌体房屋，底层采用约束砖砌体抗震墙时，其构造应符合下列要求：

1 砖墙应嵌砌于框架平面内，厚度不应小于240mm，砌筑砂浆强度等级不应低于M10，应先砌墙后浇框架梁柱；

2 沿框架柱每隔300mm配置2ϕ8水平钢筋和ϕ5分布短钢筋平面内点焊组成的拉结钢筋网片，并沿砖墙水平通长设置；在墙体半高处尚应设置与框架柱相连的钢筋混凝土水平系梁，系梁截面不应小于240mm×180mm，纵向钢筋不应少于4ϕ12，箍筋直径不应小于ϕ6、间距不应大于200mm；

3 墙长大于4m时和门、窗洞口两侧，应在墙内增设钢筋混凝土构造柱，构造柱应符合本规程第6.2.2条的有关规定。

5.5.26 6度设防且总层数不超过四层的底层框架－抗震墙砌体房屋，底层采用约束小砌块砌体抗震墙时，其构造应符合下列要求：

1 小砌块墙应嵌砌于框架平面内，厚度不应小于190mm，砌筑砂浆强度等级不应低于Mb10，应先砌墙后浇框架梁柱；

2　沿框架柱每隔400mm配置2ϕ8水平钢筋和ϕ5分布短钢筋平面内点焊组成的拉结钢筋网片，并沿砌块墙水平通长设置；在墙体半高处尚应设置与框架柱相连的钢筋混凝土水平系梁，系梁截面不应小于190mm×190mm，纵向钢筋不应少于4ϕ12，箍筋直径不应小于ϕ6、间距不应大于200mm；

3　墙体在门、窗洞口两侧应设置芯柱，墙长大于4m时，应在墙内增设芯柱，芯柱应符合本规程第6.2.6条的有关规定；其余位置，宜采用钢筋混凝土构造柱替代芯柱，钢筋混凝土构造柱应符合本规程第6.2.7条的有关规定。

【条文解析】

从提高底部约束砌体抗震墙的抗震性能出发，对底部约束砌体抗震墙的墙厚、材料强度等级、约束及拉结构造等提出了要求，同时确保在使用中不致被随意拆除或更换。

5.5.28　底层框架－抗震墙砌体房屋的底层和底部两层框架－抗震墙砌体房屋第二层的顶板应采用现浇钢筋混凝土板，并应满足下列要求：

1　楼板厚度不应小于120mm；

2　楼板应少开洞、开小洞，当洞口边长或直径大于800mm时，应采取加强措施，洞口周边应设置边梁，边梁宽度不应小于2倍板厚。

【条文解析】

底层框架－抗震墙砌体房屋的底层和底部两层框架－抗震墙砌体房屋第二层的顶板应采用现浇板。考虑这层楼板传递水平地震作用和地震倾覆力矩，对现浇钢筋混凝土楼盖的厚度、配筋和开洞情况提出了要求，同时对洞口边梁的宽度作出了规定。

5.5.30　底部框架－抗震墙部分采用板式楼梯时，楼梯踏步板宜采用双层配筋。

【条文解析】

实际震害表明，单层配筋的板式楼梯在强震中破坏严重，踏步板中部断裂、钢筋拉断，板式楼梯宜采用双层配筋予以加强。

3.5　配筋砌块砌体抗震墙

《砌体结构设计规范》GB 50003—2011

10.5.9　配筋砌块砌体抗震墙的水平和竖向分布钢筋应符合下列规定，抗震墙底部加强区的高度不小于房屋高度的1/6，且不小于房屋底部两层的高度。

1 抗震墙水平分布钢筋的配筋构造应符合表10.5.9－1的规定。

表10.5.9－1 配筋砌块砌体抗震墙水平分布钢筋的配筋构造

抗震等级	最小配筋率/%		最大间距/mm	最小直径/mm
	一般部位	加强部位		
一级	0.13	0.15	400	ϕ8
二级	0.13	0.13	600	ϕ8
三级	0.11	0.13	600	ϕ6
四级	0.10	0.10	600	ϕ6

注：1 水平分布钢筋宜双排布置，在顶层和底部加强部位，最大间距不应大于400mm。

2 双排水平分布钢筋应设不小于ϕ6拉结筋，水平间距不应大于400mm。

2 抗震墙竖向分布钢筋的配筋构造应符合表10.5.9－2的规定。

表10.5.9－2 配筋砌块砌体抗震墙竖向分布钢筋的配筋构造

抗震等级	最小配筋率/%		最大间距/mm	最小直径/mm
	一般部位	加强部位		
一级	0.15	0.15	400	ϕ12
二级	0.13	0.13	600	ϕ12
三级	0.11	0.13	600	ϕ12
四级	0.10	0.10	600	ϕ12

注：竖向分布钢筋宜采用单排布置，直径不应大于25mm，9度时配筋率不应小于0.2%。在顶层和底部加强部位，最大间距应适当减小。

【条文解析】

本条是在参照国内外配筋砌块砌体抗震墙试验研究和经验的基础上规定的。如在7度以内，要求在墙的端部、顶部和底部，以及洞口的四周配置竖向和水平构造钢筋，钢筋的间距不应大于3m。该构造钢筋的面积为130mm^2，约为一根ϕ12～ϕ14钢筋，经折算其隐含的构造含钢率约为0.06%；而对≥8度时，抗震墙应在竖向和水平方向均匀设置钢筋，每个方向钢筋的间距不应大于该方向长度的1/3和1.20m，最小钢筋面积不应小于0.07%，两个方向最小含钢率之和也不应小于0.2%。这种最小含钢率是抗震墙最小的延性和抗裂要求。

抗震设计时，为保证出现塑性铰后抗震墙具有足够的延性，该范围内应当加强构造措施，提高其抗剪力破坏的能力。由于抗震墙底部塑性铰出现都有一定范围，因此对其作了规定。一般情况下单个塑性铰发展高度为墙底截面以上墙肢截面高度 h_w 的范围。

10.5.10 配筋砌块砌体抗震墙除应符合本规范第9.4.11的规定外，应在底部加强部位和轴压比大于0.4的其他部位的墙肢设置边缘构件。边缘构件的配筋范围：无翼墙端部为3孔配筋；“L”形转角节点为3孔配筋；“T”形转角节点为4孔配筋；边缘构件范围内应设置水平箍筋；配筋砌块砌体抗震墙边缘构件的配筋应符合表10.5.10的要求。

表10.5.10 配筋砌块砌体抗震墙边缘构件的配筋要求

抗震等级	每孔竖向钢筋最小配筋量		水平箍筋最小直径	水平箍筋最大间距/mm
	底部加强部位	一般部位		
一级	1 ϕ 20（4 ϕ 16）	1 ϕ 18（4 ϕ 16）	ϕ 8	200
二级	1 ϕ 18（4 ϕ 16）	1 ϕ 16（4 ϕ 14）	ϕ 6	200
三级	1 ϕ 16（4 ϕ 12）	1 ϕ 14（4 ϕ 12）	ϕ 6	200
四级	1 ϕ 14（4 ϕ 12）	1 ϕ 12（4 ϕ 12）	ϕ 6	200

注：1 边缘构件水平箍筋宜采用横筋为双筋的搭接点焊网片形式。

2 当抗震等级为二、三级时，边缘构件箍筋应采用HRB400级或RRB400级钢筋。

3 表中括号中数字为边缘构件采用混凝土边框柱时的配筋。

【条文解析】

在配筋砌块砌体抗震墙结构中，边缘构件无论是在提高墙体强度和变形能力方面的作用都非常明显，因此参照混凝土抗震墙结构边缘构件设置的要求，结合配筋砌块砌体抗震墙的特点，规定了边缘构件的配筋要求。

在配筋砌块砌体抗震墙端部设置水平箍筋是为了提高对砌体的约束作用及墙端部混凝土的极限压应变，提高墙体的延性。根据工程经验，水平箍筋放置于砌体灰缝中，受灰缝高度限制（一般灰缝高度为10mm），水平箍筋直径不小于6mm，且不应大于8mm比较合适；当箍筋直径较大时，将难以保证砌体结构灰缝的砌筑质量，会影响配筋砌块砌体强度；灰缝过厚则会给现场施工和施工验收带来困难，也会影响砌体的强度。抗震等级为一级水平箍筋最小直径为 ϕ 8，二至四级为 ϕ 6，为了适当弥补钢筋直径减小造成的损失，本条文注明抗震等级为一、二、三级时，应采用HRB335或RRB335级钢筋。亦可采用其他等效的约束件如等截面面积，厚度不大于5mm的一次冲压钢圈，对边缘构件，将具有更强约束作用。

通过试点工程，这种约束区的最小配筋率有相当的覆盖面。这种含钢率也考虑能在约120mm×120mm孔洞中放得下：对含钢率为0.4%、0.6%、0.8%，相应的钢筋直径为3ϕ14、3ϕ18、3ϕ20，而约束箍筋的间距只能在砌块灰缝或带凹槽的系梁块中设置，其间距只能最小为200mm。对更大的钢筋直径并考虑到钢筋在孔洞中的接头和墙体中水平钢筋，很容易造成浇灌混凝土的困难。当采用290mm厚的混凝土空心砌块时，这个问题就可解决了，但这种砌块的重量过大，施工砌筑有一定难度，故我国目前的砌块系列也在190mm范围以内。另外，考虑到更大的适应性，增加了混凝土柱作边缘构件的方案。

10.5.11 宜避免设置转角窗，否则，转角窗开间相关墙体尽端边缘构件最小纵筋直径应比表10.5.10的规定值提高一级，且转角窗开间的楼、屋面应采用现浇钢筋混凝土楼、屋面板。

【条文解析】

转角窗的设置将削弱结构的抗扭能力，配筋砌块砌体抗震墙较难采取措施（如：墙加厚，梁加高），故建议避免转角窗的设置。但配筋砌块砌体抗震墙结构受力特性类似于钢筋混凝土抗震墙结构，若需设置转角窗，则应适当增加边缘构件配筋，并且将楼、屋面板做成现浇板以增强整体性。

10.5.12 配筋砌块砌体抗震墙在重力荷载代表值作用下的轴压比，应符合下列规定：

1 一般墙体的底部加强部位，一级（9度）不宜大于0.4，一级（8度）不宜大于0.5，二、三级不宜大于0.6，一般部位，均不宜大于0.6；

2 短肢墙体全高范围，一级不宜大于0.50，二、三级不宜大于0.60；对于无翼缘的一字形短肢墙，其轴压比限值应相应降低0.1；

3 各向墙肢截面均为3~5倍墙厚的独立小墙肢，一级不宜大于0.4，二、三级不宜大于0.5；对于无翼缘的一字形独立小墙肢，其轴压比限值应相应降低0.1。

【条文解析】

配筋砌块砌体抗震墙在重力荷载代表值作用下的轴压比控制是为了保证配筋砌块砌体在水平荷载作用下的延性和强度的发挥，同时也是为了防止墙体截面过小、配筋率过高，保证抗震墙结构延性。本条文对一般墙、短肢墙、一字形短肢墙的轴压比限值作了区别对待，由于短肢墙和无翼缘的一字形短肢墙的抗震性能较差，因此对其轴压比限值应该作更为严格的规定。

10.5.13 配筋砌块砌体圈梁构造，应符合下列规定：

1 各楼层标高处，每道配筋砌块砌体抗震墙均应设置现浇钢筋混凝土圈梁，圈梁的宽度应为墙厚，其截面高度不宜小于200mm；

2 圈梁混凝土抗压强度不应小于相应灌孔砌块砌体的强度，且不应小于C20；

3 圈梁纵向钢筋直径不应小于墙中水平分布钢筋的直径，且不应小于4ϕ12；基础圈梁纵筋不应小于4ϕ12；圈梁及基础圈梁箍筋直径不应小于ϕ8，间距不应大于200mm；当圈梁高度大于300mm时，应沿梁截面高度方向设置腰筋，其间距不应大于200mm，直径不应小于ϕ10；

4 圈梁底部嵌入墙顶砌块孔洞内，深度不宜小于30mm；圈梁顶部应是毛面。

【条文解析】

在配筋砌块砌体抗震墙和楼盖的结合处设置钢筋混凝土圈梁，可进一步增加结构的整体性，同时该圈梁也可作为建筑竖向尺寸调整的手段。钢筋混凝土圈梁作为配筋砌块砌体抗震墙的一部分，其强度应和灌孔砌块砌体强度基本一致，相互匹配，其纵筋配筋量不应小于配筋砌块砌体抗震墙水平筋数量，其间距不应大于配筋砌块砌体抗震墙水平筋间距，并宜适当加密。

10.5.14 配筋砌块砌体抗震墙连梁的构造，当采用混凝土连梁时，应符合本规范第9.4.12条的规定和现行国家标准《混凝土结构设计规范》GB 50010—2010中有关地震区连梁的构造要求；当采用配筋砌块砌体连梁时，除应符合本规范第9.4.13条的规定以外，尚应符合下列规定：

1 连梁上下水平钢筋锚入墙体内的长度，一、二级抗震等级不应小于$1.1l_a$，三、四级抗震等级不应小于l_a，且不应小于600mm；

2 连梁的箍筋应沿梁长布置，并应符合表10.5.14的规定。

表10.5.14 连梁箍筋的构造要求

抗震等级	箍筋加密区			箍筋非加密区	
	长度	箍筋最大间距	直径	间距/mm	直径
一级	$2h$	100mm，$6d$，$1/4h$中的最小值	ϕ10	200	ϕ10
二级	$1.5h$	100mm，$8d$，$1/4h$中的最小值	ϕ8	200	ϕ8
三级	$1.5h$	150mm，$8d$，$1/4h$中的最小值	ϕ8	200	ϕ8
四级	$1.5h$	150mm，$8d$，$1/4h$中的最小值	ϕ8	200	ϕ8

注：h为连梁截面高度；加密区长度不小于600mm。

3 在顶层连梁伸入墙体的钢筋长度范围内，应设置间距不大于200mm的构造箍筋，箍筋直径应与连梁的箍筋直径相同；

4 连梁不宜开洞。当需要开洞时，应在跨中梁高1/3处预埋外径不大于200mm的钢套管，洞口上下的有效高度不应小于1/3梁高，且不应小于200mm，洞口处应配补强钢筋并在洞周边浇筑灌孔混凝土，被洞口削弱的截面应进行受剪承载力验算。

【条文解析】

本条是根据国内外试验研究成果和经验，并参照钢筋混凝土抗震墙连梁的构造要求和砌块的特点给出的。配筋混凝土砌块砌体抗震墙的连梁，从施工程序考虑，一般采用凹槽或H型砌块砌筑，砌筑时按要求设置水平构造钢筋，而横向钢筋或箍筋则需砌到楼层高度和达到一定强度后方能在孔中设置。这是和钢筋混凝土抗震墙连梁不同之处。

10.5.15 配筋砌块砌体抗震墙房屋的基础与抗震墙结合处的受力钢筋，当房屋高度超过50m或一级抗震等级时宜采用机械连接或焊接。

【条文解析】

配筋砌块砌体抗震墙竖向受力钢筋的焊接接头到现在仍是个难题。主要是由施工程序造成的，要先砌墙或柱，后插钢筋，并在底部清扫孔中焊接，由于狭小的作业空间，只能局部点焊，满足不了受力要求，因此采用机械连接或焊接是一种很高的要求，鼓励设计与施工者去实践。

《混凝土小型空心砌块建筑技术规程》JGJ/T 14—2011

7.1.12 配筋小砌块砌体抗震墙房屋的最大高度应符合表7.1.12－1的规定，且房屋高宽比不宜超过表7.1.12－2的规定；对横墙较少或建造于Ⅳ类场地的房屋，适用的最大高度应适当降低。

表7.1.12－1 配筋小砌块砌体抗震墙房屋适用的最大高度 m

结构类型	最小墙厚	烈度和设计基本地震加速度					
		6度	7度		8度		9度
		0.05g	0.10g	0.15g	0.20g	0.30g	0.40g
配筋小砌块砌体抗震墙	0.190	60	55	45	40	30	24
配筋小砌块砌体部分框支抗震墙		55	49	40	31	24	—

注：1 房屋高度指室外地面至檐口的高度（不包括局部突出屋顶部分）。

2　某层或几层开间大于6.0m以上的房间建筑面积占相应层建筑面积40%以上时，应按表内的规定相应降6.0m取用。

3　房屋的高度超过表内高度时，应进行专门的研究和论证，采取有效的加强措施。

表7.1.12－2　配筋小砌块砌体抗震墙房屋的最大高宽比

烈度	6度	7度	8度	9度
最大高宽比	4.5	4.0	3.0	2.0

注：房屋的平面布置和竖向布置不规则时应适当减小最大高宽比的值。

【条文解析】

配筋小砌块砌体抗震墙结构具有强度高、延性好的特点，其受力性能和计算方法都与钢筋混凝土抗震墙结构相似，因此理论上其房屋适用高度可参照钢筋混凝土抗震墙房屋，但应适当降低。

配筋小砌块砌体房屋高宽比限制在一定范围内时，有利于房屋的稳定性，一般可不做整体弯曲验算；配筋小砌块砌体抗震墙抗拉相对不利，因此限制房屋高宽比可以使抗震墙墙肢一般不会出现大偏心受拉状况。根据试验研究和计算分析，当房屋的平面布置和竖向布置比较规则时，对提高房屋的整体性和抗震能力有利。当房屋的平面布置和竖向布置不规则时，会增大房屋的地震反应，此时应适当减小房屋高宽比以保证在地震荷载作用下结构不会发生整体弯曲破坏。

计算配筋小砌块砌体抗震墙房屋的高宽比，一般情况，可按所考虑方向的最小投影宽度计算高宽比，但对突出建筑物平面很小的局部结构（如楼梯间、电梯间等），一般不应包含在计算宽度内；对于不宜采用最小投影宽度计算高宽比的情况，还应根据实际情况确定。

7.1.13　配筋小砌块砌体抗震墙房屋应根据抗震设防分类、抗震设防烈度、房屋高度和结构类型采用不同的抗震等级，并应符合相应的计算和构造措施要求。丙类建筑的抗震等级宜按表7.1.13确定。

表7.1.13　抗震等级的划分

结构类型 \ 高度/m	设防烈度						
	6度		7度		8度		9度
	≤24	>24	≤24	>24	≤24	>24	≤24
配筋小砌块砌体抗震墙	四	三	三	二	二	一	一

续表

<table>
<tr><td colspan="2" rowspan="3">高度/m
结构类型</td><td colspan="7">设防烈度</td></tr>
<tr><td colspan="2">6 度</td><td colspan="2">7 度</td><td colspan="2">8 度</td><td>9 度</td></tr>
<tr><td>≤24</td><td>>24</td><td>≤24</td><td>>24</td><td>≤24</td><td>>24</td><td>≤24</td></tr>
<tr><td rowspan="3">部分框支配筋小砌块砌体抗震墙</td><td>非底部加强部位抗震墙</td><td>四</td><td>三</td><td>三</td><td>二</td><td>二</td><td rowspan="3">不应采用</td><td rowspan="3">不应采用</td></tr>
<tr><td>底部加强部位抗震墙</td><td>三</td><td>二</td><td>二</td><td>一</td><td>一</td></tr>
<tr><td>框支框架</td><td colspan="2">二</td><td>二</td><td>一</td><td>一</td></tr>
</table>

注：1　接近或等于高度分界时，可结合房屋不规则程度及场地、地基条件确定抗震等级。

2　多层房屋（总高度≤18m）可按表中抗震等级降低一级取用，已是四级时取四级。

3　部分框支抗震墙结构指首层或底部两层为框支层的结构，不包括仅个别框支墙的情况。

4　乙类建筑按表内提高一度所对应的抗震等级采取抗震措施，已是一级时取一级。

【条文解析】

配筋小砌块砌体结构的抗震等级是考虑了结构构件的受力性能和变形性能，同时参照了钢筋混凝土房屋的抗震设计要求而确定的，主要是根据抗震设防分类、烈度、房屋高度和结构类型等因素划分配筋小砌块砌体结构的不同抗震等级，对于底部为框支抗震墙的配筋小砌块砌体抗震墙结构的抗震等级则相应提高一级。

7.1.14　采用现浇钢筋混凝土楼、屋盖时，抗震横墙的最大间距，应符合表7.1.14的要求。

表 7.1.14　配筋小砌块砌体抗震横墙的最大间距

烈度	6 度	7 度	8 度	9 度
最大间距/m	15	15	11	7

【条文解析】

楼、屋盖平面内的变形，将影响楼层水平地震作用在各抗侧力构件之间的分配，为了保证配筋小砌块砌体抗震墙结构房屋的整体性，楼、屋盖宜采用现浇钢筋混凝土楼、屋盖，横墙间距也不应过大，使楼盖具备传递地震力给横墙所需的水平刚度。

7.1.15　配筋小砌块砌体抗震墙房屋的层高应符合下列要求：

1　底部加强部位的层高，一、二级不宜大于3.2m，三、四级不宜大于3.9m；

2　其他部位的层高，一、二级不宜大于3.9m，三、四级不宜大于4.8m。

注：底部加强部位指不小于房屋高度的1/6且不小于底部二层的高度范围，房屋总高度小于18m时取一层。

【条文解析】

抗震墙的高度与抗震墙出平面偏心受压强度和变形有直接关系，因此本条规定配筋小砌块砌体挤压墙的层高主要是为了保证抗震墙出平面的强度、刚度和稳定性。由于小砌块的厚度是确定的，为190mm，因此当房屋的层高为3.2~4.8m时，与普通钢筋混凝土抗震墙的要求基本相当。

7.1.16 配筋小砌块砌体抗震墙的短肢墙应符合下列要求：

1 不应采用全部为短肢墙的配筋小砌块砌体抗震墙结构，应形成短肢抗震墙与一般抗震墙共同抵抗水平地震作用的抗震墙结构，9度时不宜采用短肢墙。

2 短肢墙的抗震等级应比本规程表7.1.13的规定提高一级采用；已为一级时，配筋应按9度的要求提高。

3 在给定的水平力作用下，一般抗震墙承受的地震倾覆力矩不应小于结构总倾覆力矩的50%，且短肢抗震墙截面面积与同层抗震墙总截面面积比例，抗震等级为三级及以上房屋两个主轴方向均不宜大于20%，抗震等级为四级的房屋，两个主轴方向均不宜大于50%；总高度小于等于18m的多层房屋，短肢抗震墙截面面积与同层抗震墙总截面面积比例，一、二级时两个主轴方向均不宜大于30%，三级时不宜大于50%，四级时不宜大于70%。

4 短肢墙宜设置翼墙；不应在一字形短肢墙平面外布置与之单侧相交的楼、屋面梁。

注：短肢抗震墙是指墙肢截面高度与宽度之比为5~8的抗震墙，一般抗震墙是指墙肢截面高度与厚度之比大于8的抗震墙。L形，T形，十形等多肢墙截面的长短肢性质应由较长一肢确定。

【条文解析】

虽然短肢抗震墙结构有利于建筑布置，能扩大使用空间，减轻结构自重，但是其抗震性能较差，因此抗震墙不能过少，墙肢不宜过短。对于高层配筋小砌块砌体抗震墙房屋不应设计多数为短肢抗震墙的建筑，而要求设置足够数量的一般抗震墙，形成以一般抗震墙为主、短肢抗震墙与一般抗震墙相结合的共同抵抗水平力的结构，保证房屋的抗震能力，因此参照有关规定，对短肢抗震墙截面面积与同一层内所有抗震墙截面面积比例作了规定；而对于高度小于18m的多层房屋，考虑到地震作用相对较小，应与高层建筑房屋有所区别，因此对短肢抗震墙截面面积与同一层内所有抗震墙截面面积的比例予以放宽，但仍应满足在房屋外墙四角布置L形一般抗震墙的要求。

一字形短肢抗震墙延性及平面外稳定均十分不利，因此规定不宜布置单侧楼面梁与之平面外垂直或斜交，同时要求短肢抗震墙应尽可能设置翼缘，保证短肢抗震墙具有适当的抗震能力。

7.1.17 配筋小砌块砌体抗震墙房屋抗震计算时，应按本节规定调整地震作用效应；6度时可不作截面抗震验算（不规则建筑除外），但应按本规程的有关要求采取抗震构造措施。配筋小砌块砌体抗震墙房屋应进行多遇地震作用下的抗震变形验算，其楼层内最大的层间弹性位移角不宜超过1/800，底层不宜超过1/1200，部分框支配筋小砌块砌体抗震墙结构除底层之外的部分框支层不宜超过1/1000。

【条文解析】

由于配筋小砌块砌体抗震墙存在水平灰缝和垂直灰缝，在荷载作用下其变形性能类似于钢筋混凝土开缝抗震墙，因此在地震作用下此类结构具有良好的耗能能力，而且灌孔砌体的强度和弹性模量也要低于相对应的混凝土性能指标，其变形能力要比普通钢筋混凝土抗震墙好。本条综合考虑了钢筋混凝土抗震墙弹性层间位移角限值，规定了配筋小砌块砌体抗震墙结构在多遇地震作用下的抗震变形验算时，其楼层内的弹性层间位移角限值为1/800，底层由于承受的剪力最大，主要是剪切变形，因此其弹性层间位移角限值要求也较高，为1/1200。

7.1.18 部分框支配筋小砌块砌体抗震墙房屋的结构布置应符合下列要求：

1 上部的配筋小砌块砌体抗震墙的中心线宜与底部的抗震墙或框架的中心线相重合。

2 房屋的底部应沿纵横两个方向设置一定数量的抗震墙，并应均匀布置。底部抗震墙可采用配筋小砌块砌体抗震墙或钢筋混凝土抗震墙，但同一层内不应混用。如采用钢筋混凝土抗震墙，混凝土强度等级不宜大于C35。

3 矩形平面的部分框支配筋小砌块砌体抗震墙房屋结构的楼层侧向刚度比和底层框架部分承担的地震倾覆力矩，应符合国家标准《建筑抗震设计规范》GB 50011—2010第6.1.9条的有关要求。

4 抗震墙应采用条形基础、筏板基础、箱基或桩基等整体性能较好的基础。

5 除应符合本规程有关条文要求之外，部分框支配筋小砌块砌体抗震墙房屋的结构布置尚应符合国家现行标准《建筑抗震设计规范》GB 50011—2010和《高层建筑混凝土结构技术规程》JGJ 3—2010中的有关要求。

【条文解析】

对于底部框架抗震墙结构的房屋，保持纵向受力构件的连续性是防止结构纵向刚度突变而产生薄弱层的主要措施，对结构抗震有利。在结构平面布置时，由于配筋小砌块砌体抗震墙和钢筋混凝土抗震墙在强度、刚度和变形能力方面都有一定差异，因此应避免在同一层面上混合使用。底部框架－抗震墙房屋的过渡层担负结构转换，在地震时容易遭受破坏，因此除在计算时应满足有关规定之外，在构造上也应予以加强。底部框架－抗震墙房屋的抗震墙往往要承受较大的弯矩、轴力和剪力，应选用整体性能好的基础，否则抗震墙不能充分发挥作用。

对于底下一层或多层的底部框架抗震墙结构的房屋还应按照《建筑抗震设计规范》GB 50011—2010 和《高层建筑混凝土结构技术规程》JGJ 3—2010 中的有关要求，采用适当的结构布置。

7.3.24 配筋小砌块砌体抗震墙的水平和竖向分布钢筋应符合表 7.3.24－1 和表 7.3.24－2 的要求。

表 7.3.24－1 配筋小砌块砌体抗震墙水平分布钢筋的配筋构造要求

抗震等级	最小配筋率/%		最大间距/mm	最小直径/mm
	一般部位	加强部位		
一级	0.13	0.15	400	$\phi 8$
二级	0.13	0.13	600	$\phi 8$
三级	0.11	0.13	600	$\phi 8$
四级	0.10	0.10	600	$\phi 6$

注：1 9 度时配筋率不应小于 0.2%。

2 水平分布钢筋宜双排布置，在顶层和底部加强部位，最大间距不应大于 400mm。

3 双排水平分布钢筋应设不小于 $\phi 6$ 拉结筋，水平间距不应大于 400mm。

表 7.3.24－2 配筋小砌块砌体抗震墙竖向分布钢筋的配筋构造要求

抗震等级	最小配筋率/%		最大间距/mm	最小直径/mm
	一般部位	加强部位		
一级	0.15	0.15	400	$\phi 12$
二级	0.13	0.13	600	$\phi 12$
三级	0.11	0.13	600	$\phi 12$
四级	0.10	0.10	600	$\phi 12$

注：1 9度时配筋率不应小于0.2%。

2 竖向分布钢筋宜采用单排布置，直径不应大于25mm。

3 在顶层和底部加强部位，最大间距应适当减小。

【条文解析】

本条规定了配筋小砌块砌体抗震墙中配筋的最低构造要求。同时，配筋小砌块砌体抗震墙是由带槽口的混凝土小型空心砌块通过砌筑、布筋、灌孔而成，是一种类似预制装配整体式的结构，一般小砌块的空心率不大于48%。因此，相比全现浇混凝土抗震墙，配筋小砌块砌体抗震墙的工地现场混凝土湿作业量减少将近一半，相应的材料水化热与收缩量也大幅降低，且由于配筋小砌块砌体建筑的总高度在此已有严格限制，所以其最小构造配筋率比现浇混凝土抗震墙有一定程度的减小。

7.3.25 配筋小砌块砌体抗震墙在重力荷载代表值作用下的轴压比，应符合下列要求：

1 一级（9度）不宜大于0.4，一级（7、8度）不宜大于0.5，二、三级不宜大于0.6。

2 短肢墙体全高范围，一级不宜大于0.5，二、三级不宜大于0.6；对于无翼缘的一字形短肢墙，其轴压比限值应相应降低0.1。

3 各向墙肢截面均为$3b<h<5b$的小墙肢，一级不宜大于0.4，二、三级不宜大于0.5，其全截面竖向钢筋的配筋率在底部加强部位不宜小于1.2%，一般部位不宜小于1.0%。对于无翼缘的一字形独立小墙肢，其轴压比限值应相应降低0.1。

4 多层房屋（总高度小于等于18m）的短肢墙及各向墙肢截面均为$3b<h<5b$的小墙肢的全部竖向钢筋的配筋率，底部加强部位不宜小于1%，其他部位不宜小于0.8%。

【条文解析】

配筋小砌块砌体抗震墙在重力荷载代表值作用下的轴压比控制是为了保证配筋小砌块砌体在水平荷载作用下的延性和强度的发挥，同时也是为了防止墙片截面过小、配筋率过高，保证抗震墙结构延性。对多层、高层及一般墙、短肢墙、一字形短肢墙的轴压比限值做了区别对待，由于短肢墙和无翼缘的一字形短肢墙的抗震性能较差，因此对其轴压比限值应该做更为严格的规定。

7.3.26 配筋小砌块砌体抗震墙墙肢端部应设置边缘构件（图7.3.26）。构造边缘构件的配筋范围：无翼墙端部为3孔配筋，L形转角节点为3孔配筋，T形转角节点为4孔配筋，其最小配筋应符合表7.3.26的要求，边缘构件范围内应设置水平箍筋。底部加强部位的轴压比，一级大于0.2和二、三级大于0.3时，应设置约束边缘构件，约束边缘构件的范围应沿受力方向比构造边缘构件增加1孔，水平箍筋应相应加强，也可采用钢筋混凝土边框柱。

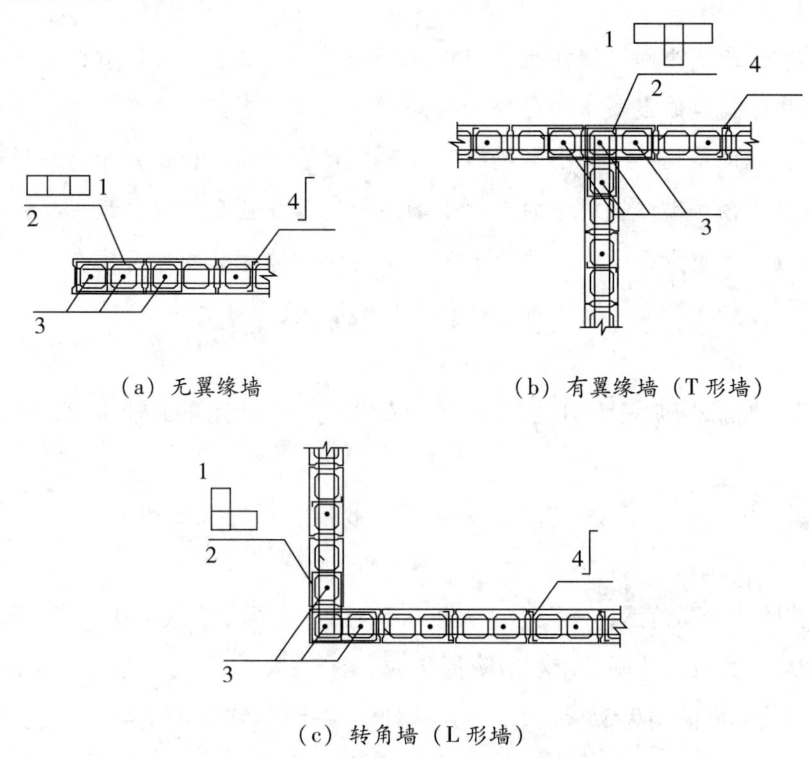

(a) 无翼缘墙　　(b) 有翼缘墙（T形墙）

(c) 转角墙（L形墙）

图7.3.26　配筋小砌块砌体抗震墙的构造边缘构件

1—水平箍筋；2—芯柱区；3—芯柱纵筋（3孔）；4—拉筋

表7.3.26　配筋小砌块砌体抗震墙边缘构件的配筋要求

抗震等级	每孔竖向钢筋最小量		水平箍筋最小直径	水平箍筋最大间距/mm
	底部加强部位	一般部位		
一级	1ϕ20	1ϕ18	ϕ8	200
二级	1ϕ18	1ϕ16	ϕ6	200
三级	1ϕ16	1ϕ14	ϕ6	200
四级	1ϕ14	1ϕ12	ϕ6	200

注：1　边缘构件水平箍筋宜采用搭接点焊网片形式。

2　当抗震等级为一、二、三级时，边缘构件箍筋应采用不低于HRB335级或RRB335级钢筋。

3　二级轴压比大于0.3时，底部加强部位边缘构件的水平箍筋最小直径不应小于ϕ8。

4　约束边缘构件采用混凝土边框柱时，应符合相应抗震等级的钢筋混凝土框架柱的要求。

【条文解析】

在配筋小砌块砌体抗震墙结构中，边缘构件无论是在提高墙体强度和变形能力方面的作用都非常明显，因此参照混凝土抗震墙结构边缘构件设置的要求，结合配筋小砌块砌体抗震墙的特点，规定了边缘构件的配筋要求。

在配筋小砌块砌体抗震墙端部设置水平箍筋是为了提高对砌体的约束作用及墙端部混凝土的极限压应变，提高墙体的延性。根据工程经验，水平箍筋放置于砌体灰缝中，受灰缝高度限制（一般灰缝高度为10mm），水平箍筋直径不小于6mm，且不应大于8mm比较合适；当箍筋直径较大时，将难以保证砌体结构灰缝的砌筑质量，会影响配筋小砌块砌体强度；灰缝过厚则会给现场施工和施工验收带来困难，也会影响砌体的强度。抗震等级为一级，水平箍筋最小直径为$\phi 8$，二级至四级为$\phi 6$，为了适当弥补钢筋直径减小造成的损失，本条注明抗震等级为一、二、三级时，应采用HRB335或RRB335级钢筋。亦可采用其他等效的约束件如等截面面积，厚度不大于5mm的一次冲压钢圈，对边缘构件，将具有更强约束作用。

7.3.27 宜避免设置转角窗，否则，转角窗开间相关墙体尽端边缘构件最小纵筋直径应比本规程表7.3.26的规定值提高一级，且转角窗开间的楼、屋面应采用现浇钢筋混凝土楼、屋面板。

【条文解析】

转角窗的设置将削弱结构的抗扭能力，配筋小砌块砌体抗震墙较难采取措施（如墙加厚，梁加高），故建议避免转角窗的设置。但配筋小砌块砌体抗震墙结构受力特性类似于钢筋混凝土抗震墙结构，若需设置转角窗，则应适当增加边缘构件配筋，并且将楼、屋面板做成现浇板以增强整体性。

7.3.28 配筋小砌块砌体抗震墙内钢筋的锚固和搭接，应符合下列要求：

1 配筋小砌块砌体抗震墙内竖向和水平分布钢筋的搭接长度不应小于48倍钢筋直径，竖向钢筋的锚固长度不应小于42倍钢筋直径。

2 配筋小砌块砌体抗震墙的水平分布钢筋，沿墙长应连续设置，两端的锚固应符合下列规定：

1）一、二级的抗震墙，水平分布钢筋可绕主筋弯180°弯钩，弯钩端部直段长度不宜小于$12d$；水平分布钢筋亦可弯入端部灌孔混凝土中，锚固长度不应小于$30d$，且不应小于250mm；

2）三、四级的抗震墙，水平分布钢筋可弯入端部灌孔混凝土中，锚固长度不应小于 25d，且不应小于 200mm。

【条文解析】

配筋小砌块砌体抗震墙竖向受力钢筋的焊接接头到现在仍是个难题。主要是由施工程序造成的，要先砌墙或柱，后插钢筋，并在底部清扫孔中焊接，由于狭小的空间，只能局部点焊，满足不了受力要求，因此目前大部采用搭接。根据配筋小砌块砌体抗震墙的施工特点，墙内的钢筋放置无法绑扎搭接，因此墙内钢筋的搭接长度应比普通混凝土构件的搭接长度要长些，对于直径大于 22mm 的竖向钢筋，则宜采用工具式机械接头。

根据国内外有关试验研究成果，小砌块砌体抗震墙的水平钢筋，当采用围绕墙端竖向钢筋 180°加 12d 延长段大时，施工难度较大，而一般作法可将该水平钢筋在末端弯钩锚于灌孔混凝土中，弯入长度不小于 200mm，在试验中发现这样的弯折锚固长度已能保证该水平钢筋能达到屈服。因此，本条考虑不同的抗震等级和施工因素，给出该锚固长度规定。

7.3.29 配筋小砌块砌体抗震墙连梁的构造，当采用混凝土连梁时，应符合本规程第 6.4.13 条的规定和《混凝土结构设计规范》GB 50010—2010 中有关地震区连梁的构造要求；当采用配筋小砌块砌体连梁时，除符合第 6.4.14 条的规定以外，尚应符合下列要求：

1 连梁上下水平钢筋锚入墙体内的长度，一、二级不应小于 1.15 倍锚固长度，三级不应小于 1.05 倍锚固长度，四级不应小于锚固长度，且不应小于 600mm。

2 连梁的箍筋应沿梁长布置，并应符合表 7.3.29 的要求。

表 7.3.29 连梁箍筋的构造要求

抗震等级	箍筋最大间距/mm	直径
一级	75	ϕ10
二级	100	ϕ8
三级	120	ϕ8
四级	150	ϕ8

注：当梁端纵筋配筋率大于 2% 时，表中箍筋最小直径应加大 2mm。

3 顶层连梁在伸入墙体的纵向钢筋长度范围内应设置间距不大于 200mm 的构造封闭箍筋，其规格和直径与该连梁的箍筋相同。

4 墙体水平钢筋应作为连梁腰筋在连梁拉通连续配置。当连梁截面高度大于 700mm 时，自梁顶面下 200mm 至梁底面上 200mm 范围内应设置腰筋，其间距不应大于

200mm；每皮腰筋数量，一级不小于2ϕ12，二级至四级不小于2ϕ10；对跨高比不大于2.5的连梁，梁两侧腰筋的面积配筋率不应小于0.3%；腰筋伸入墙体内的长度不应小于30d，且不应小于300mm。

5 连梁不宜开洞，当必须开洞时应满足下列要求：

1）在跨中梁高1/3处预埋外径不应大于200mm的钢套管；

2）洞口上下的有效高度不应小于1/3梁高，且不应小于200mm；

3）洞口处应配补强钢筋并在洞周边浇筑灌孔混凝土，被洞口削弱的截面应进行受剪承载力验算。

6 对于跨高比不小于5的连梁宜按框架梁设计，计算时其刚度不应按连梁方法折减；短肢墙的剪力增大系数应满足本规程表7.2.14的规定。

【条文解析】

本条是根据国内外试验研究成果和经验以及配筋小砌块砌体连梁的特点而制定的，并将配筋混凝土小型空心砌块连梁的箍筋要求用表列出，使设计使用更加方便、明了。

7.3.30 配筋小砌块砌体抗震墙的圈梁构造，应符合下列要求：

1 在基础及各楼层标高处，每道配筋小砌块砌体抗震墙均应设置现浇钢筋混凝土圈梁。圈梁的宽度不应小于墙厚，其截面高度不宜小于200mm。

2 圈梁混凝土抗压强度不应小于相应灌孔混凝土的强度，且不应小于C20。

3 圈梁纵向钢筋不应小于相应配筋砌体墙的水平钢筋，且不应小于4ϕ12；基础圈梁纵筋不应小于4ϕ12；圈梁及基础圈梁箍筋直径不应小于ϕ8，间距不应大于200mm；当圈梁高度大于300mm时，应沿梁截面高度方向设置腰筋，其间距不应大于200mm，直径不应小于10mm。

4 圈梁底部嵌入墙顶小砌块孔洞内，深度不宜小于30mm；圈梁顶部应是毛面。

【条文解析】

在配筋小砌块砌体抗震墙和楼盖的结合处设置钢筋混凝土圈梁，可进一步增加结构的整体性，同时该圈梁也可作为建筑竖向尺寸调整的手段。钢筋混凝土圈梁作为配筋小砌块砌体抗震墙的一部分，其强度应和灌孔小砌块砌体强度基本一致，相互匹配，其纵筋配筋量不应小于配筋小砌块砌体抗震墙水平筋数量，其间距不应大于配筋小砌块砌体抗震墙水平筋间距，并宜适当加密。

7.3.31 配筋小砌块砌体抗震墙房屋的基础（或钢筋混凝土框支梁）与抗震墙结合处的受力钢筋，当房屋高度超过50m或一级抗震等级时宜采用机械连接，其他情况可采用搭接。当采用搭接时，一、二级抗震等级时搭接长度不宜小于 $50d$，三、四级抗震等级时不宜小于 $40d$（d 为受力钢筋直径）。

【条文解析】

根据配筋小砌块砌体墙的施工特点，竖向受力钢筋的连接方式采用焊接接头不合适，因此目前大部采用搭接。墙内的钢筋放置无法绑扎搭接，且在同一截面搭接，因此墙内钢筋的搭接长度应比普通混凝土构件的搭接长度要长些。条件许可时，竖向钢筋连接，宜优先采用机械连接接头。

4 钢结构抗震设计

4.1 基本规定

《建筑抗震设计规范》GB 50011—2010

8.1.1 本章适用的钢结构民用房屋的结构类型和最大高度应符合表 8.1.1 的规定。平面和竖向均不规则的钢结构，适用的最大高度宜适当降低。

注：1 钢支撑－混凝土框架和钢框架－混凝土筒体结构的抗震设计，应符合本规范附录 G 的规定；

2 多层钢结构厂房的抗震设计，应符合本规范附录 H 第 H.2 节的规定。

表 8.1.1 钢结构房屋适用的最大高度 m

结构类型	6、7 度 (0.10g)	7 度 (0.15g)	8 度 (0.20g)	8 度 (0.30g)	9 度 (0.40g)
框架	110	90	90	70	50
框架－中心支撑	220	200	180	150	120
框架－偏心支撑（延性墙板）	240	220	200	180	160
筒体（框筒，筒中筒，桁架筒，束筒）和巨型框架	300	280	260	240	180

注：1 房屋高度指室外地面到主要屋面板板顶的高度（不包括局部突出屋顶部分）。

2 超过表内高度的房屋，应进行专门研究和论证，采取有效的加强措施。

3 表内的筒体不包括混凝土筒。

【条文解析】

本条对钢结构房屋适用的最大高度作出了相应的规定。

8.1.2 本章适用的钢结构民用房屋的最大高宽比不宜超过表 8.1.2 的规定。

表 8.1.2　钢结构民用房屋适用的最大高宽比

烈度	6、7	8	9
最大高宽比	6.5	6.0	5.5

注：塔形建筑的底部有大底盘时，高宽比可按大底盘以上计算。

【条文解析】

本条对钢结构民用房屋适用的最大高宽比作出了相应的规定。

8.1.3　钢结构房屋应根据设防分类、烈度和房屋高度采用不同的抗震等级，并应符合相应的计算和构造措施要求。丙类建筑的抗震等级应按表 8.1.3 确定。

表 8.1.3　钢结构房屋的抗震等级

房屋高度	烈度			
	6	7	8	9
≤50m		四	三	二
>50m	四	三	二	一

注：1　高度接近或等于高度分界时，应允许结合房屋不规则程度和场地、地基条件确定抗震等级；

2　一般情况，构件的抗震等级应与结构相同；当某个部位各构件的承载力均满足 2 倍地震作用组合下的内力要求时，7～9 度的构件抗震等级应允许按降低一度确定。

【条文解析】

将不同烈度、不同层数所规定的“作用效应调整系数”和“抗震构造措施”共 7 种，调整、归纳、整理为四个不同的要求，称之为抗震等级。不同的抗震等级，体现不同的延性要求。按抗震设计等能量的概念，当构件的承载力明显提高，能满足烈度高一度的地震作用的要求时，延性要求可适当降低，故允许降低其抗震等级。

甲、乙类设防的建筑结构，其抗震设防标准的确定，按现行国家标准《建筑工程抗震设防分类标准》GB 50223—2008 的规定处理，不再重复。

8.1.4　钢结构房屋需要设置防震缝时，缝宽应不小于相应钢筋混凝土结构房屋的 1.5 倍。

【条文解析】

和其他类型的建筑结构一样，多高层钢结构房屋的平面布置宜简单、规则和对称，并应具有良好的整体性；建筑的立面和竖向剖面宜规则，结构的抗侧刚度宜均匀变化，竖向抗侧力构件的截面尺寸和材料强度宜自下而上逐渐减小，避免抗侧力结构的侧向刚度和承载力突变。钢结构房屋应尽量避免采用本书第4章所规定的不规则结构。

多高层钢结构房屋一般不宜设防震缝，薄弱部位应采取措施提高抗震能力。当结构体型复杂、平立面特别不规则，必须设置防震缝时，可按实际需要在适当部位设置防震缝，形成多个较规则的抗侧力结构单元，防震缝缝宽应不小于相应钢筋混凝土结构房屋的1.5倍。

8.1.6 采用框架－支撑结构的钢结构房屋应符合下列规定：

1 支撑框架在两个方向的布置均宜基本对称，支撑框架之间楼盖的长宽比不宜大于3。

2 三、四级且高度不大于50m的钢结构宜采用中心支撑，也可采用偏心支撑、屈曲约束支撑等消能支撑。

3 中心支撑框架宜采用交叉支撑，也可采用人字支撑或单斜杆支撑，不宜采用K形支撑；支撑的轴线宜交汇于梁柱构件轴线的交点，偏离交点时的偏心距不应超过支撑杆件宽度，并应计入由此产生的附加弯矩。当中心支撑采用只能受拉的单斜杆体系时，应同时设置不同倾斜方向的两组斜杆，且每组中不同方向单斜杆的截面面积在水平方向的投影面积之差不应大于10%。

4 偏心支撑框架的每根支撑应至少有一端与框架梁连接，并在支撑与梁交点和柱之间或同一跨内另一支撑与梁交点之间形成消能梁段。

5 采用屈曲约束支撑时，宜采用人字支撑、成对布置的单斜杆支撑等形式，不应采用K形或X形，支撑与柱的夹角宜在35°～55°之间。屈曲约束支撑受压时，其设计参数、性能检验和作为两种消能部件的计算方法可按相关要求设计。

【条文解析】

三、四级且高度不大于50m的钢结构房屋宜优先采用交叉支撑，它可按拉杆设计，较经济。若采用受压支撑，其长细比及板件宽厚比应符合有关规定。

大量研究表明，偏心支撑具有弹性阶段刚度接近中心支撑框架，弹塑性阶段的延性和消能能力接近于延性框架的特点，是一种良好的抗震结构。常用的偏心支撑形式如图4.1所示。

偏心支撑框架的设计原则是强柱、强支撑和弱消能梁段，即在大震时消能梁段屈服形成塑性铰，且具有稳定的滞回性能，即使消能梁段进入应变硬化阶段，支撑斜杆、柱和其余梁段仍保持弹性。因此，每根斜杆只能在一端与消能梁段连接，若两端均与消能梁段相连，则可能一端的消能梁段屈服，另一端消能梁段不屈服，使偏心支撑的承载力和消能能力降低。

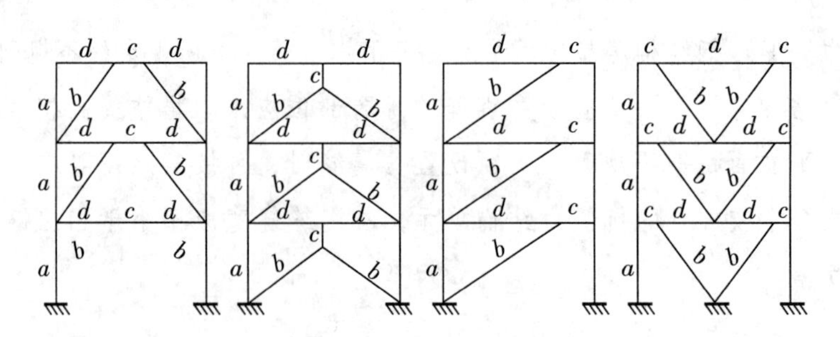

图 4.1 偏心支撑示意图

a—柱；*b*—支撑；*c*—消能梁段；*d*—其他梁段

本条考虑了设置屈曲约束支撑框架的情况。屈曲约束支撑是由芯材、约束芯材屈曲的套管和位于芯材和套管间的无粘结材料及填充材料组成的一种支撑构件。这是一种受拉时同普通支撑而受压时承载力与受拉时相当且具有某种消能机制的支撑，采用单斜杆布置时宜成对设置。屈曲约束支撑在多遇地震下不发生屈曲，可按中心支撑设计；与 V 形、Λ 形支撑相连的框架梁可不考虑支撑屈曲引起的竖向不平衡力。

8.1.7　钢框架－筒体结构，必要时可设置由筒体外伸臂或外伸臂和周边桁架组成的加强层。

【条文解析】

对于钢框架－核心筒结构，其外围柱与中间的核心筒仅通过跨度较大的连系梁连接。这时结构在水平地震作用下，外围框架柱不能与核心筒共同形成一个有效的抗侧力整体。从而使得核心筒几乎独自抗弯，外围柱的轴向刚度不能很好地利用，致使结构的抗侧移刚度有限，建筑物高度亦受到限制。带水平加强层的筒体结构体系就是通过在技术层（设备层、避难层）设置刚度较大的加强层，进一步加强核心筒与周边框架柱的联系，充分利用周边框架柱的轴向刚度而形成的反弯矩来减少内筒体的倾覆力矩，从而达到减少结构在水平荷载作用下的侧移。由于外围框架梁的竖向刚度有限，不足以让未与水平加强层直接相连的其他周边柱子参与结构的整体抗弯，一般在水平加强层的楼层沿结构周边外圈还要设置周边环带桁架。设置水平加强层后，抗侧移效果显著，顶点侧移可减少约 20% 左右。

8.1.8　钢结构房屋的楼盖应符合下列要求：

1　宜采用压型钢板现浇钢筋混凝土组合楼板或钢筋混凝土楼板，并应与钢梁有可靠连接。

2　对 6、7 度时不超过 50m 的钢结构，尚可采用装配整体式钢筋混凝土楼板，也

可采用装配式楼板或其他轻型楼盖；但应将楼板预埋件与钢梁焊接，或采取其他保证楼盖整体性的措施。

3 对转换层楼盖或楼板有大洞口等情况，必要时可设置水平支撑。

【条文解析】

在多高层钢结构中，楼盖的工程量占很大的比重，其对结构的整体工作、使用性能、造价及施工速度等方面都有着重要的影响。设计中确定楼盖形式时，主要考虑以下几点：

1）保证楼盖有足够的平面整体刚度，使得结构各抗侧力构件在水平地震作用下具有相同的侧移。

2）较轻的楼盖结构自重和较低的楼盖结构高度。

3）有利于现场快速施工和安装。

4）较好的防火、隔音性能，便于敷设动力、设备及通信等管线设施。

目前，楼板的做法主要有压型钢板现浇钢筋混凝土组合楼板、装配整体式预制钢筋混凝土楼板、装配式预制钢筋混凝土楼板、普通现浇混凝土楼板或其他楼板。从性能上比较，压型钢板现浇钢筋混凝土组合楼板和普通现浇混凝土楼板的平面整体刚度更好；从施工速度上比较，压型钢板现浇钢筋混凝土组合楼板、装配整体式预制钢筋混凝土楼板和装配式预制钢筋混凝土楼板都较快；从造价上比较，压型钢板现浇钢筋混凝土组合楼板也相对较高。

综合比较以上各种因素，规范建议多高层钢结构宜采用压型钢板现浇钢筋混凝土组合楼板，因为当压型钢板现浇钢筋混凝土组合楼板与钢梁有可靠连接时，具有很好的平面整体刚度，同时不需要现浇模板，提高了施工速度。规范同时规定，对于不超过12层的钢结构尚可采用装配整体式钢筋混凝土楼板，亦可采用装配式楼板或其他轻型楼板；对于超过12层的钢结构，当楼盖不能形成一个刚性的水平隔板以传递水平力时，须加设水平支撑，一般每二至三层加设一道。

具体设计和施工中，当采用压型钢板钢筋混凝土组合楼板或现浇钢筋混凝土楼板时，应与钢梁有可靠连接；当采用装配式、装配整体式或轻型楼板时，应将楼板预埋件与钢梁焊接，或采取其他保证楼盖整体性的措施。必要时，在楼盖的安装过程中要设置一些临时支撑，待楼盖全部安装完成后再拆除。

8.1.9 钢结构房屋的地下室设置，应符合下列要求：

1 设置地下室时，框架－支撑（抗震墙板）结构中竖向连续布置的支撑（抗震墙板）应延伸至基础；钢框架柱应至少延伸至地下一层，其竖向荷载应直接传至基础。

2 超过50m的钢结构房屋应设置地下室。其基础埋置深度，当采用天然地基时不宜小于房屋总高度的1/15；当采用桩基时，桩承台埋深不宜小于房屋总高度的1/20。

【条文解析】

支撑桁架沿竖向连续布置，可使层间刚度变化较均匀。支撑桁架需延伸到地下室，不可因建筑方面的要求而在地下室移动位置。支撑在地下室是否改为混凝土抗震墙形式，与是否设置钢骨混凝土结构层有关，设置钢骨混凝土结构层时采用混凝土墙较协调。该抗震墙是否由钢支撑外包混凝土构成还是采用混凝土墙，由设计确定。

多层钢结构与高层钢结构不同，根据工程情况可设置或不设置地下室。当设置地下室时，房屋一般较高，钢框架柱宜伸至地下一层。

4.2 钢框架结构

《建筑抗震设计规范》GB 50011—2010

8.3.1 框架柱的长细比，一级不应大于 $60\sqrt{235/f_{ay}}$，二级不应大于 $80\sqrt{235/f_{ay}}$，三级不应大于 $100\sqrt{235/f_{ay}}$，四级时不应大于 $120\sqrt{235/f_{ay}}$。

【条文解析】

框架柱的长细比，是为了保证结构在计算中未考虑的作用力，特别是大震时的竖向地震作用下的安全，关系到钢结构的整体稳定，是至关重要的。

8.3.2 框架梁、柱板件宽厚比，应符合表8.3.2的规定。

8.3.2 框架梁、柱板件宽厚比限值

板件名称		一级	二级	三级	四级
柱	工字形截面翼缘外伸部分	10	11	12	13
柱	工字形截面腹板	43	45	48	52
柱	箱形截面壁板	33	36	38	40
梁	工字形截面和箱形截面翼缘外伸部分	9	9	10	11
梁	箱形截面翼缘在两腹板之间部分	30	30	32	36
梁	工字形截面和箱形截面腹板	$72-120N_b/(Af)\leqslant 60$	$72-100N_b/(Af)\leqslant 65$	$80-110N_b/(Af)\leqslant 70$	$85-120N_b/(Af)\leqslant 75$

注：1 表列数值适用于Q235钢，采用其他牌号钢材时，应乘以 $\sqrt{235/f_{ay}}$。

2 $N_b/(Af)$ 为梁轴压比。

【条文解析】

框架梁、柱板件宽厚比的规定，是以结构符合强柱弱梁为前提，即塑性铰通常出现在梁上，框架柱仅在后期出现少量塑性，不需要很高的转动能力。以轴压比0.37为界的12层以下梁腹板宽厚比限值的计算公式，适用于采用塑性内力重分布的连续组合梁负弯矩区，如果不考虑出现塑性铰后的内力重分布，宽厚比限值可以放宽。考虑到按刚性楼盖分析时，得不出梁的轴力，但在进入弹塑性阶段时，上翼缘的负弯矩区楼板将退出工作，迫使钢梁翼缘承受一定轴力，不考虑是不安全的。

注意，从抗震设计的角度，对于板件宽厚比的要求，主要是地震下构件端部可能的塑性铰范围，非塑性铰范围的构件宽厚比可有所放宽。

8.3.3 梁柱构件的侧向支承应符合下列要求：

1 梁柱构件受压翼缘应根据需要设置侧向支承。

2 梁柱构件在出现塑性铰的截面，上下翼缘均应设置侧向支承。

3 相邻两侧向支承点间的构件长细比，应符合现行国家标准《钢结构设计规范》GB 50017—2003的有关规定。

【条文解析】

框架梁在端部负弯矩区下翼缘受压，在构造上设置侧向支承是必要的。采用单角钢隅撑是常用做法，当梁采用加强型连接时，支承点应设在加强区之外，且不影响塑性铰的工作，国外将隅撑连接在斜置的加劲肋上。在有些房屋中由于建筑上的原因不宜设置隅撑，只能改用其他方法。

翼缘局部加宽对梁端的侧向刚度有一定的加强作用。当梁上翼缘与楼板有可靠连接时，简支梁可不设置侧向支承，固端梁下翼缘在梁端0.15倍梁跨附近宜设置隅撑。梁端采用梁端扩大、加盖板或骨形连接时，应在塑性区外设置竖向加劲肋，隅撑与偏置的竖向加劲肋相连。梁端翼缘宽度较大，对梁下翼缘侧向约束较大时，也可不设隅撑。

8.3.4 梁与柱的连接构造应符合下列要求：

1 梁与柱的连接宜采用柱贯通型。

2 柱在两个互相垂直的方向都与梁刚接时宜采用箱形截面，并在梁翼缘连接处设置隔板；隔板采用电渣焊时，柱壁板厚度不宜小于16mm，小于16mm时可改用工字形柱或采用贯通式隔板。当柱仅在一个方向与梁刚接时，宜采用工字形截面，并将柱腹板置于刚接框架平面内。

3 工字形柱（绕强轴）和箱形柱与梁刚接时（图 8.3.4－1），应符合下列要求：

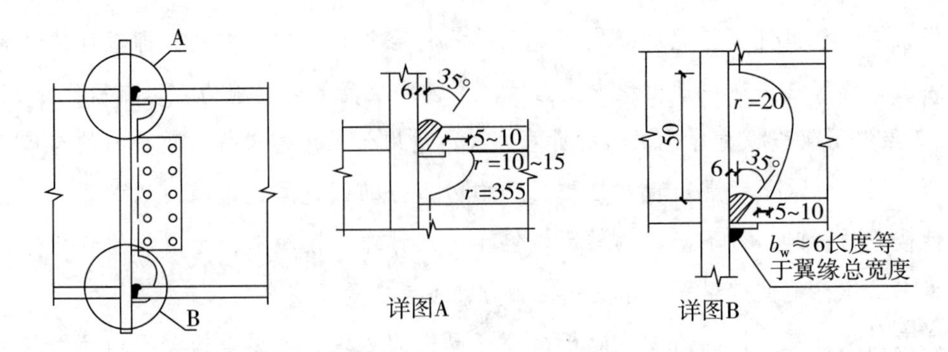

图 8.3.4－1 框架梁与柱的现场连接

1）梁翼缘与柱翼缘间应采用全熔透坡口焊缝；一、二级时，应检验焊缝的 V 形切口冲击韧性，其夏比冲击韧性在－20℃时不低于 27J。

2）柱在梁翼缘对应位置应设置横向加劲肋（隔板），加劲肋（隔板）厚度不应小于梁翼缘厚度，强度与梁翼缘相同。

3）梁腹板宜采用摩擦型高强度螺栓与柱连接板连接（经工艺试验合格能确保现场焊接质量时，可用气体保护焊进行焊接）；腹板角部应设置焊接孔，孔形应使其端部与梁翼缘和柱翼缘间的全熔透坡口焊缝完全隔开。

4）腹板连接板与柱的焊接，当板厚不大于 16mm 时应采用双面角焊缝，焊缝有效厚度应满足等强度要求，且不小于 5mm；板厚大于 16mm 时采用 K 形坡口对接焊缝。该焊缝宜采用气体保护焊，且板端应绕焊。

5）一级和二级时，宜采用能将塑性铰自梁端外移的端部扩大形连接、梁端加盖板或骨形连接。

4 框架梁采用悬臂梁段与柱刚性连接时（图 8.3.4－2），悬臂梁段与柱应采用全焊接连接，此时上下翼缘焊接孔的形式宜相同；梁的现场拼接可采用翼缘焊接腹板螺栓连接成全部螺栓连接。

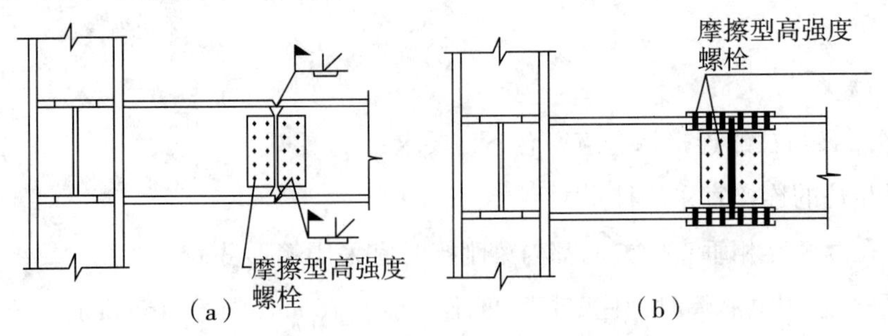

图 8.3.4－2 框架柱与梁悬臂段的连接

5 箱形柱在与梁翼缘对应位置设置的隔板，应采用全熔透对接焊缝与壁板相连。工字形柱的横向加劲肋与柱翼缘，应采用全熔透对接焊缝连接，与腹板可采用角焊缝连接。

【条文解析】

钢框架的梁柱连接，是强震下容易引发震害的敏感部位，且影响因素较多。本条规定了梁柱连接的构造要求。

8.3.5 当节点域的腹板厚度不满足本规范第8.2.5条第2、3款的规定时，应采取加厚柱腹板或采取贴焊补强板的措施。补强板的厚度及其焊缝应按传递补强板所分担剪力的要求设计。

【条文解析】

当节点域的体积不满足《建筑抗震设计规范》GB 50011—2010第8.2.5条有关规定时，提出了加厚节点域和贴焊补强板的加强措施：

1）对焊接组合柱，宜加厚节点板，将柱腹板在节点域范围更换为较厚板件。加厚板件应伸出柱横向加劲肋之外各150mm，并采用对接焊缝与柱腹板相连。

2）对轧制H形柱，可贴焊补强板加强。补强板上下边缘可不伸过横向加劲肋或伸过柱横向加劲肋之外各150mm。当补强板不伸过横向加劲肋时，加劲肋应与柱腹板焊接，补强板与加劲肋之间的角焊缝应能传递补强板所分担的剪力，且厚度不小于5mm；当补强板伸过加劲肋时，加劲肋仅与补强板焊接，此焊缝应能将加劲肋传来的力传递给补强板，补强板的厚度及其焊缝应按传递该力的要求设计。补强板侧边可采用角焊缝与柱翼缘相连，其板面尚应采用塞焊与柱腹板连成整体。塞焊点之间的距离，不应大于相连板件中较薄板件厚度的$21\sqrt{235/f_y}$倍。

8.3.6 梁与柱刚性连接时，柱在梁翼缘上下各500mm的范围内，柱翼缘与柱腹板间或箱形柱壁板间的连接焊缝应采用全熔透坡口焊缝。

【条文解析】

罕遇地震作用下，框架节点将进入塑性区，保证结构在塑性区的整体性是很必要的。

8.3.7 框架柱的接头距框架梁上方的距离，可取1.3m和柱净高一半二者的较小值。

上下柱的对接接头应采用全熔透焊缝，柱拼接接头上下各100mm范围内，工字形柱翼缘与腹板间及箱型柱角部壁板间的焊缝，应采用全熔透焊缝。

【条文解析】

本条规定主要考虑柱连接接头放在柱受力小的位置，并规定了对净高小于2.6m柱的接头位置要求。

8.3.8 钢结构的刚接柱脚宜采用埋入式，也可采用外包式；6、7度且高度不超过50m时也可采用外露式。

【条文解析】

本条要求，对8、9度有所放松。外露式只能用于6、7度且高度不超过50m的情况。

《高层民用建筑钢结构技术规程》JGJ 99—1998

6.1.6 按7度及以上抗震设防的高层建筑，其抗侧力框架的梁中可能出现塑性铰的区段，板件宽厚比不应超过表6.1.6的限值。

表6.1.6 框架梁板件宽厚比限值

板件	7度及以上	6度和非抗震设防
工字形梁和箱形梁翼缘悬伸部分 b/t	9	11
工字形梁和箱形梁腹板 h_0/t_w	$72-100\frac{N}{Af}$	$85-120\frac{N}{Af}$
箱形梁翼缘在两腹之间的部分 b_0/t	20	28

注：1 表中，N为梁的轴向力，A为梁的截面面积，f为梁的钢材强度设计值。

2 表列数值适用于$f_y=225\text{N/mm}^2$的Q235钢，当钢材为其他牌号时，应乘以$\sqrt{235/f_{ay}}$。

第6.3.4条 按7度及以上抗震设防的框架柱板件宽厚比，不应超过表6.3.4的规定。

表6.3.4 框架柱板件宽厚比

板件	7度	8度或9度
工字形柱翼缘悬伸部分	11	10
工字形柱腹板	43	43
箱形柱壁板	37	33

注：表列数值适用于$f_y=225\text{N/mm}^2$的Q235钢，当钢材为其他牌号时，应乘以$\sqrt{235/f_{ay}}$。

【条文解析】

板件宽厚比对高层钢结构构件的局部稳定是十分重要的，框架梁在塑性铰区段需要较大的转动能力，要求框架梁板件宽厚比满足塑性设计要求。框架柱板件宽厚比限值，是在满足强柱弱梁前提下的规定，比对梁的要求放松。

4.3 钢框架－中心支撑结构

《建筑抗震设计规范》GB 50011—2010

8.4.1 中心支撑的杆件长细比和板件宽厚比限值应符合下列规定：

1 支撑杆件的长细比，按压杆设计时，不应大于 $120\sqrt{235/f_{ay}}$；一、二、三级中心支撑不得采用拉杆设计，四级采用拉杆设计时，其长细比不应大于 180。

2 支撑杆件的板件宽厚比，不应大于表 8.4.1 规定的限值。采用节点板连接时，应注意节点板的强度和稳定。

表 8.4.1 钢结构中心支撑板件宽厚比限值

板件名称	一级	二级	三级	四级
翼缘外伸部分	8	9	10	13
工字形截面腹板	25	26	27	33
箱形截面壁板	18	20	25	30
圆管外径与壁厚比	38	40	40	42

注：表列数值适用于 Q235 钢，采用其他牌号钢材应乘以 $\sqrt{235/f_{ay}}$，圆管应乘以 $235/f_{ay}$。

【条文解析】

本条主要对中心支撑的杆件长细比和板件宽厚比限值作出了相应的规定。

8.4.2 中心支撑节点的构造应符合下列要求：

1 一、二、三级，支撑宜采用 H 形钢制作，两端与框架可采用刚接构造，梁柱与支撑连接处应设置加劲肋；一级和二级采用焊接工字形截面的支撑时，其翼缘与腹板的连接宜采用全熔透连续焊缝。

2 支撑与框架连接处，支撑杆端宜做成圆弧。

3 梁在其与 V 形支撑或人字支撑相交处，应设置侧向支承；该支承点与梁端支承点间的侧向长细比（λ_y）以及支承力，应符合现行国家标准《钢结构设计规范》GB 50017—2003 关于塑性设计的规定。

4 若支撑和框架采用节点板连接，应符合现行国家标准《钢结构设计规范》GB 50017—2003 关于节点板在连接杆件每侧有不小于 30°夹角的规定；一、二级时，支撑端部至节点板最近嵌固点（节点板与框架构件连接焊缝的端部）在沿支撑杆件轴线方向的距离，不应小于节点板厚度的 2 倍。

【条文解析】

本条主要对中心支撑节点的构造作出了相应的规定。

8.4.3 框架－中心支撑结构的框架部分，当房屋高度不高于 100m 且框架部分按计算分配的地震剪力不大于结构底部总地震剪力的 25% 时，一、二、三级的抗震构造措施可按框架结构降低一级的相应要求采用。其他抗震构造措施，应符合本规范第 8.3 节对框架结构抗震构造措施的规定。

【条文解析】

本条提出了框架－中心支撑结构的抗震构造要求。

《高层民用建筑钢结构技术规程》JGJ 99—1998

6.4.1 高层建筑钢结构的中心支撑宜采用：十字交叉斜杆（图 6.4.1－1a），单斜杆（图 6.4.1－1b），人字形斜杆（图 6.4.1－1c）或 V 形斜杆体系。抗震设防的结构不得采用 K 形斜杆体系（图 6.4.1－1d）。

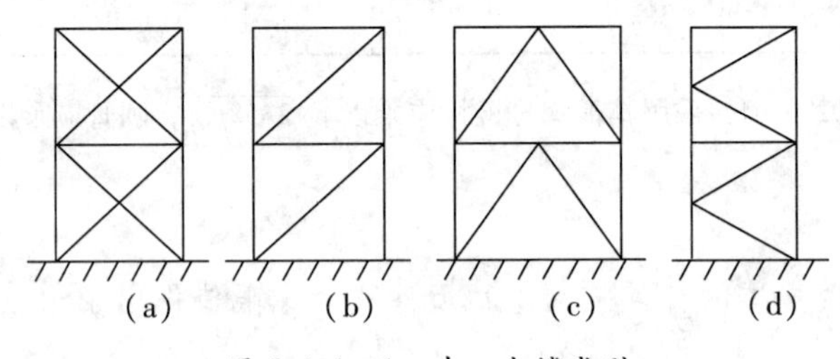

图 6.4.1－1 中心支撑类型

当采用只能受拉的单斜杆体系时，应同时设不同倾斜方向的两组单斜杆（图 6.4.1－2），且每层中不同方向单斜杆的截面面积在水平方向的投影面积之差不得大于 10%。

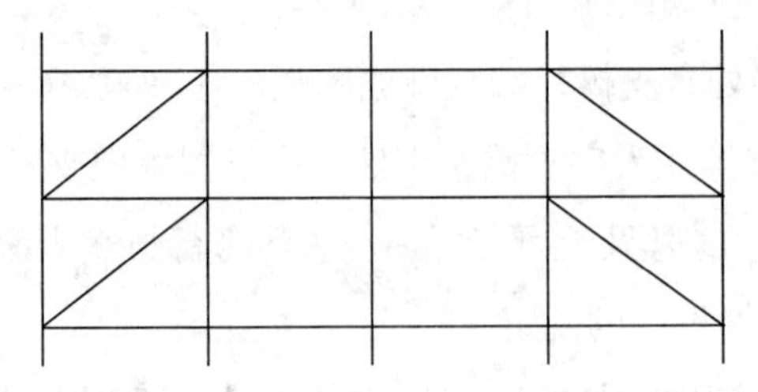

图 6.4.1－2 单斜杆支撑的布置

【条文解析】

K形支撑体系在地震作用下，可能因受压斜杆屈曲或受拉斜杆屈服，引起较大的侧向变形，使柱发生屈曲甚至造成倒塌，故不应在抗震结构中采用。

6.4.2 非抗震设防建筑中的中心支撑，当按只能受拉的杆件设计时，其长细比不应大于300$\sqrt{235/f_y}$；当按既能受拉又能受压的杆件设计时，其长细比不应大于150$\sqrt{235/f_y}$。

抗震设防建筑中的支撑杆件长细比，当按6度或7度抗震设防时不得大于120$\sqrt{235/f_y}$；按8度抗震设防时不得大于80$\sqrt{235/f_y}$；按9度抗震设防时不得大于40$\sqrt{235/f_y}$。f_y以N/mm^2为单位。

【条文解析】

地震作用下支撑体系的滞回性能，主要取决于其受压行为，支撑长细比大者，滞回圈较小，吸收能量的能力较弱。本条根据支撑长细比小于40$\sqrt{235/f_y}$左右时才能避免在反复拉压作用下承载力显著降低的研究结果，对不同设防烈度下的支撑最大长细比作了不同规定。

6.4.5 在多遇地震效应组合作用下，人字形支撑和V形支撑的斜杆内力应乘以增大系数1.5，十字交叉支撑和单斜杆支撑的斜杆内力应乘以增大系数1.3。

【条文解析】

人字支撑斜杆受压屈曲后，使横梁产生较大变形，并使体系的抗剪能力发生较大退化。有鉴于此，将其地震作用引起的内力乘以放大系数1.5，以提高斜撑的承载力。

6.4.7 与支撑一起组成支撑系统的横梁、柱及其连接，应具有承受支撑斜杆传来内力的能力。与人字支撑、V形支撑相交的横梁，在柱间的支撑连接处应保持连续。在计算人字形支撑体系中的横梁截面时，尚应满足在不考虑支撑的支点作用情况下按简支梁跨中承受竖向集中荷载时的承载力。

【条文解析】

为了不加重人字支撑和V形支撑的负担，与这类支撑相连的楼盖横梁，应在相连节点处保持连续，在计算梁截面时不考虑斜撑起支点作用，按简支梁跨中受竖向集中荷载计算。

6.4.8 按7度及以上抗震设防的结构，当支撑为填板连接的双肢组合构件时，肢件在填板间的长细比不应大于构件最大长细比的1/2，且不应大于40。

【条文解析】

本条要求是根据已有的双角钢支撑在循环荷载下的试验资料提出的。若按一般要求设置填板，则两填板间的单肢变形较大，缩小填板间距离，可防止这种变形。

4.4 钢框架－偏心支撑结构

《建筑抗震设计规范》GB 50011—2010

8.5.1 **偏心支撑框架消能梁段的钢材屈服强度不应大于345MPa。消能梁段及与消能梁段同一跨内的非消能梁段，其板件的宽厚比不应大于表8.5.1规定的限值。**

表8.5.1 偏心支撑框架梁的板件宽厚比限值

板件名称		宽厚比限值
翼缘外伸部分		8
腹板	当 $N/(Af) \leq 0.14$ 时	$90[1-1.65N/(Af)]$
	当 $N/(Af) > 0.14$ 时	$33[2.3-N/(Af)]$

注：表列数值适用于Q235钢，当材料为其他钢号时应乘以 $\sqrt{235/f_{ay}}$，$N/(Af)$ 为梁轴压比。

【条文解析】

为使消能梁段有良好的延性和消能能力，其钢材应采用Q235、Q345或Q345GJ。

当梁上翼缘与楼板固定但不能表明其下翼缘侧向固定时，仍需设置侧向支撑。

8.5.2 偏心支撑框架的支撑杆件长细比不应大于 $120\sqrt{235/f_{ay}}$，支撑杆件的板件宽厚比不应超过现行国家标准《钢结构设计规范》GB 50017—2003规定的轴心受压构件在弹性设计时的宽度比限值。

【条文解析】

本条提出了偏心支撑框架的支撑杆件长细比及板件宽厚比的要求。

8.5.3 消能梁段的构造应符合下列要求：

1 当 $N>0.16Af$ 时，消能梁段的长度应符合下列规定：

当 $\rho(A_w/A)<0.3$ 时，

$$a<1.6M_{lp}/V_l \quad (8.5.3-1)$$

当ρ（A_w/A）≥0.3 时，

$$a \leqslant [1.15 - 0.5\rho(A_w/A)]1.6M_{lp}/V_l \tag{8.5.3-2}$$

$$\rho = N/V \tag{8.5.3-3}$$

式中：a——消能梁段的长度；

ρ——消能梁段轴向力设计值与剪力设计值之比。

2 消能梁段的腹板不得贴焊补强板，也不得开洞。

3 消能梁段与支撑连接处，应在其腹板两侧配置加劲肋，加劲肋的高度应为梁腹板高度，一侧的加劲肋宽度不应小于（$b_f/2-t_w$），厚度不应小于 0.75 t_w 和 10mm 的较大值。

4 消能梁段应按下列要求在其腹板上设置中间加劲肋：

1）当 $a \leqslant 1.6M_{lp}/V_l$ 时，加劲肋间距不大于（$30t_w-h/5$）；

2）当 $2.6M_{lp}/V_l < a \leqslant 5M_{lp}/V_l$ 时，应在距消能梁段端部 $1.5b_f$ 处配置中间加劲肋，且中间加劲肋间距不应大于（$52t_w-h/5$）；

3）当 $1.6M_{lp}/V_l < a \leqslant 2.6M_{lp}/V_l$ 时，中间加劲肋的间距宜在上述二者间线性插入；

4）当 $a > M_{lp}/V_l$ 时，可不配置中间加劲肋；

5）中间加劲肋应与消能梁段的腹板等高，当消能梁段截面高度不大于 640mm 时，可配置单侧加劲肋，消能梁段截面高度大于 640mm 时，应在两侧配置加劲肋，一侧加劲肋的宽度不应小于（$b_f/2-t_w$），厚度不应小于 t_w 和 10mm。

【条文解析】

为使消能梁段在反复荷载作用下具有良好的滞回性能，需采取合适的构造并加强对腹板的约束：

1）支撑斜杆轴力的水平分量成为消能梁段的轴向力，当此轴向力较大时，除降低此梁段的受剪承载力外，还需减少该梁段的长度，以保证它具有良好的滞回性能。

2）由于腹板上贴焊的补强板不能进入弹塑性变形，因此不能采用补强板；腹板上开洞也会影响其弹塑性变形能力。

3）消能梁段与支撑斜杆的连接处，需设置与腹板等高的加劲肋，以传递梁段的剪力并防止梁腹板屈曲。

4）消能梁段腹板的中间加劲肋，需按梁段的长度区别对待，较短时为剪切屈服型，加劲肋间距小些；较长时为弯曲屈服型，需在距端部 1.5 倍的翼缘宽度处配置加劲肋；中等长度时需同时满足剪切屈服型和弯曲屈服型的要求。

偏心支撑的斜杆中心线与梁中心线的交点，一般在消能梁段的端部，也允许在消能梁段内，此时将产生与消能梁段端部弯矩方向相反的附加弯矩，从而减少消能梁段和支撑杆的弯矩，对抗震有利；但交点不应在消能梁段以外，因此时将增大支撑和消能梁段的弯矩，于抗震不利（见图4.2）。

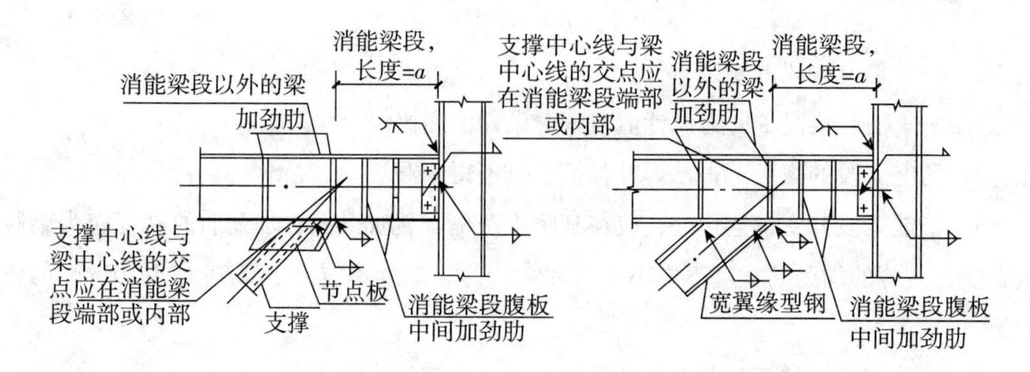

图4.2 偏心支撑构造

8.5.4 消能梁段与柱的连接应符合下列要求：

1 消能梁段与柱连接时，其长度不得大于$1.6M_{lp}/V_l$，且应满足相关标准的规定。

2 消能梁段翼缘与柱翼缘之间应采用坡口全熔透对接焊缝连接，消能梁段腹板与柱之间应采用角焊缝（气体保护焊）连接；角焊缝的承载力不得小于消能梁段腹板的轴力、剪力和弯矩同时作用时的承载力。

3 消能梁段与柱腹板连接时，消能梁段翼缘与横向加劲板间应采用坡口全熔透焊缝，其腹板与柱连接板间应采用角焊缝（气体保护焊）连接；角焊缝的承载力不得小于消能梁段腹板的轴力、剪力和弯矩同时作用时的承载力。

【条文解析】

本条提出了消能梁段与柱的连接构造要求。

8.5.5 消能梁段两端上下翼缘应设置侧向支撑，支撑的轴力设计值不得小于消能梁段翼缘轴向承载力设计值的6%，即$0.06b_ft_ff$。

【条文解析】

消能梁段两端设置翼缘的侧向隅撑，是为了承受平面外扭转。

8.5.6 偏心支撑框架梁的非消能梁段上下翼缘，应设置侧向支撑，支撑的轴力设计值不得小于梁翼缘轴向承载力设计值的2%，即$0.02b_ft_ff$。

【条文解析】

与消能梁段处于同一跨内的框架梁，同样承受轴力和弯矩，为保持其稳定，也需设置翼缘的侧向隅撑。

8.5.7 框架－偏心支撑结构的框架部分，当房屋高度不高于100m且框架部分按计算分配的地震作用不大于结构底部总地震剪力的25%时，一、二、三级的抗震构造措施可按框架结构降低一级的相应要求采用。其他抗震构造措施，应符合本规范第8.3节对框架结构抗震构造措施的规定。

【条文解析】

本条提出了框架－偏心支撑结构的框架部分的要求。

《高层民用建筑钢结构技术规程》JGJ 99—1998

6.5.1 偏心支撑框架中的支撑斜杆，应至少在一端与梁连接（不在柱节点处），另一端可连接在梁与柱相交处，或在偏离另一支撑的连接点与梁连接，并在支撑与柱之间或在支撑与支撑之间形成耗能梁段（图6.5.1）。

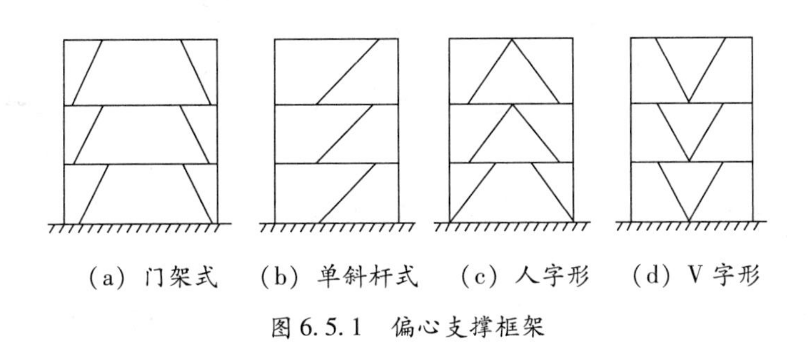

图6.5.1 偏心支撑框架

【条文解析】

偏心支撑框架的每根支撑，至少应有一端交在梁上，而不是交在梁与柱的交点或相对方向的另一支撑节点上。这样，在支撑与柱之间或支撑与支撑之间，有一段梁，称为耗能梁段。耗能梁段是偏心支撑框架的“保险丝”，在大震作用下通过耗能梁段的非弹性变形耗能，而支撑不屈曲。因此，每根支撑至少一端必须与耗能梁段连接。

6.5.9 高层钢结构采用偏心支撑框架时，顶层可不设耗能梁段。在设置偏心支撑的框架跨，当首层的弹性承载力为其余各层承载力的1.5倍及以上时，首层可采用中心支撑。

【条文解析】

高层钢结构顶层的支撑与（$n-1$）层上的耗能梁段连接，即使顶层不设耗能梁段，满足强度要求的支撑仍不会屈曲，而且顶层的地震力较小。

参考文献

[1]GB 50003—2011　砌体结构设计规范[S]. 北京：中国计划出版社，2011.

[2]GB 50010—2010　混凝土结构设计规范[S]. 北京：中国建筑工业出版社，2010.

[3]GB 50011—2010　建筑抗震设计规范[S]. 北京：中国建筑工业出版社，2010.

[4]GB 50023—2009　建筑抗震鉴定标准[S]. 北京：中国建筑工业出版社，2009.

[5]GB 50223—2008　建筑工程抗震设防分类标准[S]. 北京：中国建筑工业出版社，2008.

[6]JGJ 3—2010　高层建筑混凝土结构技术规程[S]. 北京：中国建筑工业出版社，2010.

[7]JGJ/T 14—2011　混凝土小型空心砌块建筑技术规程[S]. 北京：中国建筑工业出版社，2012.

[8]JGJ 99—1998　高层民用建筑钢结构技术规程[S]. 北京：中国建筑工业出版社，1998.

[9]JGJ 116—2009　建筑抗震加固技术规程[S]. 北京：中国建筑工业出版社，2009.

[10]JGJ 140—2004　预应力混凝土结构抗震设计规程[S]. 北京：中国建筑工业出版社，2004.

[11]JGJ 248—2012　底部框架－抗震墙砌体房屋抗震技术规程[S]. 北京：中国建筑工业出版社，2012.